徹底カラー図解

自動車のしくみ

工学院大学名誉教授 野崎博路（監修）

マイナビ

Introduction

自動運転化が進む自動車のあるべき未来

ドライビングプレジャーと自動運転の共存

自動車が曲がったり止まったりするために必要なサスペンションやステアリングホイール、ブレーキなどの装置を総称してシャシーと呼びますが、これからの自動車開発では、このシャシー制御技術と高精度のカメラやレーザーなどの外界センサーとの連動による電子化技術がさらに進むと考えられます。それによって、ドライバーの操舵（そうだ）やブレーキの遅れなどを自動車側がカバーすることで、走行安全性能が飛躍的に高まることが期待されています。

一方で、この電子化技術は自動運転の開発にもつながります。コンピューターの処理能力向上や、位置情報を得る全地球測位システム（GPS）の精度向上なども、自動運転技術の技術革新を後押ししていますが、実際に世界中の自動車メーカーをはじめ、さまざまな企業で自動運転を実用化するための研究開発が積極的に進められており、日本に限らず各国のメディアでもその話題が数多く取り上げられています。

自動運転の実用化には開発側の技術開発だけではなく、自動運転技術の安全性を評価する方法や、事故が起きた場合の責任など、今までにないインフラの確立も不可欠です。自動運転に関する課題は、法律や保険の面にも及びます。例えば、自動運転走行中に何かが起こったとき、それは誰の責任かという問題です。しかし、自動運転により交通事故が大きく低減し、安価な保険対

〈Mercedes-Benz〉

応でカバーできるということが認知されるようになれば、これらの問題は解決に向けて大きく前進するでしょう。

〈NISSAN〉

近い将来、課題となっている技術や関連する諸問題がクリアされ、自動運転機能が自動車の基本システムとして一般化されていくだろうと予想されています。しかし、そうなると自動車が持っている根源的な魅力である「運転をする歓び（ドライビングプレジャー）」とは、どう共存していくのでしょうか。

一見、「運転をする歓び」と「自動運転」は相反するものに思われます。各国の社会情勢によって「運転をする歓び」と「自動運転」の関係はやや異なった展開になる可能性が考えられますが、日本における自動運転化への方向性は次に述べるような3つのパターンが考えられます。

ドライバーが望む状況に応じた運転制御パターン

①手動運転モード

能動的なドライバーにドライビングプレジャーを与える

運転が好きで、それを楽しみたいと思っているドライバーはこれからも多くいるはずです。したがって、自動車を意のままに操る歓び、つまりドライビングプレジャーの研究開発も自動運転の研究開発と並行して進んでいくでしょう。走破性が拡大されていくことに対するドライバーの感動は、自動運転では得られないものがあるからです。

自動運転車の場合、自動運転から手動運転に切り替わるときに、ドライバーがその変化に瞬時に対応することが難しい局面も予想されます。そこで、ドライバーが対応できない数秒間のタイムラグに自動車側が運転をカバーするしくみが求められます。ドライバーに、違和感や戸惑いを与えない切り替え技術の熟成が必要になってきます。

②自動運転モード

体力的に疲労を覚えるドライバーをサポート

例えば、高速道路などで長距離を走らなければならず、疲労によりドライバーの判断力が低下するようなケースでは、自動運転の効果は大きいはずです。高速道路などでウインカー操作をすると自動的にハンドル操作をしてくれるようなシステムも含めて、広義の自動運転と定義してもいいでしょう。

自動運転が注目されるようになってきた背景には、自動車による事故の9割はヒューマンエラーが原因だという現実があります。電子化技術による安全性の高い自動運転への期待は、事故を回避するという面でも高まっています。

〈NISSAN〉

また、交通事故の減少のみならず、自動運転は高齢化・環境対策といった社会を取り巻く課題の解決という面でも期待されています。自動運転が実現すると、運転が楽なものになり、高齢者ドライバーにとっても望ましい環境となります。例えば、インターチェンジなどの合流がスムーズになるなど、合理的な運転によって渋滞が減少し、ドライバーの操作の誤りや判断ミスもカバーしてくれるようになるからです。

ただし現段階で実用化に近づいているのは、交差点や、歩行者がいるような複雑な交通状況の一般路ではなく、比較的対象要素の少ない高速道路においてであり、当然ながら通常運転と自動運転とのモードの切り替えが必要になります。

③半自動運転モード

必要なときにサポートしてくれるアシスト制御

ドライバーが走ったことがない不慣れな道、あるいは不得意な道であるなどの交通環境下でアシスト制御が働き、ドライバーに違和感を覚えさせることなくハンドル操作やブレーキ操作のサポートをしてくれるような半自動運転モードの設定も、ドライバーの負担を軽減し、安全走行の実現に寄与する効果は大きいといえます。

この半自動運転においては、例えばハンドル操作に関してドライバーの関与する操作を50%、それに対して外界センサーによるアシスト操舵を50%にするというようなシステムも有効だと考えられます。そして、ドライバーがスイッチで半自動運転に切り替えができるような設定にすることが望ましいでしょう。

楽しい自動車に求められる運転モード

このような異なる運転モードの自動車が路上で混在するような交通状況を想定すると、これからの自動車にはより高度なシステムが要求されることになります。自動運転や半自動運転（アシスト制御の状態）はいずれのモードにおいても、より高い安全性を確保するため、二重三重の安全対策が必要になってきます。

交通事故ゼロの社会に限りなく近づくためにも、自動運転や半自動運転の技術はとても重要で、その実現に対する社会の期待は非常に大きいものがあります。

ドライバーである人間には曖昧な面があるため、その曖昧さが交通事故につながる場合があります。それに対して、自動運転は想定された範囲内において、ほとんどミスなく運転をこなしてくれる能力を持っています。しかし一方で、自動運転は万一想定されていない事態に遭遇すると、適切な対処が難しいという弱点もあります。

その点、人間には想定外のケースでもある程度臨機応変に対応ができる能力があります。そのため安全を確保するには自動運転モードのときは人間が自動車を監督し、細かいところは目視して確認していくという使い分けが望まれるでしょう。

自動車の運転では、安全やドライバーの負担軽減などと同時に、先述した「運転する歓び」も見逃すことができない要素です。近い将来、自動車には自動運転が広く普及していくと考えられますが、走行状況によってドライバーによる運転（手動運転）、自動運転、半自動運転の3つのモードが、スイッチ１つで切り替えられること、そして事故のない安全でかつ楽しい自動車の出現を、期待したいと思います。

〈Mercedes-Benz〉

はじめに

自動車の技術は格段に進歩し、今日の私たちの暮らしに必要不可欠となっています。ハンドルを握って初めて運転したときの感動やプライベートな空間で思いのままに操る快感を、忘れられないという人も少なくないと思います。また、自動車を「いじる」楽しみを覚えて、さらに身近に、大切なものに感じるようになったという人もいることでしょう。

本書では、私たちの生活に欠かすことのできないこの自動車のしくみを、できるだけ最新の写真や図版を使いながら分かりやすく解説しています。自動車業界に携わる人や専門分野で学んだ人たちだけでなく、広く一般に、趣味で理解したいという人たちにも十分興味を持って読んでいただけるように配慮しました。また、各メーカーが鋭意取り組んでいる最先端の技術も網羅し、今後の自動車業界の動向が俯瞰(ふかん)できるようにしています。つまり、一般の自動車のユーザーにも、運転するだけでなく、自動車そのもののしくみなどにも興味を持ってもらえることを目的としました。

また学生や、これから自動車業界に携わっていこうと考えている人たちが、自動車によりいっそう興味を抱くきっかけとなれば幸いです。

工学院大学名誉教授
野崎 博路

目次

第5章 ブレーキ／安全装備 181

第6章 電装関係 217

序章

自動車の基本知識

自動車の発明から130年以上、基本的な運動が「走る」「曲がる」「止まる」であることは変わりません。まずはそれらを実現する構成要素と、ボディースタイル、シャシー、エンジンの種類や駆動方式について理解しましょう。

自動車という発明品

●「自動車」は19世紀後半にヨーロッパで発明された。
●100年を超える歴史の中で人間社会に欠かせない乗り物に発展。
●基本的なしくみとパーツは変わらないが、技術は飛躍的に進化。

●130年以上前に誕生した自動車

車輪を付けた車台に**エンジン**を積んで走る**自動車**は、19世紀後半にヨーロッパで発明されました。その後、20世紀初めにアメリカのフォード社がベルトコンベヤー方式による自動車の大量生産を開始。この大量生産がもたらした車両価格の引き下げは、自動車が世の中に広く普及するきっかけになりました。いまや自動車は、経済を支える物流や個人生活を豊かにするための移動手段として、欠かすことのできない重要な存在になっています。

パワーを生み出すエンジン、エンジン特性に合わせて効率良く力を引き出す**変速機**、エンジン出力を車輪まで導く**パワートレイン**といった基本的なしくみとパーツは、自動車の発明以来1世紀以上経った現在の自動車にも受け継がれています。

●長い時間をかけて熟成されたテクノロジー

しかし、初期の自動車で採用されたメカニズムと各種のパーツは、基本的な役割は同じでもその中身は驚くほど進歩し、洗練され、広範な分野から集約された最新の優れたテクノロジーが注ぎ込まれています。

高い効率と環境性能を追求した**レシプロエンジン**、エンジンの出力特性に合わせてパワーをうまく引き出す**トランスミッション**、操縦安定性と快適さの両立を目指した**サスペンション**、ドライバーの意思を忠実に反映する**ステアリング**、乗員の生命を守る**セーフティー機構**。本書では、誕生から現在までの間に信頼性や快適性そして安全性を高めつつ、パフォーマンス面でも飛躍的に向上してきた自動車の基本メカニズムと最新の技術を紹介していきます。

豆知識

エンジンの発明

自動車が発明されたのは1885年ですが、エンジン自体はそれよりずっと前の1861年に、ドイツのN.A.オットーによって試作されました。1861年というと日本でいえば「桜田門外の変」の翌年、つまり末期とはいえ、まだ江戸時代。エンジンの歴史がいかに長いかが分かります。ドイツではエンジンのことが、その発明者にちなんで「オットー・モーター」と呼ばれています。

CLOSE-UP

自動車の大量生産

現在でこそ常識となっている生産形態「ベルトコンベヤー方式」を初めて採用して生産されたのがアメリカのT型フォードです。大量生産により価格を大幅に引き下げ、自動車の普及に貢献。T型フォードは1908年の発売から約20年の間に1500万台以上が生産されました。

自動車の歴史

〈Mercedes-Benz〉

世界初の「自動車」はドイツで誕生

ドイツのカール・ベンツが、1885年にガソリンエンジンを搭載した自動車を発明。1886年1月に特許が認められ、自動車の歴史が始まった。

〈Ford〉

自動車を大衆化させたT型フォード

アメリカのヘンリー・フォードは、それまで富裕層のものだった自動車を一般大衆にも普及させようと、上質ながら価格の安いフォード・モデルTを開発した。

〈NISSAN〉

130年を超える歴史の中で進歩を重ねた自動車

今、自動車は環境や資源、安全問題などで転機に差しかかっている。こうしたときこそ自動車を学ぶ絶好の機会。

自動車を構成する基本要素

- 自動車を動かす原動力はエンジンから車輪までのパワートレイン系。
- 乗り心地や運動性能を左右するサスペンション、操舵系、ブレーキ。
- 自動車の土台となるシャシーと外観を形づくるボディーシェル。

●走りの性能を決めるパワートレイン系

自動車はエンジンで**パワー**を発生させ、それを最終的に**タイヤ**に伝えることで動きます。パワーを効率良く伝え、スムーズに走らせるため、エンジンからタイヤまでの間には、パワーを断続させる**クラッチ**、回転数により出力特性の変わるエンジンに合わせ効率良くパワーを引き出す**変速機**、車輪に駆動力を伝える**ドライブシャフト**、駆動力を発揮する駆動輪同士の回転差を調整する**デファレンシャルギヤ**があり、これらエンジンから駆動輪までのメカニズムは**パワートレイン系**と呼ばれます。

車輪の上下動などの動きをつかさどる**サスペンション**（**懸架装置**）は、乗り心地だけでなく、走行安定性にも大きく関与します。路面状況にスムーズに追従し、車両のどんな動きに対してもタイヤの接地性を常に一定に保つサスペンションは、**コーナリング**において安全で高いパフォーマンスを発揮します。

●自動車の土台となるシャシーとボディーシェル

自動車は前輪の向きを変えてコーナーを曲がります。ドライバーがハンドルを切ると**ステアリングシャフト**の回転を横方向の動きに変換し、タイヤの向きを変えるのが**ステアリング系**の役目です。また自動車は必要に応じて減速、停止しなければいけませんが、高速で走行している重量のある自動車をスムーズかつ確実に制御するのが**ブレーキ系**です。

これら主要パーツを取り付ける土台が**シャシー**です。シャシーは自動車の骨格ともいえる部分で、基本性能を左右する重要な役割を持っています。**ボディーシェル**は自動車の外観を形づくりますが、その形状はデザイン性だけでなく、走行安定性や燃費にかかわる**空力性能**（P.19参照）にも影響します。

用語解説

パワー

時間当たりどれだけの仕事ができるかという能力。エンジンの場合はトルクに回転数をかけた数値がパワーになります。つまり、最大トルクを高い回転数で発生するエンジンの方がハイパワー。同じボディーなら、ハイパワーなエンジンほど加速がよく、最高速度も上がります。

豆知識

トルク

回転軸を回そうとする力のこと。高いトルクを発生する方が力強いエンジンといえます。

CLOSE-UP

自動車の部品

自動車を構成する部品点数は2万～3万点といわれ、多様な分野にわたるため、すべてを自動車メーカーが開発・製造しているわけではありません。例えばタイヤやバッテリー、エアコン、オーディオなどは完成品を調達しています。

〈SUBARU〉

駆動力を発生&伝達するパワートレイン

エンジンで発生したパワーを、いかに効率よく適正に駆動輪まで伝えるかが、パワートレインの重要なポイント。

ステアリング操作でタイヤを操舵

ハンドルから前輪までのステアリング系では各部の剛性、精度によって操作フィーリングが大きく変わる。

〈MAZDA〉

〈MAZDA〉

快適性と運動性能を決める足回り、減速&停止を制御するブレーキ

乗り心地はもちろんのこと、安定したコーナーリングやパワーをロスなく路面に伝えることなど、サスペンションの果たす役割は大きい。自動車を動かす以上に重要なのが、減速や停止をつかさどるブレーキ。確実な制動機能があってこそ自動車は自由に走ることができる。

ボディー剛性が自動車の基本性能を左右

乗車したときの安定感や安心感、衝突時の安全性、サスペンション性能をはじめ、自動車の基本性能のベースはボディーづくりにある。

〈MAZDA〉

ボディースタイル1

●ボディースタイルは用途別にパターン分けされている。
●オーソドックスなセダンとスポーツタイプのクーペ。
●ユーティリティーを重視したハッチバックとワンボックス。

●自動車のデザインパターン

自動車は用途に合わせてデザインされますが、一般にいくつかのパターンで区別されています。

一般的に**セダン型**といわれるのは中央の**キャビン**（乗車スペース）の前方に**エンジンルーム**、後方にキャビンとは明確に区切られた**ラゲッジスペース**（**トランクルーム**）を持つデザインが特徴です。それぞれの空間を箱に見立てて**スリーボックスカー**という場合もあります。

また、スポーツ車の典型的なスタイルともいえるのが**クーペ**です。定義は「運転席と助手席だけの２人乗りで、**2ドア**の箱形の自動車」ですが、スポーティーなデザインの屋根付き2ドアという程度に考えてもいいでしょう。実際には４人分の座席を持つものや、「**4ドア**クーペ」と表現される自動車もあります。

●利便性と実用性を追求したスタイル

セダンのトランク部分を切り落としたようなスタイルの自動車が**ハッチバック**（**HB**）で、一般的に後部には**テールゲート**を装備。エンジンルームとキャビン&荷室の２つで構成されていることから**ツーボックスカー**とも呼ばれます。

また、セダンのルーフをボディー後端まで伸ばしてテールゲートを備え、後部座席の後ろをラゲッジスペースにしたものを**ステーションワゴン**、この形状の商用車をバンといいます。

ワンボックスカーは全体のシルエットが１つの箱形をしている自動車を指します。商用車タイプはエンジンを運転席の下にレイアウトしているのが一般的ですが、乗用車タイプの多くは衝突安全性や乗降性を考慮して、エンジンを運転席の前に配置しており、ミニバンと呼ばれることもあります。

用語解説

ラゲッジスペース

荷物用スペースのこと。ラゲッジ(Luggage)は旅行カバンや手荷物の意。独立した荷室(トランク)を持っているクルマの場合はトランクルームと呼ぶこともありますが、意味は同じです。

CLOSE-UP

ミニバンの語源

1980年代にアメリカ・クライスラー社が発売したダッジ・キャラバンなどがその語源。ノーズが短く背の高いボディー、FF(フロントエンジン・フロントドライブ)方式で室内の広いこのモデルは大ヒットしました。当時アメリカで販売されていたフルサイズのバンに比べてサイズが小さいのでミニバン(バンといっても乗用車)と呼ばれていました。日本ではサイズに限らず、FF方式のワンボックスワゴンをミニバンと呼ぶ場合が多いようです。

代表的なボディースタイル

オーソドックスなスリーボックスセダン

〈TOYOTA〉

スポーツタイプのクーペ

〈LEXUS〉

コンパクトな
ハッチバック（ツーボックスカー）

〈MAZDA〉

セダンの後部を荷室にした
ステーションワゴン

〈SUBARU〉

ユーティリティーの高いミニバン

〈HONDA〉

室内空間を最大化したワンボックスカー

〈NISSAN〉

ボディースタイル2

●オープン・エア・モータリングを楽しむ趣味性の高いオープンカー。
●積載能力を高めたキャブオーバー型、北米に多いボンネット型トラック。
●ピックアップ型トラックには座席が前後2列のダブルキャブタイプも。

●趣味性の高いオープンカー・スタイル

雨風や外気の温度から乗員を守るため、現在の自動車には**ボディー**と一体の**ルーフ**（屋根）があるのが一般的ですが、開放感を求めて屋根がないか、または開閉式の屋根を持つデザインの自動車を**オープンカー**といいます。オープン・エア・モータリングを楽しむ趣味性の高い自動車に採用されます。

ルーフがないことを前提に設計されたモデルと、クーペやセダンをベースにオープン化したモデルがあります。開閉式の屋根の素材は**ソフトトップ**（布地の幌(ほろ)）のほか、**ハードトップ**（樹脂や金属製）があります。また、ルーフの開閉・格納方式には手動式や電動式、そして脱着式などがあります。

自動車メーカーによって、**ロードスター**、**スパイダー**、**コンバーチブル**、**カブリオレ**などと呼ばれることもあります。

●用途に合わせたさまざまなボディー形式

日本やヨーロッパの**トラック**に多く見られるスタイルが**キャブオーバー型**です。エンジンの上にキャビンがレイアウトされています。車体全長に規制がある場合、全長に対してできるだけ荷台を長くして荷物を多く積めるような構造になっています。

また、キャビンの前にエンジンルームがある**ボンネット型**のトラックやバスは、全長に縛られずにデザインできる道路が広いアメリカで、多く採用されています。日本でもかつてはこのタイプのトラックやバスが数多く存在していました。

乗用車の運転席から後ろを荷台にしたような貨物車を**ピックアップ型トラック**といいます。キャビンを拡大して座席を前後2列にした**ダブルキャブ**と呼ばれるタイプもあります。とくに北米や東南アジア地域で人気のあるボディースタイルです。

豆知識

オープンカーの屋根

幌の場合は後部座席の比較的浅い格納スペースに収まりますが、樹脂製の折りたたみ式の場合はリヤトランクスペースの中に収めます。このため、荷物室のスペースが多少犠牲になります。

CLOSE-UP

トラックの全長

日本の道路運送車両法では、日本の公道を走ることを許されている自動車は全長12mまでと決められています（トレーラー車の場合は最大18mまで。それ以上は個別に走るたびに許可が必要）。全長が制限されているため、大型トラックの場合はボンネットがあるとその分、荷台の長さを短くしなければならなくなるので、日本の公道を走る大型トラックは、ボンネットのないキャブオーバー型ばかりです。

代表的なボディースタイル

開放感を楽しむオープンカー

〈MAZDA〉

積載効率の高いキャブオーバー

〈ISUZU〉

北米に多い大型ボンネット型トラック

〈© PIXTA〉

北米でポピュラーなピックアップ型トラック

〈NISSAN〉

CAR COLUMN

自動車の空力性能について

車速100km/h程度を超えてくると、空力性能の影響が出てきます。そのため、スポーツ車などにおいては、フロントスポイラー、リヤウイングなどのエアロパーツを装着する車両もあります。これらは走行中に、空力によるダウンフォースで、タイヤの接地力を高める効果があります。また、流線型デザインは、空気抵抗を減少させ、燃費、最高速性能の向上をもたらします。流線型は見た目、つまりスタイリングも良いと思われますが、諸性能の向上にも結びついているのです。

なお、ワンボックスカーのように、サイドの面積の広い車両は、横風によってハンドルを取られることがあります。横風に対する走行時の安定性を考えると、車高はあまり高くしないような配慮が必要です。

ボディーとフレーム

- 自動車の骨格であるフレームには強度と剛性が要求される。
- 乗用車には航空機の技術を応用した軽量なモノコック構造を採用。
- トラックや本格的オフロード車は頑丈なラダーフレーム構造。

●乗用車に多いモノコック構造

自動車は、かつては**フレーム**（骨格部分）と**ボディー**を組み合わせて車体を構成していました。しかし、フレームは重くて燃費の悪化などにつながるため、ボディー全体で強度を確保し、軽い車体としたのが**モノコック構造**です。具体的には、**ルーフ**（屋根）や**フェンダー**（タイヤが収まる辺り）などの**外板パネル**と、**フロア**（クルマの床面）などを一体構造に設計することで、さまざまな方向から受ける力を、ボディー全体で分散して吸収します。こうすることで、軽くて強いボディーができるのです。イメージとしてはカニの殻、またはタマゴの殻のようなものです。

モノコック構造の出来栄えは、自動車の重さはもちろん、衝突時の強度や**衝撃吸収性**、運転時に感じる自動車の剛性感（しっかり感）や操縦性（ドライバーの意思通りに動く自然な感じ）なども左右する重要な要素です。現在の乗用車には、ほとんどにモノコック構造が採用されています。

●高い強度のラダーフレーム構造

ラダーフレーム構造とは、文字通りラダー（はしご）のような形のフレームにエンジンと4つのタイヤを付け、その上にキャビンを載せた構造のことで、強度が高く変形しにくいのが特徴です。しかもそれ自体がしなったり、ねじれたりすることで、大きな荷重を分散して支えることができます。また、エンジンやサスペンションといった機能部品はラダーフレームに取り付けるので、上に載せるキャビンを中心とするボディーは、それほど頑丈にする必要がありません。ただしラダーフレームは重くなりがちです。そのため重い荷物を載せる**トラック**や、荒れた路面を走るための本格的な**SUV**などに採用されます。

豆知識

プラットフォーム

ボディー構造のうち、クルマの外観に影響されないフロアパネルとその周辺部品や、エンジン、駆動系、サスペンションなどをまとめてプラットフォームと呼びます。日本語では「車台」といいます。

用語解説

SUV

Sport Utility Vehicle=スポーツユーティリティービークルとは、厳密にいうと自動車の形式を指すのではなく、スポーティーな要素を持ち、多目的に使用できる車両のこと。特定の形式はありませんが、一般に悪路でも走破性が高く、レジャー用品をたくさん積載できるような特性を持った車両のことです。ただし、近年は荒れた路面だけでなく、舗装路や高速道路を走るために車高を下げたタイプも登場していて、必ずしも厳密な定義はされていません。

>>> 自動車のフレーム構造の違い <<<

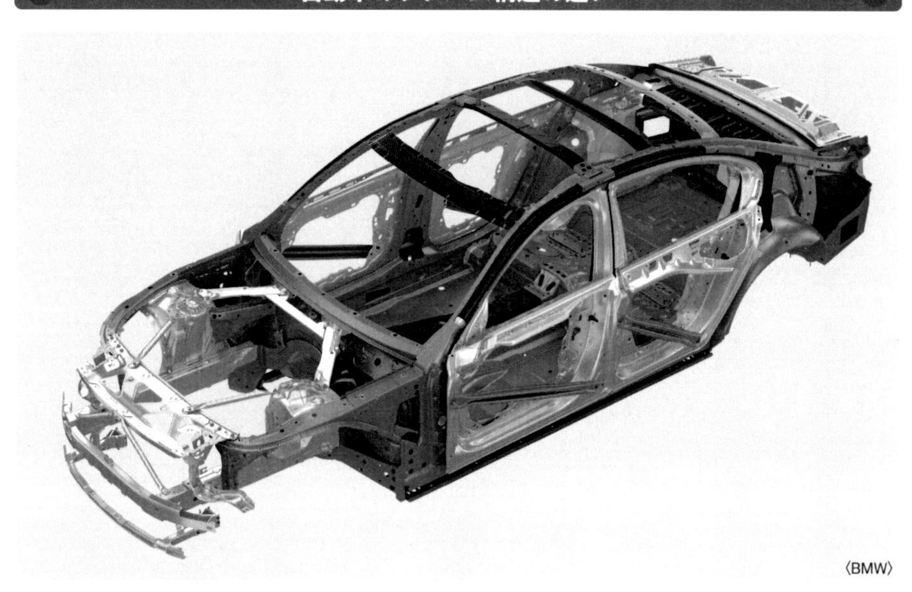
〈BMW〉

軽量なモノコック構造

かつては乗用車もエンジンやサスペンションを設置する構造体であるフレームと、それを包む外側のボディーは別々に製作されていた。しかし軽量化が要求される乗用車では、航空機の技術が採り入れられて、フレームとボディーを一体化したモノコック構造が一般的になった。

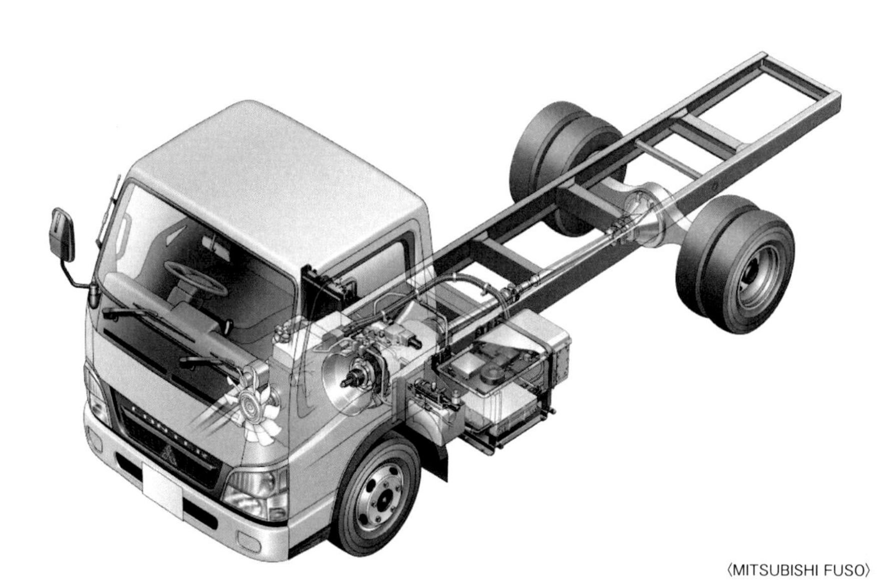
〈MITSUBISHI FUSO〉

剛性の高いラダーフレーム構造

軽量化が重要なポイントである乗用車と異なり、荷物を積載することが主目的となるトラックなどの商用車、悪路を走ることを目的としたオフロード車などは、ボディー剛性の高さが要求されるため、ほとんどの車両がはしご（ラダー）状の構造をした強固なフレームを採用している。

自動車の核となるエンジン

●自動車の誕生以来、常に進化を続けるエンジン。
●環境保護、エコ志向にマッチした電気自動車。
●人気が高いハイブリッド車と今後の普及が期待される燃料電池車。

●自動車の発展とともに進化してきた内燃機関

密閉された**シリンダー**内の**燃焼室**の中で燃料を爆発させ、そのエネルギーを駆動力として取り出すのが**エンジン**と呼ばれる**内燃機関**です。自動車の誕生とともに技術的な進化を続け、現在でも自動車の原動機として最も広く採用されています。

移動体の原動機として求められる、**航続距離**、パワー、快適性などの面において内燃機関（エンジン）は優れた能力を持っています。環境問題への配慮から、内燃機関には厳しい排ガス規制が課せられていますが、世界の自動車メーカーは技術革新によって、それらをクリアしようと努力しています。

●自動車の未来は電気モーターが握る

地球温暖化などの環境問題に対応するために、自動車メーカーが力を入れているのが**電気自動車**の開発です。排気ガスを出す内燃機関の代わりに、自動車に搭載したバッテリーで駆動する電気モーターを動力に使用。ただし、現在の技術ではバッテリー容量の問題から、内燃機関並みの航続距離を得るのが難しい点が電気自動車のウイークポイントです。

●ハイブリッド車と燃料電池車

そこで登場したのが**ハイブリッド車**です。エンジンと電気モーターの両方を搭載しています。それぞれの特性を生かして、環境問題と航続距離、そして経済性をバランスよくクリアし、高い人気を誇っています。しかし、将来的には排気ガスを出さずに、かつ長い航続距離を実現する**燃料電池車**の普及が期待されています。燃料電池車は燃料として補給した**水素**を空気中の酸素と反応させ、発電しながら走る電気自動車です。

CLOSE-UP

外燃機関

内燃機関に対して、外燃機関の例としては蒸気機関があります。蒸気機関は水が入った釜を薪や石炭で外から熱し、かまの中で高温・高圧となった蒸気が膨張する力を取り出して利用します。熱エネルギーを運動エネルギーに変える点は内燃機関と同じです。

豆知識

ハイブリッド車の方式

ハイブリッド車には、エンジン主体で電気モーターは補助的に使用する方式、エンジンと電気モーターを状況によって使い分ける、または併用する方式、エンジンは電気モーターの発電用としてだけ使用する方式など、いくつかのタイプがあります。

燃料電池車の普及

燃料電池車の普及の問題点は車両価格が上がることのほかに、燃料となる水素を補給する水素ステーションの設置などが残されています。

自動車の心臓部である内燃機関（エンジン）

■熟成を重ねた内燃機関（エンジン）

〈MAZDA〉

長い歴史の中で技術を蓄積してきたガソリンエンジンやディーゼルエンジンは、移動体のパワーユニットとして高い完成度を誇っている。

普及が期待される電気自動車やハイブリッド車

■排気ガスゼロを達成した電気自動車

〈NISSAN〉

環境への負荷ゼロを目指して、世界の自動車メーカーは電気自動車や燃料電池車の開発、普及を推進している。

■環境性能を高めたハイブリッド車

〈TOYOTA〉

内燃機関の抱える環境問題を解決するため、エンジンとモーターの両者のメリットを生かすハイブリッド車が誕生。

エンジン配置

POINT

- エンジンを、どこにどう配置するかは重量バランスの点で非常に重要。
- 搭載位置はフロントとリヤ、搭載方法には縦置きと横置きがある。
- 運動性能重視のスポーツカーではミッドシップ方式採用のモデルも。

●フロントエンジン方式とリヤエンジン方式

エンジンを車体に搭載する方式として、車体の前側に搭載する**フロントエンジン方式**と、車体の後ろ側に搭載する**リヤエンジン方式**があります。

リヤエンジン方式は、エンジンが後輪の車軸（車輪を回転させる軸）より後ろに搭載されているのが一般的ですが、それとは異なりエンジンの重心が後輪の車軸よりも前にある方式をとくに**ミッドシップエンジン方式**と呼んでいます。

かつてはリヤエンジン方式を採用する車両もかなりありましたが、現在では一部の車両を除き、乗用車のほとんどがフロントエンジン方式となっています。また、ミッドシップエンジン方式は、高い運動性能が求められるハイエンドなスポーツカーに採用されています。

●エンジンマウントの横置きと縦置きの違い

エンジンのマウント方法には**横置き**と**縦置き**があります。横置きとは、エンジンの回転軸（**クランクシャフト**）が車両の向きと直角になるようなマウント方式。縦置きは車体の向きとエンジンの回転軸が同じ向きになるマウント方式です。

フロントエンジン方式で前輪を駆動する**FF車**（フロントエンジン・フロントドライブ車）では、重量配分や効率の面でエンジンを横置きにマウントするのが一般的です。

フロントエンジン方式で後輪を駆動する、いわゆる**FR車**（フロントエンジン・リヤドライブ車）では、前にあるエンジンの力を遠く離れた後輪に**プロペラシャフト**を介して効率よく伝える必要があるため、エンジンを縦置きにマウントする方式が採用されています。

CLOSE-UP

F1はミッドシップ

レーシングカーの場合は速く走ることに焦点を合わせたつくりとなっています。このため、市販車を改造したクラスではなく、フォーミュラーカーや耐久レース専用につくられた車両などはほとんどがミッドシップエンジン方式です。重量物を前後車輪の中央に集めることで、運動性能を高めているのです。

エンジン配置と駆動方式のパターン

■フロントエンジン方式

①FF車（エンジン横置きの場合）

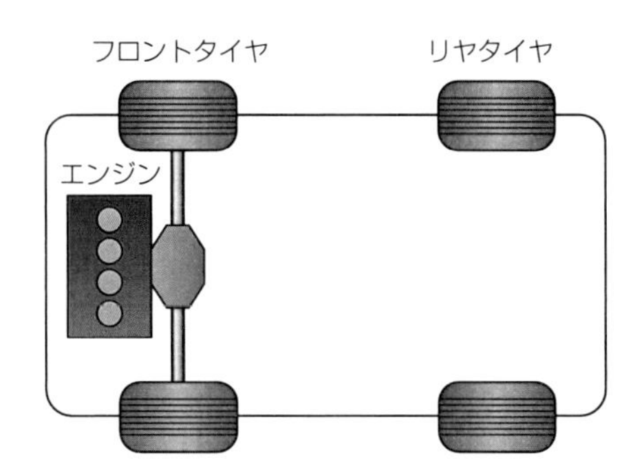

②FR車（エンジン縦置きの場合）

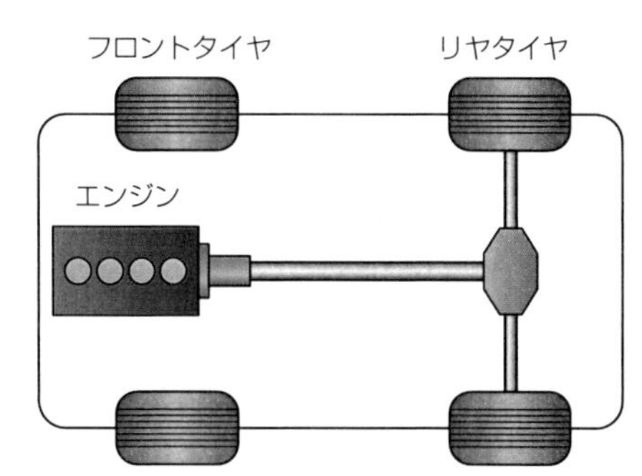

■リヤエンジン方式

①ミッドシップエンジン方式（エンジン縦置きの場合）

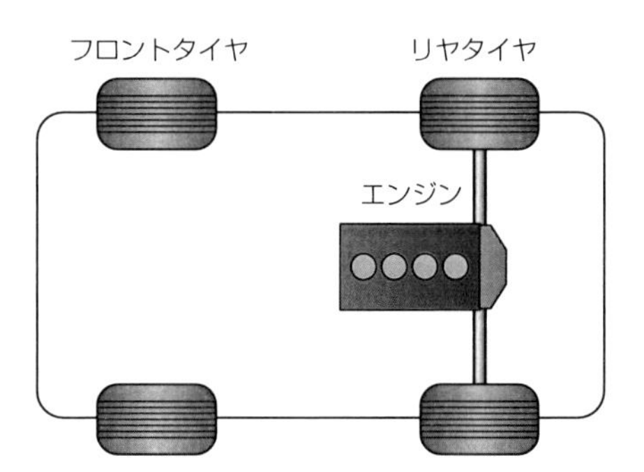

②RR車（エンジン縦置きの場合）

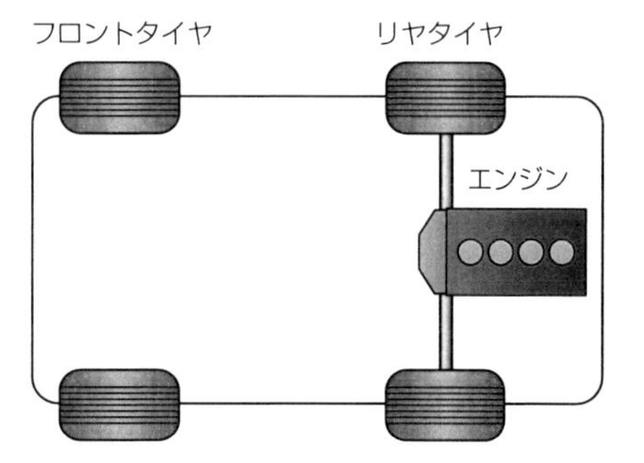

CAR COLUMN

ミッドシップエンジン方式の効果

アイススケートのスピンでは、広げていた体を素早く縮めることにより慣性モーメント（回転のしにくさの程度を示す物理量）が小さくなるため、速いスピンが実現できます。

自動車も同じように、ミッドシップエンジン方式にすることで、回転性が良く、かつハンドリングの操作性も高めることもできます。

フェラーリなどに代表されるミッドシップエンジン方式のスポーツカーは、背中からエンジン音を感じ、シャープなハンドリングを楽しめるなどの理由から、高い人気を得ています。

駆動方式

- 前輪駆動、後輪駆動、４輪駆動の3タイプがある。
- 合理的な前輪駆動とバランスの取れた操縦性の後輪駆動。
- オールラウンドな走行性能を持つ４輪駆動。

●合理的な前輪駆動はコンパクトカーに最適

現在の乗用車はほとんどが**FF車**です。**駆動系**をすべて車体前部に集中でき、スペース効率が高く、また、後輪駆動に比べて部品点数を減らすことができるため、軽量化しやすいのも特徴です。半面、前輪が駆動と操舵の役目を兼ねるのでフロントタイヤの負担が大きいこと、フロントに重量物が集中するため前後輪の荷重バランスが崩れやすいことが不利な点です。

●挙動が安定する後輪駆動

後輪駆動には**FR車**と**RR車**（ミッドシップエンジン方式を含む）があります。FR車は舵（かじ）を切る車輪と駆動する車輪が異なるため、自然な運転感覚を得やすいという特徴があります。前後の重量バランスが良い（運動性能に寄与する）ことも要因の1つです。ただし、後輪にパワーを伝達するためには**プロペラシャフト**（P.120参照）が必要となり、重量面では不利になります。

一方、RR車はエンジンも後部にあるので重量バランス面では不利ですが、駆動輪の**グリップ力**（タイヤが路面をつかむ力）が高くなるというメリットがあります。

●すべてのタイヤが駆動力を分担する4WD

前後の車輪で駆動するのが**4 WD**（フォー・ホイール・ドライブ=4輪駆動）。**AWD**（オール・ホイール・ドライブ＝全輪駆動）ともいいます。タイヤのスリップが起きにくく、滑りやすい路面や不整地などで安定性の高い走りが可能です。また、オフロードだけでなく舗装道路でもパワーを効率良く路面に伝えて加速や旋回性などに優れるため、スポーツカーにも採用されています。ただし、駆動系のパーツが増え、車体は重くなりがちです。

豆知識

フロントミッドシップエンジン方式

通常、ミッドシップエンジン方式というと、リヤアクスル（後車軸）の前にエンジンを搭載し後輪を駆動する形式を指しますが、エンジンをフロントに搭載したFR車で、エンジンをできるだけ後方に搭載し、エンジンのほとんどがフロントアクスル（前車軸）より後ろになるようにしたものをフロントミッドシップエンジン方式と呼んでいます。なお、通常のミッドシップ（リヤミッドシップ）もフロントミッドシップも、後輪駆動だけでなく、４輪駆動タイプもあります。

さまざまな駆動方式

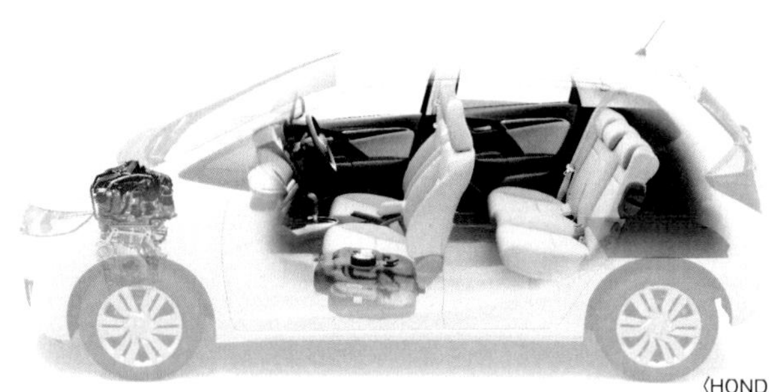
〈HONDA〉

FF車 エンジン横置きタイプ

フロントにエンジンを横置きに搭載し、前輪を駆動する。プロペラシャフトが不要。効率を求めるコンパクトカー向き。ただしFF車であってもエンジンを縦置きにするタイプもある。

FR車 エンジン縦置きタイプ

フロントにエンジンを縦置きに搭載し、後輪を駆動する。車体の中央を通るプロペラシャフトで後輪に駆動力を伝える。右の図はエンジンをできるだけ車体の中央に近づけたレイアウトで、FR車の中でもフロントミッドシップエンジン方式と呼ばれるタイプ。

〈MAZDA〉

〈HONDA〉

ミッドシップエンジン方式 エンジン横置きタイプ

重量のあるエンジンを前後の車輪の間に搭載することにより運動性能を高めるのが狙い。左の図はエンジン横置きの例だが、大排気量エンジンの場合は縦置きが一般的である。

RR車 エンジン縦置きタイプ

リヤの車軸より後方にエンジンを搭載。後輪駆動車の場合、発進、加速の際に後輪のグリップが重要となる。RR車の場合は重量物であるエンジンの荷重が後輪にかかるので、タイヤのグリップが強くてスリップしにくく、パワーをロスすることが少ない。

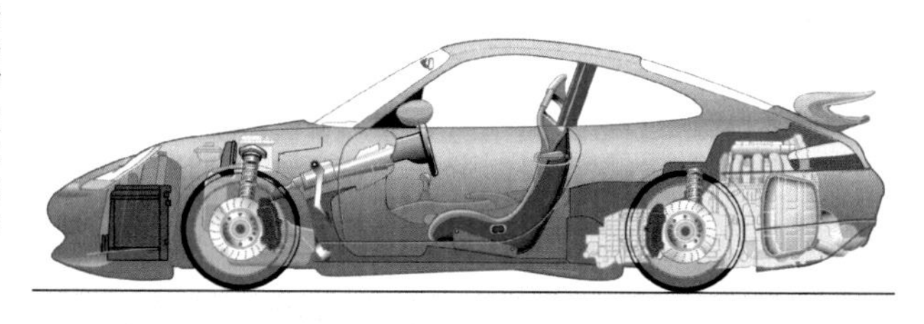
〈Porsche〉

column

駆動方式によって異なる車の運動性能

前輪駆動、後輪駆動、4輪駆動という駆動方式の違いによって、「走る・曲がる・止まる」という自動車の運動性能には違いがあります。

ドライ路面では、コーナリング限界（コーナリング中のタイヤのグリップの限界）を攻めていくような運転をしないと駆動方式の違いによる「走る・曲がる・止まる」といった運動性能の差異を感じるのは難しいのですが、タイヤのグリップが極端に低くなる雪道や凍結路などの低μ（ミュー）路（摩擦係数が低い滑りやすい路面）では、その違いがはっきりと感じられます。4輪駆動は駆動力を4輪で分担するため、前輪駆動や後輪駆動に比べてタイヤがグリップを失いにくくなっています。4輪駆動に比べ、タイヤのグリップを失いやすい前輪駆動や後輪駆動では、発進時などにタイヤの空転が起きやすいので注意が必要です。また、前輪駆動車は少し速度を上げると舵の効きが悪くなり、後輪駆動車はコーナーで簡単にテールスライド（車の尻流れ）を起こしてしまうので気をつけなければいけません。

なお、4輪駆動にはパートタイム4WDとフルタイム4WD（ともにP.128参照）があります。パートタイム4WDは前後の車軸へ駆動力を分岐するセンターデフを備えていないため、特にタイトコーナー（ハンドルを目一杯切って進む）で前後車軸の回転数差によるブレーキが生じてしまいます（ブレーキング現象）。それを回避するには2WDに切り替える必要があります。一方、フルタイム4WDは、センターデフを備えているので、ブレーキング現象を生じることはありません。この違いも雪道や凍結路ではっきりと感じられます。

4輪駆動にはこれらの特性があることを覚えておくといいでしょう。とくに雪道や凍結路の運転を強いられる人は、これらのことを踏まえたうえで車選びができるといいかもしれません。

第1章 エンジン

自動車の構成要素の中でも中心的存在となるのがエンジンです。自動車の性格に応じてさまざまな種類があります。またエンジンとモーターを組み合わせたハイブリッドカーや、モーターだけで動く電気自動車も増えています。

エンジンの役割

POINT

●「走る」「曲がる」「止まる」という自動車の基本運動のうち、エンジンは「走る」というパートの中核を担う。
●エンジンは熱エネルギーを運動エネルギーに変えて取り出す装置。

●自動車というシステムの中核要素

自動車が「走る」ためには、大きな動力が必要です。その大きな動力を生み出しているのが**エンジン**ですが、その意味でエンジンはまさに自動車の中核を成す重要な要素といえます。

エンジンは燃料を内部で燃やして、その熱エネルギーを運動エネルギーに変換します（これを**内燃機関**といいます）。まずは**シリンダー**の中に燃料と空気の混ざった混合気が吸い込まれ、**圧縮**され、**爆発**・**膨張**（P.32参照）します。その膨張する力で**ピストン**が動きます（P.44参照）。燃えたガスはその後シリンダーの外に排出。このピストンの往復運動をクランクで回転運動に変換して、エンジンの外に取り出します。

●レシプロエンジンの種類

シリンダーの中で混合気を燃やし、ピストンが往復する運動エネルギーを利用するエンジンを**レシプロエンジン**といいます。レシプロエンジンにはガソリンを燃料とする**ガソリンエンジン**と、軽油を燃料とする**ディーゼルエンジン**があります。また、燃焼行程の数によって、**4サイクル（4ストローク）エンジン**と**2サイクル（2ストローク）エンジン**に分けられますが、現在の自動車はほとんどが4サイクルエンジンです（P.32参照）。

シリンダーは、**気筒**ともいいます。気筒数が多いほど滑らかで静粛性が高いとされます。それは、エンジンが4行程で2回転するとき（4サイクルエンジンの場合）、力を発揮するのは爆発・膨張の行程だけなので、1回転の間に爆発・膨張を複数の気筒で行なえば、よりスムーズに回転させられるからです。ただし、気筒数は多ければ良いというわけではなく、効率やコストなど、さまざまな観点からその数が決定されています。

CLOSE-UP

ロータリーエンジン

ロータリーエンジンは、内燃機関ですが、ピストンではなくローターという回転体の運動を利用していることから、レシプロエンジンと区別されます(P.36参照)。

豆知識

気筒数と出力性能

エンジンは一般的に高回転型の方が高い出力を発揮します。往復運動をするピストンは重量が軽い方が高回転まで回しやすくなります。したがって同じ排気量なら気筒数の多い方がピストンを小さく(軽く)できるため、高回転まで回せる、つまり高出力を得やすくなります。しかし、気筒数が多くなるとエンジン自体が大型化するため重量が増し、部品点数も多くなるためコストアップにつながります。また、高回転エンジンになると回転部分の摩擦抵抗なども問題になります。

心臓部となるパワーユニット

■レシプロエンジンの構造と作動原理

エンジンの基本構造は、シリンダーやピストンの入るシリンダーブロック、バルブ系を収めたシリンダーヘッド、クランクシャフトを下から支えるラダーフレームやオイルパンなどに分類される。シリンダー内に送り込まれた混合気を点火・爆発させて、爆発時の圧力を受けたピストンが下降する。するとピストンと連結されているクランクシャフトがピストンの上下動を回転力に変換してパワーとして取り出す。この行程が各シリンダーで順繰りに、かつ連続的に行なわれる。

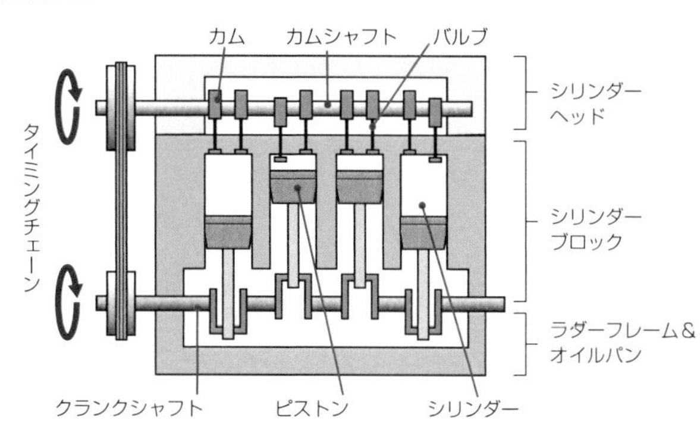

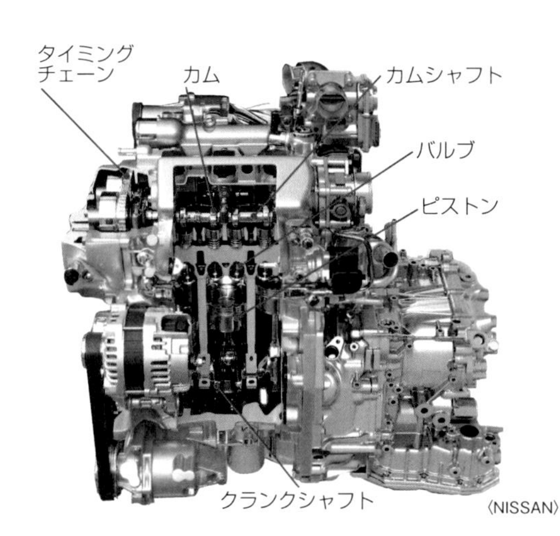

〈NISSAN〉

■混合気の吸排気を制御するバルブシステム

4サイクルエンジンの断面図。シリンダー内に混合気を送り込んだり、燃焼後のガスを排出したりするタイミングをコントロールするバルブは、カムシャフト上にあるカムによって駆動する。カムシャフトはクランクシャフトによって、タイミングチェーンを介して駆動される。

■エキゾースト系と補機類

エンジン本体から伸びる4本のパイプは燃焼後のガスを排出するエキゾーストパイプ。エンジンの前面にあるいくつかのプーリーやベルトは発電機や冷却水用ポンプなどの補機類を、クランクシャフトによって駆動させるためのもの。

〈MAZDA〉

ガソリンエンジン

POINT
- 吸入、圧縮、爆発・膨張、排気の4つの行程を繰り返す。
- シリンダー内で混合気を爆発・膨張させて出力を得る。
- ディーゼルエンジンに比べて軽量で、騒音や振動が少ないのが特徴。

●4つの行程を繰り返してパワーを生み出す

ガソリンエンジンの機関部分は**シリンダー**、**ピストン**、ピストンに連結された**クランクシャフト**、**吸気バルブ**、**排気バルブ**、**スパークプラグ**などで構成されていますが、それらが連携してシリンダーの中で、**吸入**、**圧縮**、**爆発・膨張**、**排気**の４つの行程を繰り返すことで出力を得ています。

最初の吸入行程ではシリンダーの中でピストンが下降、同時にシリンダー上部にある吸気バルブが開き、空気とガソリンがミックスされた混合気がシリンダー内に吸入されます。

次の圧縮行程では、下降していたピストンはクランクの回転に伴い、ある位置まで来ると反転して上昇。同時に吸気バルブも閉じられシリンダー内の混合気は圧縮されていきます。

●爆発力をエンジンの出力として取り出す

ピストンが最上部に近づくと、そのタイミングでシリンダーの上方にあるスパークプラグに火花が飛び、混合気に着火。混合気は爆発的に燃焼して体積が急激に増大します（爆発・膨張行程）。その勢いでピストンは下向きに強く押され、クランクシャフトに回転力として伝達されます（**パワー**の発生）。

ピストンが下がり切った後、クランクシャフトの回転に伴い今度は上昇を始めますが、同時に排気バルブが開き、爆発・膨張した後のガスをシリンダーの外に排出します（排気行程）。ピストンがシリンダー上部まで上昇してガスを排出し終わると排気バルブは閉じられ、４つの行程が完了します。

ガソリンエンジンは同じ排気量のディーゼルエンジンに比べて軽量で、振動や騒音も少ないことから乗用車用エンジンとして多く採用されています。

CLOSE-UP

直噴エンジン

現在では、正確な燃焼を行なうため、混合気ではなく、空気のみを吸気バルブから吸入し、燃料は高圧インジェクターで燃焼室内に直接噴射する直噴タイプのガソリンエンジンも多くなってきました。

豆知識

ガソリンの種類

ガソリンにはレギュラーのほかにハイオクがあります。ハイオクとはハイオクタン価ガソリンの略。一部の高出力エンジンやターボエンジンでは、普通のガソリンを使用するとノッキングという異常燃焼が発生し、設計通りの性能が出ないばかりか、エンジンを破損する恐れがあります。オクタン価とはこのノッキングの起こしにくさを表す値で、上記のようなエンジンではほとんどの場合、ハイオクの使用が指定されています。

4サイクルエンジンの作動行程

①吸入行程

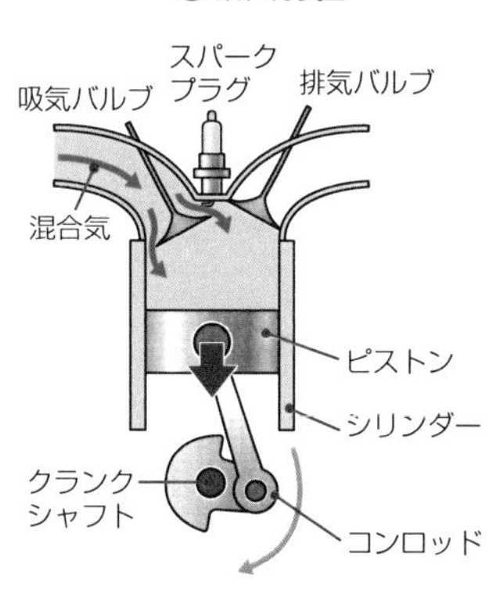

クランクシャフトが回り、ピストンが下降を始めると吸気バルブが開き、燃焼室にガソリンと空気をミックスした混合気が吸入される。

②圧縮行程

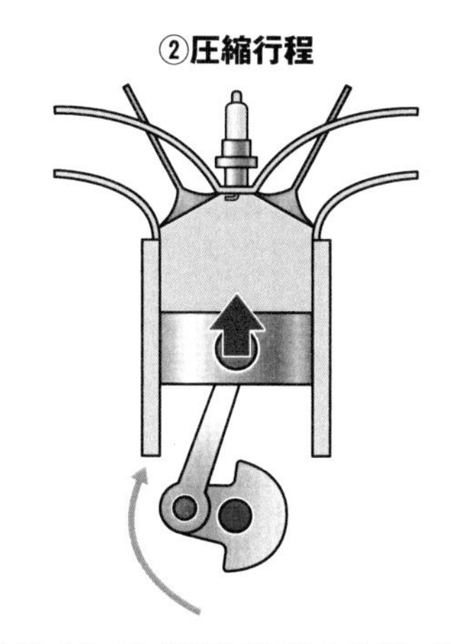

さらにクランクシャフトが回るとピストンは反転して上昇、同時に吸気バルブは閉じて混合気が圧縮される。

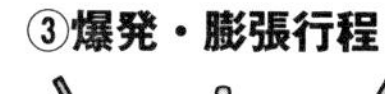

③爆発・膨張行程

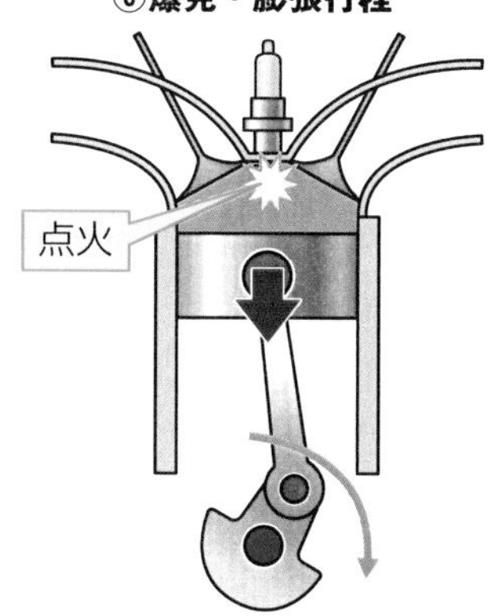

ピストンが上まで来るとスパークプラグに火花が飛び、圧縮された混合気に着火して爆発。その圧力でピストンを押し下げる。ピストンはコンロッド（P.44参照）を通じてクランクシャフトを回す（パワーの発生）。

④排気行程

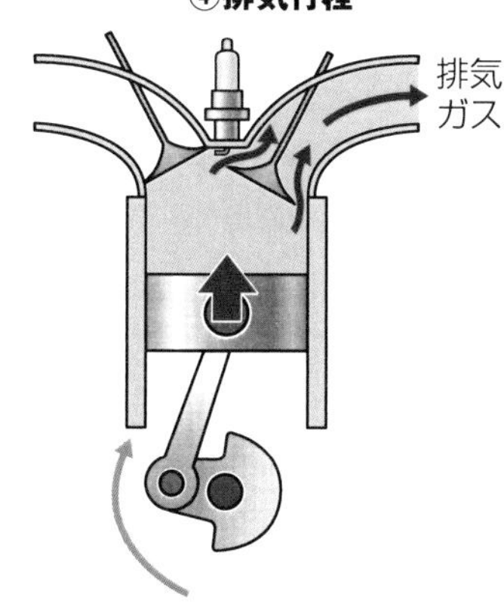

ピストンが下まで下がると排気側のバルブが開く。その後ピストンが上昇を始めると燃焼済みの混合気が排気バルブから排出される。ピストンが上部に達すると排気バルブが閉じる。

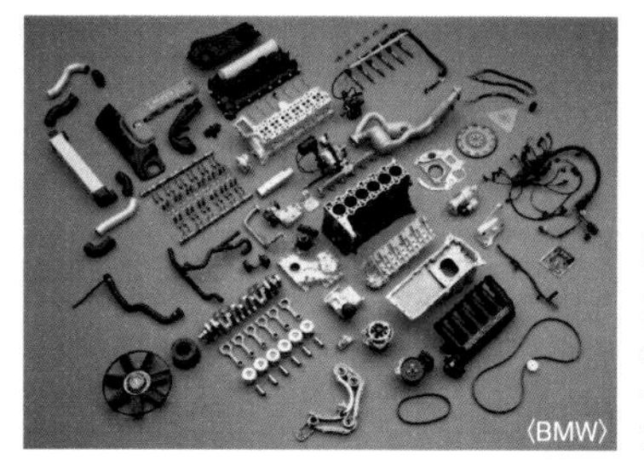
〈BMW〉

■ガソリンエンジンの主要パーツ

直列6気筒エンジンを構成する主なパーツ群。中央の6つのシリンダーの穴が開いているのが基本となるシリンダーブロック。ピストン、クランクシャフト、シリンダーヘッド、吸気バルブ、排気バルブ、タイミングチェーン、その他多くの部品によってエンジンが構成されている。

ディーゼルエンジン

- エネルギー効率が高く、経済性に優れているディーゼルエンジン。
- 現在ではコモンレールによる電子制御燃料噴射で、燃費向上と排気ガス浄化を両立したクリーンディーゼルが主流。

●軽油を燃料にするディーゼルエンジン

ディーゼルエンジンはガソリンより着火性のいい軽油を燃料にしています。作動行程はガソリンエンジンと基本的に同じですが、**スパークプラグ**がありません。**吸入**工程では吸気バルブからは空気のみを吸入し、**圧縮**行程ではガソリンエンジンよりずっと高い比率で空気を圧縮します。この高い圧縮比で温度が上昇したシリンダー内の空気に、高圧インジェクターから軽油を噴射すると自然に発火して**爆発**・**膨張**を始めます。

ディーゼルエンジンは圧縮比が高く爆発力も大きいので熱効率に優れますが、半面、高い圧力に耐えるためガソリンエンジンに比べ重量やサイズがかさみ、振動や騒音面でも不利です。また、二酸化炭素の排出量はガソリンエンジンより少ないものの、NOx（窒素酸化物）やCO（一酸化炭素）、PM（粒子状物質）による黒煙（すす）の発生が多く、経済性を重視する商用車を除き、乗用車用としては敬遠されがちでした。

●クリーン化を可能にしたコモンレール式

しかし、現在では燃焼技術や排気ガス浄化装置の進歩によって、ディーゼルエンジンの排気ガスに含まれる有害物質はとても少なくなっています。

排気ガスの飛躍的なクリーン化の背景には燃料の噴射タイミングと噴射量を精密に制御する**コモンレール式**というシステムの登場があります。コモンレールは**高圧ポンプ**で圧力室に与圧した燃料をため、それぞれの気筒ごとに電子制御で細かい霧状にした燃料を噴射して完全燃焼を促進。さらに、燃焼行程のごくわずかな時間内に数回に分けて噴射する多段噴射などの技術で、燃費向上と有害物質の大幅な削減を実現しました。

CLOSE-UP

キャビティー

自己着火で燃焼を起こすために、ピストンの上面に設けられた凹んだ空間。この空間の形状が燃焼効率を左右するため、各メーカーがさまざまな研究開発を行なっています。

ルドルフ・ディーゼル

ディーゼルエンジンは、発明者であるドイツ人技術者ルドルフ・カール・ディーゼル（1858～1913年）の名前から命名されています。彼の開発したエンジンは、燃料と空気を燃焼室で混合することと、爆発に点火プラグを使わず自己着火させることを基本にしていました。

ディーゼルエンジンの作動行程

①吸入行程

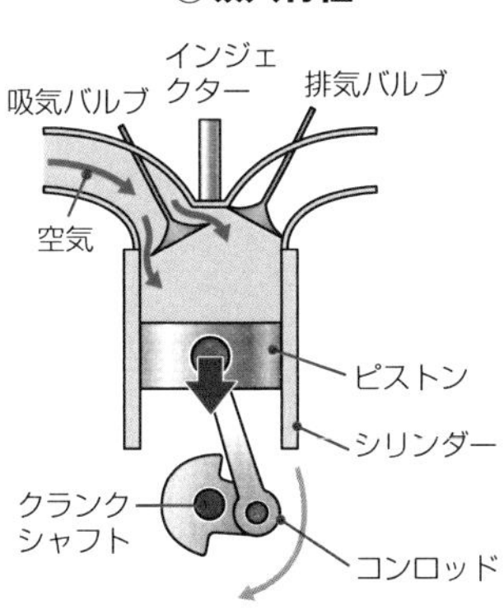

クランクシャフトが回りピストンが下降を始めると吸気バルブが開き、燃焼室に空気が吸入される。

②圧縮行程

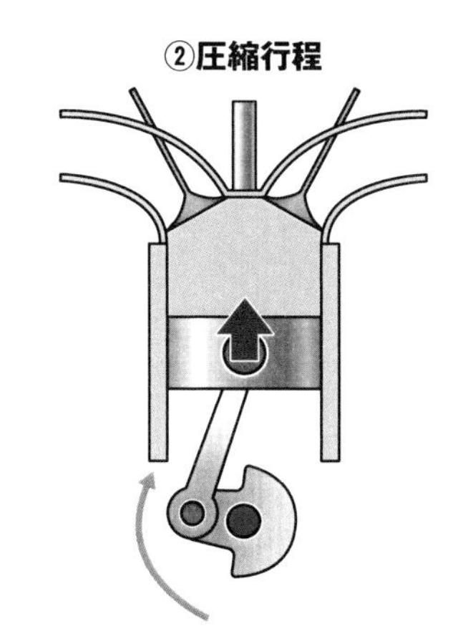

さらにクランクシャフトが回るとピストンは反転して上昇。同時に吸気バルブは閉じて燃焼室内の空気が圧縮される。

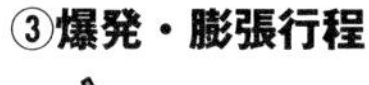

③爆発・膨張行程

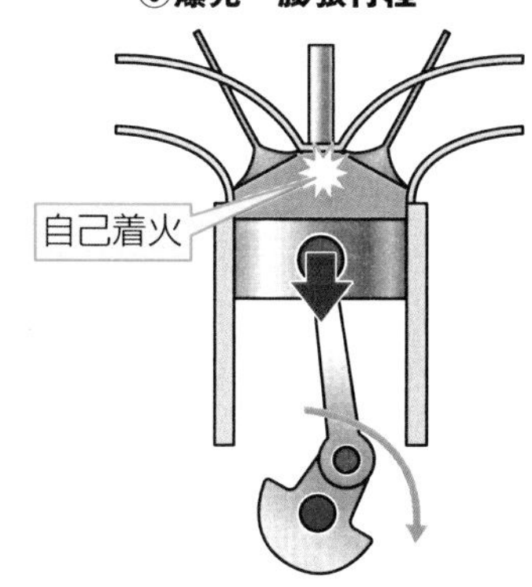

燃焼室上部のインジェクターから圧縮された空気に燃料(軽油)を高圧で噴射すると自己着火して爆発。その圧力でピストンを押し下げる。ピストンはコンロッドを通じてクランクシャフトを回す(パワーの発生)。

④排気行程

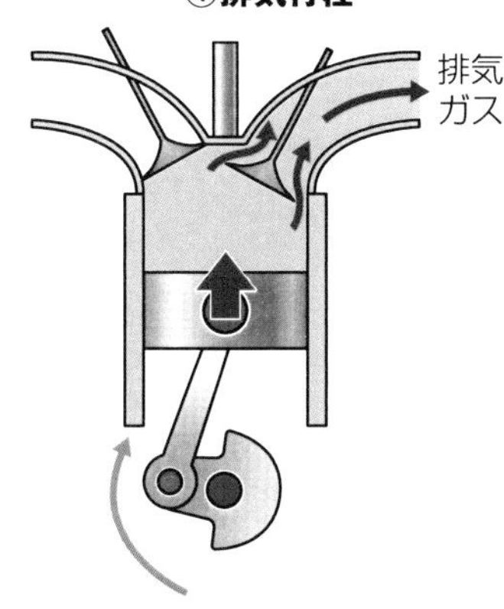

ピストンが下まで下がると排気側のバルブが開く。その後ピストンが上昇を始めると燃焼済みのガスが排気バルブから排出される。ピストンが上部に達すると排気バルブが閉じる。

■ディーゼルエンジン

〈MAZDA〉

〈MAZDA〉

日本でもクリーンで経済性の高いディーゼルエンジンが登場し注目を集めている。右図はディーゼルエンジンのピストン。効率的な燃焼を図るため、上面に凹み(キャビティー)が設けられている。

ロータリーエンジン

●一般的なエンジンのピストンに相当するローターと、シリンダーに相当するハウジングがあるのがロータリーエンジンの特徴。
●ハウジング内を回転するローターの動きを、そのまま回転力として利用。

●小型、軽量、スムーズ、そしてハイパワー

ロータリーエンジン（RE）は、おむすびのような三角形のローターが、まゆ形のローターハウジングの中を独特な動きで回転する形態のエンジンです。レシプロエンジン（P.30参照）に比べて、部品点数が少なくコンパクトで、排気量の割に高い出力を発揮するなどという特徴があります。

吸気&排気バルブに相当するものがなく、ローターが移動することで吸気ポートや排気ポートの穴を開放したりふさいだりして吸排気のタイミングをコントロールしています。

ローターが1回転する間に燃焼室が移動しながら**吸入**、**圧縮**、**爆発**・**膨張**、**排気**の各行程が行なわれ、ローターの回転がレシプロエンジンのクランクシャフトに相当する**エキセントリックシャフト**に伝わり出力を得ています。往復運動をする部分がないので振動が少ないのもロータリーエンジンのメリットです。

●画期的なエンジンだが克服すべき点も多い

ロータリーエンジンはドイツ人のF・バンケル博士が発明し、1959年にそれを搭載した車両がNSU社から発表されました。当初は世界中のメーカーが開発に乗り出しましたが、実用に耐えるエンジンにするには技術的に難しい問題を抱えていたため、ほとんどのメーカーが開発を断念しました。しかし、日本の自動車メーカーのマツダは開発を続けてこの問題を解決し、1967年に量産車・コスモスポーツを発売しました。

燃費の悪さや低速トルクの不足といった欠点もありましたが、改良を重ね、徐々に改善されつつありました。しかし、2012年で搭載車の発売は中止に。ただ、水素燃料との相性の良さなどを背景に、将来への研究は進められています。

CLOSE-UP

世界初のRE搭載市販車

REを搭載した世界で初めての実用的量産車がマツダのコスモスポーツです。1963年10月、後の東京モーターショーに当たる全日本自動車ショウで発表され、67年5月30日に発売されました。491cc×2ローターの排気量で最高出力110馬力、最高速度185km/h、0～400m加速16.3秒と発表されました。

豆知識

悪魔の爪痕（つめあと）

REの開発においてはさまざまな課題がありましたが、中でも最大の難関とされたのが「悪魔の爪痕」です。これは、長時間運転するとローターハウジングの内壁面に発生する波状の摩耗のキズ（チャターマーク）のこと。マツダは、ローターとローターハウジングを仕切るシールに工夫を施すなどして克服しました。

ロータリーエンジンの作動行程

①吸入行程

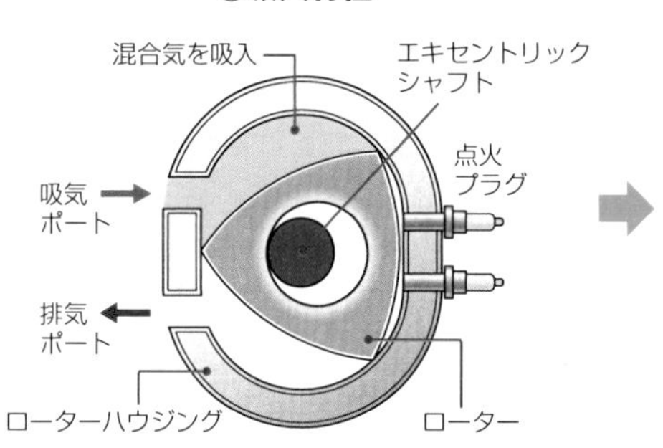

ローターが回転することにより燃焼室の容積が拡大し、吸気ポートから混合気が燃焼室に吸入される。

②圧縮行程

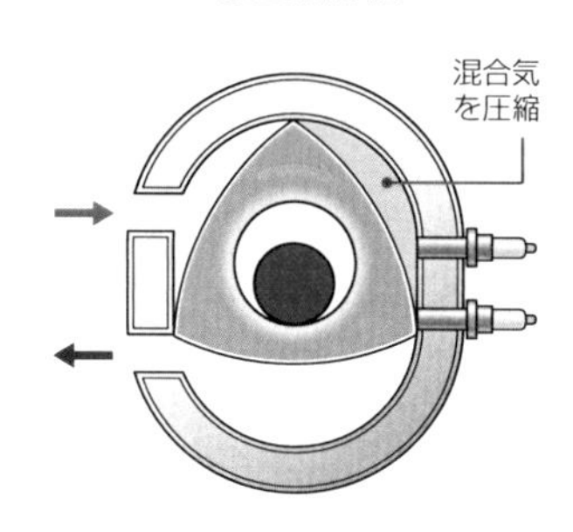

さらにローターが回転すると、燃焼室は移動しながら容積を縮小。吸入された混合気が圧縮される。

③爆発・膨張行程

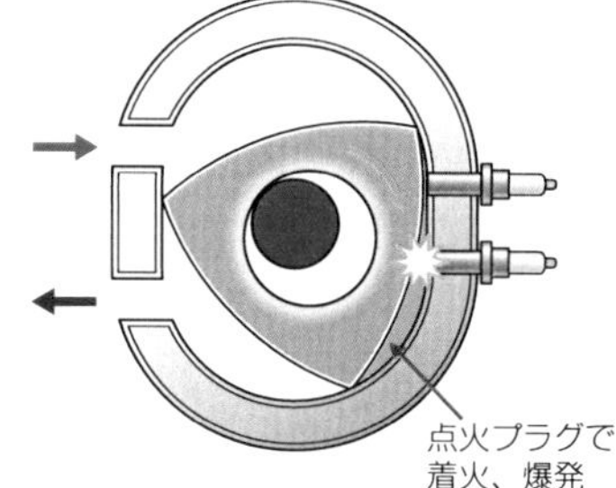

燃焼室の形状などが一般のエンジンとは異なるため、燃焼室には2本のプラグを配置。圧縮された混合気が点火され爆発・膨張すると、その圧力でローターに回転力が発生。燃焼室はローターの回転とともに移動。

④排気行程

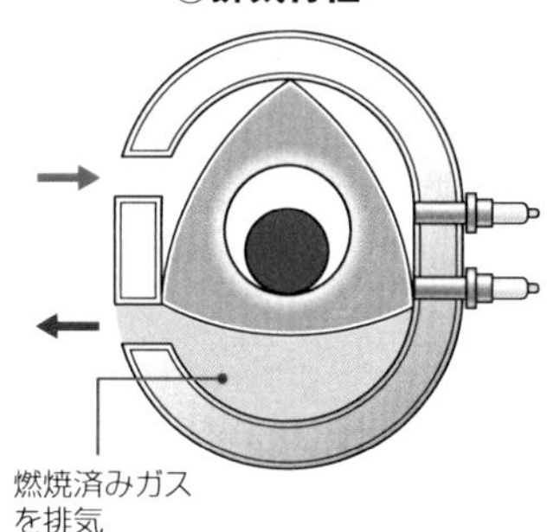

ローターが回転して頂点が排気ポートに達すると移動してきた燃焼室と排気ポートがつながり、排気行程に入る。ローターハウジングとローターの間に生じるほかの2つの燃焼室でも順次同じ行程が繰り返される。

■ロータリーエンジン

ハウジングの中心にあるエキセントリックシャフトと呼ばれるシャフトの周りをローターが回転。その回転とともに燃焼室も移動していく。

■ロータリーエンジンの構成パーツ

吸排気バルブもなく、構成パーツはとてもシンプル。

ハイブリッド車

POINT

●エンジンと電気モーターを使い分けて動力源とするのがハイブリッド車。
●ハイブリッド方式により、燃費向上（エネルギー効率の向上）、騒音・振動の低減、排気ガスの削減などを図っている。

●シリーズ式とパラレル式の2つの方式

エンジンと電気モーターを組み合わせた動力源を持つ自動車を**ハイブリッド車**と呼びます。ハイブリッド方式は基本方式の違いから**シリーズ式**と**パラレル式**の2つに分けられます。

シリーズ式では、エンジンで発電機を回し、発電した電気を**ハイブリッド用2次電池**にいったん蓄えます。そして、その蓄えた電気で電気モーターを回して駆動輪に伝えます。エンジンは発電機のためだけに使われ、駆動輪を直接動かすことはしません。これは電気自動車の**航続距離**（1回の充電で走れる距離）が短いという欠点を補うためのシステムです。

一方、パラレル式では、エンジンと電気モーターが並行して使用されます。駆動輪を動かすのは基本的にエンジンで、坂道や発進時などエンジンの負荷が大きくなったときに電気モーターが支援して動力性能を上げます。主役はあくまでエンジンであるため、電気モーターだけで駆動して走る電気自動車の状態（いわゆる**EVモード**）にはなりません。

●いいとこ取りのシリーズ・パラレル式

この2方式を合体したのが**シリーズ・パラレル式**です。この方式はパラレル式でありながらEVモードによる走行が可能です。

なお、ハイブリッド車は、自動車が減速したりブレーキで制動したりした際に発生する運動エネルギーを電気として回収し、2次電池を充電するシステムになっています（**回生ブレーキ**）。その働きをするのも、電気モーターです。最初からよりたくさんの電気を2次電池に蓄えておけば、燃費はさらに向上させられます。そこで、自動車を止めているときに家庭用電源で充電できるシステムを搭載したのが、**プラグインハイブリッド車**です。

CLOSE-UP

世界初のハイブリッド車

ビートルと呼ばれる世界的に有名な自動車や高性能スポーツカーの設計者としても知られているフェルディナンド・ポルシェが開発し、1900年に発表されたモデルが、世界初のハイブリッド車だといわれています。3.5馬力のエンジンと電気モーターを組み合わせたシリーズ式のハイブリッド車で、電池だけで40km、エンジンを使えばさらに160km走行できたといいます。電気モーターは車輪に内蔵するタイプで、いわゆるインホイールモーターの先駆けでもありました。2011年のニューヨークモーターショーで復元モデルが展示されました。

ハイブリッド車のシステムによる構造の違い

■シリーズ式（モーターで走行・エンジンは充電用）

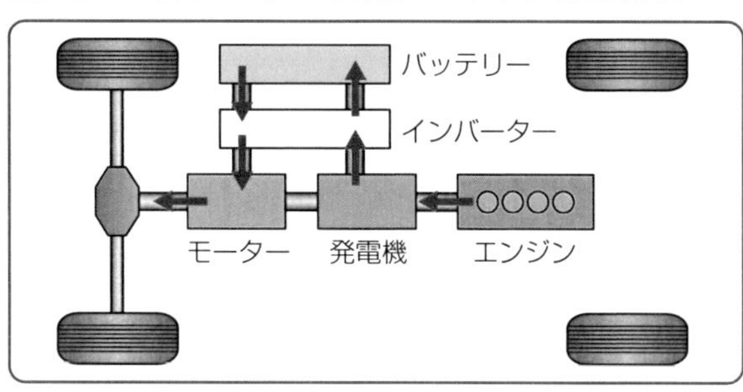

シリーズ式ではタイヤの駆動力はモーターのみ。つまり基本は電気自動車で、エンジンはあくまでも発電機を回して電気をバッテリーに蓄えるためだけに使用される。純粋な電気自動車に比べて航続距離が長いというメリットがある。

■パラレル式（エンジンで走行・モーターはアシスト）

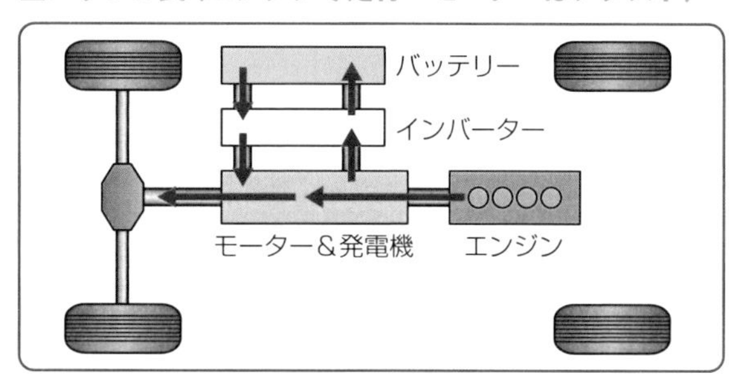

パラレル式では駆動力としてエンジンとモーターが並行（＝パラレル）して使用される。発進加速時など、エンジンの経済効率が悪い状況ではモーター出力がアシスト。定速走行時など、エンジンの効率が良い状況ではエンジンのみで走行する。

■シリーズ・パラレル式（エンジンとモーターを使い分ける）

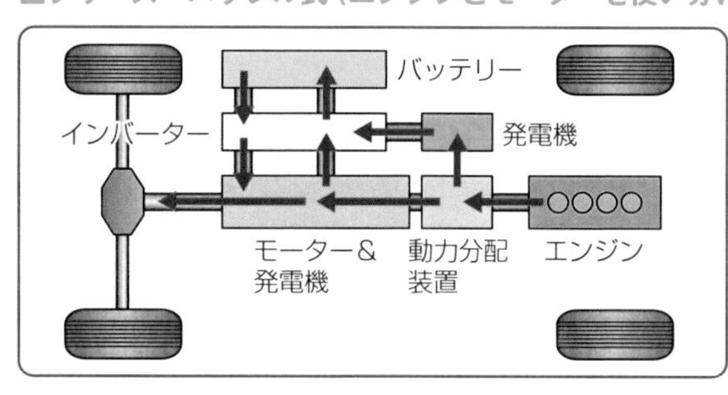

シリーズ・パラレル式は、その名の通りシリーズ式とパラレル式を合わせた方式。発進時などはモーターのみで走行、走行状況とバッテリーの充電状況によってエンジン、モーター、エンジン&モーターの３パターンを使い分けるため、効率が高い。

■シリーズ・パラレル式を採用するトヨタのプリウス

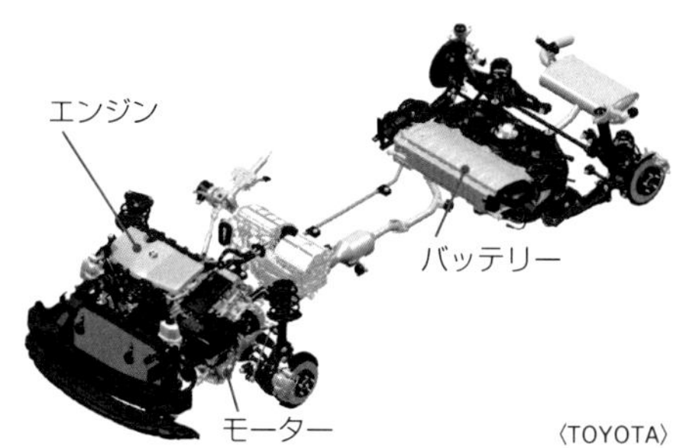

〈TOYOTA〉

トヨタのプリウスは、シリーズ・パラレル式を採用している。典型的なハイブリッド車のスタイルで、エネルギー効率が高い。発進時はモーターの強みを生かして低回転域から最大出力を出すことができる。速度が上がってきたところで、燃費効率が高いエンジンにバトンタッチする。

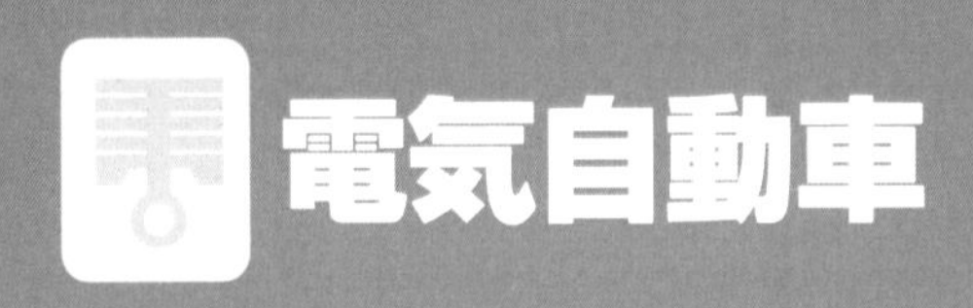

電気自動車

POINT

- ●電気エネルギーを運動エネルギーに変える電気モーターが動力源。
- ●環境性能は高いものの、現在は一般的に航続距離の短さがネック。
- ●燃料電池車は自ら発電しながら電気モーターで走る電気自動車。

●エンジン車に比べるとコンパクトな駆動系

排気ガスを一切出さず静粛性が高いといったことから、**電気自動車**は長い間注目されてきました。**航続距離**の短さや電池の大きさ、重さなどがネックでしたが、現在では技術の進歩に伴い、充電するシステムと電池の改良によって解決されつつあります。充電については家庭用電源でも可能なほか、急速充電装置の普及によって出先でも短時間でできるようになりました。基本的な要素としては、**駆動系**（電気モーター、デファレンシャルギヤ、ドライブシャフトなど）、**電池**、**コントロールユニット**で構成されます。電気モーターの回転は減速ギヤを経てデファレンシャルギヤ（P.122参照）に伝えられ、ドライブシャフト（P.126参照）を通じて駆動輪に伝えられます。電気モーターは回転数の幅が広いことや逆回転もできることからトランスミッション（P.110参照）が不要です。

●発電しながら走る燃料電池車

電気自動車の電池は一般的に**リチウムイオン電池**が使われます。リチウムイオン電池では、**セル**と呼ばれる単位の電池を複数、直列と並列につないで電圧と容量を確保しています。また、コントロールユニットは、駆動系と電池との間にあって電気の交流と直流の変換を行なうなど、両者を電子制御します。

一方、**燃料電池車**と呼ばれる自動車も電気モーターの駆動で動く電気自動車ですが、外からバッテリーに充電した電気を使うのではなく、水素を燃料として空気中の酸素と化学反応させて発電した電気を使用します。発電時に放出されるのは水だけで、排気ガスなどは一切ありません。課題は、電気自動車の充電設備と同様に水素ステーションが必要なことです。

豆知識

世界初の電気自動車

1881年にフランス人技術者トルーベが三輪車にモーターと電池を搭載したものが最初とされています。しかし、世界初の電気自動車を巡っては諸説あります。というのも、初期のものは人が乗れなかったりレールの上を走るものだったりして、どこからを自動車とするべきかはっきりしないからです。

CLOSE-UP

時速100kmを超えた自動車

世界で初めて最高時速が100kmを超えた自動車は、電気自動車でした。1899年にパリ郊外で開催されたレースでベルギー人ヤナッツイが105.88km/hを記録しました。今でいうフォーミュラーカーのようなスタイルを持つ車両の名前はジャメ・コンタント。意味は「決して満足しない」でした。

電気自動車とその心臓部

①2009年に登場した日産の電気自動車、リーフ(LEAF)。現行型の航続距離はJC08モード(一充電走行距離)で280kmと公表されている。
②日産リーフのパワーユニット。下側にモーターがあり、その右側は減速機。モーターの上には車載充電器やコンバーターなどを一体化したパワーデリバリーモジュール部が組み合わされている。
③電気自動車用リチウムイオン・バッテリー。ほかの方式のバッテリーに比べ、蓄えられる電気の容量が大きく、耐用年数が長いなどの特徴がある。

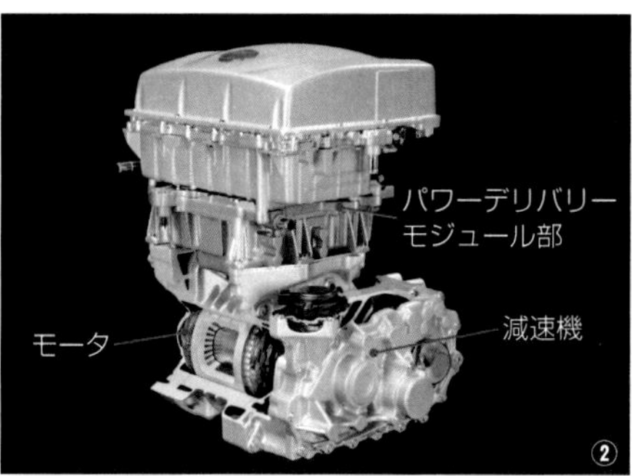

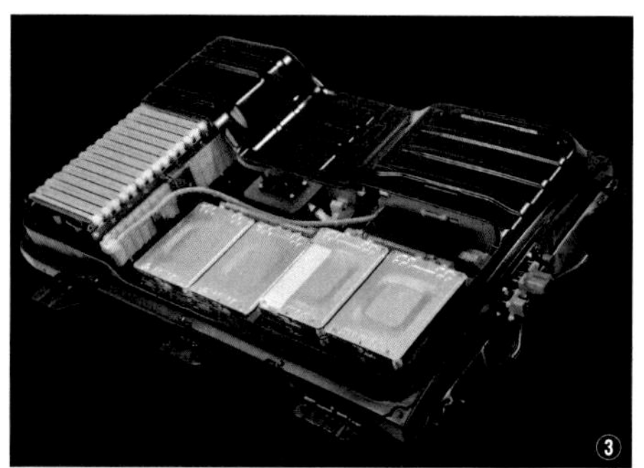

〈①〜③NISSAN〉

市販されている電気自動車

〈BMW〉

日本でも発売されているBMWの電気自動車i3。充電用の小型エンジンを搭載して航続距離を伸ばしたモデルも用意されている。

〈TESLA〉

革新的な電気自動車を展開するアメリカのテスラ社のモデルS。高性能バッテリーを多数積載し、航続距離が500kmを超えるタイプもラインアップ。

シリンダーブロック

POINT
- 基本構造はガソリンエンジンもディーゼルエンジンもほぼ同様。
- シリンダーブロックは内部にピストンやクランクシャフトを収めるエンジンの基本となる構造部品。

●エンジンの本体とも呼ぶべきパーツ

シリンダーブロックは、ピストンを収める**シリンダー**とクランクシャフトを収める**クランクケース**が一体となったもので、エンジンの中核となる部品です。上にはシリンダーヘッドとヘッドカバー、下には**オイルパン**が配置されます。

シリンダーの中では燃料が爆発し、ピストンが激しく運動するため、高温かつ高圧に耐える構造と材質が求められます。このため、ほとんどの場合、シリンダーの周囲には冷却水通路(ウオータージャケットを備えています。また、あちこちにオイル通路となる穴が開けられていますが、外側からキャップがしてあるため、複雑なオイル通路をのぞくことはできません。

●シリンダーブロックはアルミ製が主流

上面は、組み付けるシリンダーヘッドとのすき間ができないよう、精密に加工されています。レーシングカーのエンジンを除いて、多くは耐久性を維持できる鋳鉄(ちゅうてつ)製がほとんどでしたが、現在では乗用車用エンジンのシリンダーブロックはほぼすべてがアルミでつくられています。

アルミ化された当初は、シリンダー部にスリーブと呼ばれる鉄製の筒を組み込んで耐久性を確保していました。しかし、最近は軽量化を図るため、スリーブを廃止してアルミシリンダーの内面に特殊なメッキを施すのが主流になっています。またシリンダー同士の間隔も極限まで狭められ、同じ排気量のシリンダーブロックでも、以前より小型・軽量化されています。

なお、大型トラックなどの**大排気量ディーゼルエンジン**では、軽さより耐久性が重視されるため、現在でも鋳鉄製のシリンダーブロックが主流です。

豆知識

腰上と腰下

かつてはシリンダーブロックとクランクケースが分かれていて、シリンダーブロックから上を「腰上」、クランクケースから下を「腰下」と呼んでいました。しかし、最近では一体になっていることが多いため、シリンダーヘッドから上を「腰上」と呼ぶようになりました。

パワーユニットのメイン部材であるシリンダーブロック

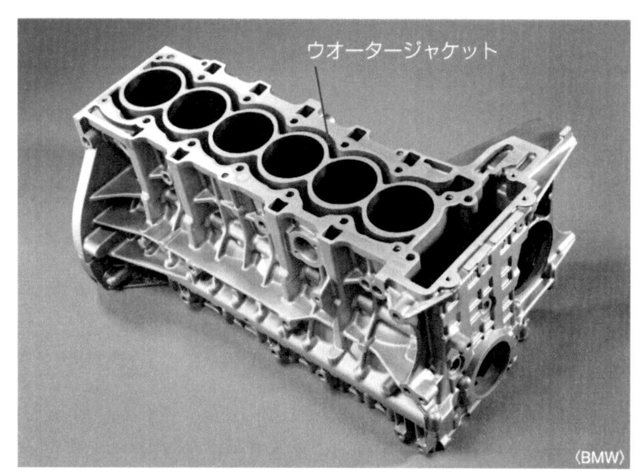

6気筒エンジンのシリンダーブロックを上面から見たところ。シリンダーブロックの上に圧縮漏れを防ぐガスケットを介してシリンダーヘッド部が取り付けられる。シリンダーを取り巻くすき間は冷却水が通るウオータージャケット部。

左はシリンダーブロックを下側から見たところ。シリンダーブロックの中央にあるシャフトはピストンのコンロッドが連結されるクランクシャフト。右はベッドプレート（ラダーフレーム）で、シリンダーブロックの下にボルトで組み付けられ、クランクシャフトを下側から支える。

■シリンダーブロックの構成

4気筒エンジンのシリンダーブロック。写真はシリンダーブロックの下側にベッドプレート（ラダーフレーム）を組み付けた状態。

ピストン、コンロッド、クランクシャフト

POINT

- ピストン、コンロッド、クランクシャフトはエンジンの熱エネルギーを運動エネルギーに変える重要な機能を担っている。
- どの部品も運動を繰り返すため、精密な重量バランスが必要とされる。

●パワーを取り出すエンジンの心臓部

ピストン、**コンロッド**（コネクティングロッドの略）、**クランクシャフト**は、いずれも**シリンダーブロック**の内部にあり、爆発によって得られた直線（往復）運動を回転運動に変換するという、重要な役割を担っています。

ピストンは上面が燃焼室の一部となり、エンジンの特性に合わせてさまざまな形状が見られます。爆発によって激しく上下運動を繰り返すので軽くつくる必要があり、アルミ合金製が多く採用されています。一般的な乗用車のピストンは砂型を使った鋳造（ちゅうぞう）という方法で形をつくり、各部を加工して完成させます。

また、コンロッドはピストンとクランクシャフトをつないでいます。爆発行程のときはピストンからの力をクランクシャフトに伝え、それ以外のときはクランクシャフトの動きをピストンに伝える役割を担っています。

●高い強度を求められるコンロッド

コンロッドは高い強度が求められるためH型の断面を持ち、**鍛造**（たんぞう）（P.172参照）でつくられます。ピストンと連結される小さい方を**スモールエンド**（小端部）、クランクシャフトと連結される方を**ラージエンド**（大端部）といいます。

クランクシャフトはピストンの往復運動を回転運動に変換します。回転中にねじれや曲がりが発生するとパワーロスにつながるため、コンロッドと同じように頑丈なつくりになっています。

ピストンとコンロッドのスモールエンドは**ピストンピン**で接続され、ラージエンドは**クランクシャフト**を挟む形で連結します。そしてクランクシャフト自体は**クランクキャップ**という部品によってシリンダーブロックに取り付けられます。

用語解説

鋳造

成型したい形状の反転した空洞部（鋳型）に溶けた金属を流し込んでつくる方法です。複雑な形状のものにも対応でき、低コストで大量生産が可能ですが、強度を保つためには肉厚にする必要があることから重くなります。

鍛造

上下一組の金型に材料を挟んで圧力をかけて成型する、または、たたいて成型する方法です。金属の場合、加熱して鍛造するものを熱間鍛造、常温で鍛造するものを冷間鍛造といいます。粒子が緊密になるので強度が高くなり、軽量で剛性の高いものがつくれます。

爆発圧力を受け止め回転力に変換する重要パーツ

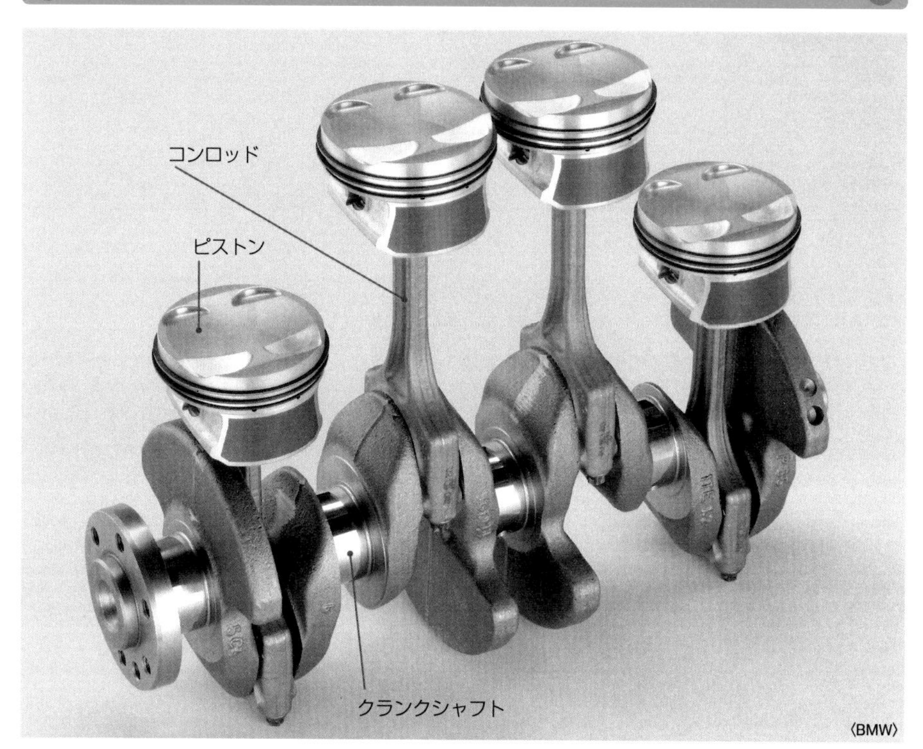

4気筒エンジンのクランクシャフトにピストン、コンロッドを組み付けた状態。

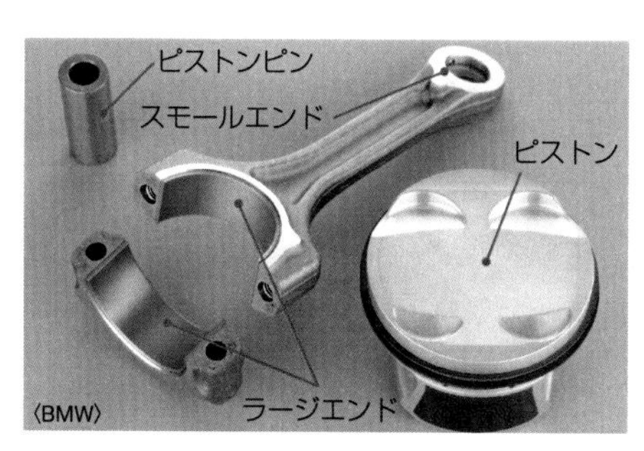

■ピストンとコンロッド

中央のコンロッドの上側（小端部）は左にある円筒状のピストンピンによってピストンと連結される。コンロッドの下側（大端部）は写真のように分割式になっておりクランクシャフトと連結。右端のピストン上面の凹みは吸排気バルブとの干渉を避けるため。

■クランクシャフト

4気筒エンジンのクランクシャフト。コンロッド大端部が組み付けられる反対側にはピストンの往復運動による振動を打ち消すカウンターバランスが設けられている。

シリンダーヘッド

POINT
- 燃焼室の一部であると同時に吸排気システムの機能を担っている。
- 燃焼行程の高温と高圧に耐える材質と構造になっている。
- 可変バルブシステムに必要不可欠なDOHC。

●吸排気系システムをつかさどる重要パーツ

シリンダーヘッドはシリンダーブロックの上に取り付けられるエンジンの主要部分で、燃焼室の一部であると同時に、吸気と排気の出入り口である**吸気ポート**、**排気ポート**の開口部となります。また、**カムシャフト**（P.48参照）、**吸気バルブ**と**排気バルブ**（バルブとは空気を燃焼室に出し入れする弁のこと）、バルブを押さえる**バルブスプリング**などが組み込まれます。これらをまとめて**動弁系**と呼びます。さらに**点火プラグ**を取り付ける穴も設けられています。

シリンダーヘッドにカムシャフトが取り付けられる形式を**OHC**（Over Head Camshaft＝オーバーヘッドカムシャフト）と呼び、最近では例外なくこの形式が採用されています。OHCの中でも、1つのシリンダーヘッドに吸気バルブ用と排気バルブ用の2本のカムシャフトが取り付けられた形式は、**DOHC**（Double Over Head Camshaft＝ダブルオーバーヘッドカムシャフト）、あるいは**ツインカム**と呼ばれます。

●正確な燃焼コントロールに対応するDOHC

DOHCはもともと高回転・高出力型のエンジンのために開発されましたが、燃費の向上や排気ガスの浄化を目的とした**可変バルブタイミングシステム**などの複雑な機構を備えるためには必要不可欠な要素となっています（P.48参照）。

カムシャフトには**カムシャフトスプロケット**が取り付けられ、**タイミングチェーン**や**タイミングベルト**で**クランクスプロケット**（クランクシャフトに取り付けられるギヤ）とつながっています。

なお、**V型エンジン**や**水平対向型エンジン**では、クランクシャフトを中心に左右2つのシリンダーヘッドが備わります。

用語解説

カムシャフトスプロケット

カムシャフトとクランクシャフトを連携して動かすために、カムシャフトの端に設置したギヤのことです。カムシャフトプーリーともいいます。スプロケットにかけたチェーン（またはベルト）はクランクシャフトに設置したクランクシャフト・タイミングスプロケットとつながっています（P.52参照）。

豆知識

OHCとOHV

OHCは左記で説明している通り、シリンダーヘッドにカムシャフトが配置されますが、OHVはバルブ機構がシリンダーヘッドに、カムシャフトがクランクシャフト近くに置かれ、プッシュロッドという棒でカムの動きをシリンダーヘッドのカムシャフトに伝えます。搭載車は少なくなっています（一部のオートバイなどに採用）。

エンジンの性能を左右する精密かつ堅牢な構造体

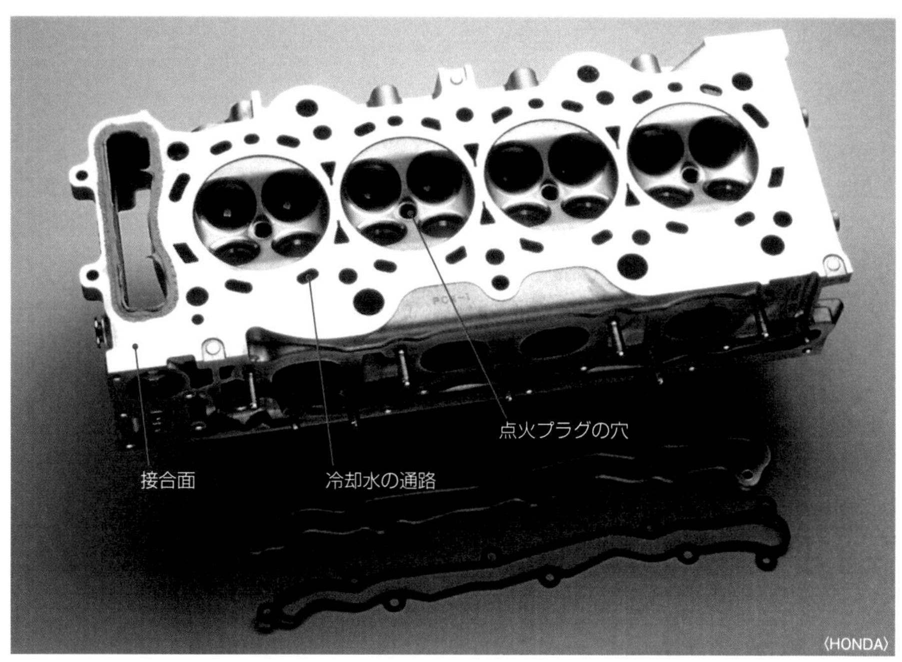

写真はシリンダーヘッドを裏返した状態。写真の上側の面がシリンダーブロックとの接合面になる。4つの大きな穴が燃焼室の上面になり、中央部に点火プラグがセットされる。各燃焼室の中にある4つの穴は吸気&排気バルブが設置される部分。接合面にある多くの小さな穴はシリンダーヘッドを冷やす冷却水が通る水路。

〈BMW〉

■燃焼室（4バルブ式）

4バルブ式の燃焼室（P.50参照）。燃焼室上面にある4つの穴に吸排気バルブ（各2本ずつ）が入る。燃焼室の一部を形成するシリンダーヘッドは高温高圧にさらされるので、一般的に熱伝導率の良いアルミ合金が使われる。

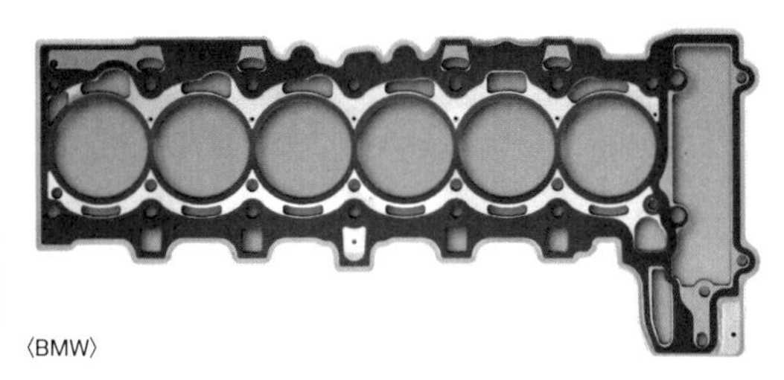
〈BMW〉

■ガスケット

6気筒エンジン用ガスケット。シリンダーヘッドとシリンダーブロックを結合する際には、ガスケットを間に入れて両者を密着させ、燃焼ガスの漏れなどがないように組み立てられる。

カムシャフト

POINT
- 吸排気バルブを実際に駆動させる役割を持つ。
- バルブの開閉タイミングやバルブリフト量をコントロールする可変機構など複雑なメカニズムを備えるカムシャフトもある。

●バルブの動きを制御するカムシャフト

カムシャフトはカムを1本のシャフト（棒）に組み付けたもので、吸気バルブ及び排気バルブを開閉するための部品です。

バルブを開閉させるのはカムです。カムはおむすびのような形状をしており、**ベースサークル**と呼ばれる回転軸との距離が変わらない部分と、ベースサークルより高くなっている**カム山**（または単にカム）と呼ばれる部分から成り立っています。カムシャフトが回るとカム山の部分でバルブを押して開き、ベースサークル部分ではバルブは閉じた状態となります。

カムシャフトは中空になっていて、**ジャーナル部**（**軸**）に開けられた穴にシリンダーヘッド側からオイルが供給されます。

カム及びジャーナル部は常にほかの部品と接して動いているため、表面の均一な硬さや摩耗に対する高い耐久性が求められ、これらは焼き入れ方法の工夫で対応しています。

●より高い性能を発揮する可変バルブシステム

可変バルブタイミングシステムは、多くの場合、油圧を使って**カムシャフトスプロケット**とカムシャフトの取り付け角度を変化させることで制御します。また、**可変バルブリフトシステム**は、テコのような部品との組み合わせで制御されています。これらのシステムが取り付けられたエンジンは、シリンダーヘッド前部が大きく膨らんでいます。

カムはバルブの数だけ設ける場合と、１つのカムで複数のバルブを駆動する場合があります。バルブ開閉タイミングや開閉時間（量）を制御するために、さまざまなシステムが採用されています。いずれも長所と短所があり一概に比較することはできませんが、その技術は今も進化し続けています。

用語解説

ジャーナル部（軸）
回転する際の中心軸となる部分に当たり、軸受けで支える部分でもあります。

可変バルブタイミングシステム
バルブが開いたり閉じたりするタイミングを変える（ずらす）システムです。カムシャフトを回転軸に対して回すことでバルブを早めに開けたり遅めに開けたりします。低速時と高速時のそれぞれに見合ったタイミングで空気を取り入れて効率良く燃料を燃やします。

可変バルブリフトシステム
バルブのリフト量（カムシャフトに押されて開く距離）を変えることによって、シリンダーへの吸入空気の量をコントロールします。リフト量はカムの形状（カムプロフィール）に左右されます。現在ではバルブのタイミングとリフト量の両方をコントロールするエンジンもあります。

>>> カムの形状がエンジンの出力特性を決定付ける <<<

〈HONDA〉

カムシャフトは中空の金属製で、シャフト上に吸排気バルブを押すためのカムがある。カムの形状（カムプロフィール）によって吸排気バルブの開閉タイミング、リフト量が変化するが、それによってエンジンの特性も変わってくる。

■DOHCエンジンのカムシャフト

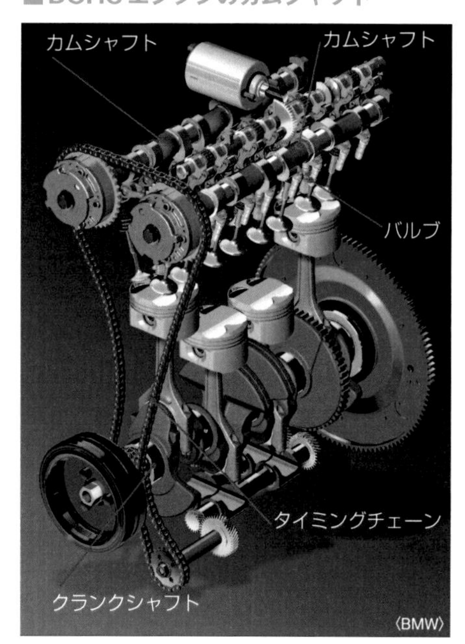

〈BMW〉

吸気バルブと排気バルブがそれぞれ専用のカムシャフトで駆動されるDOHC形式（図の右側が吸気用のカムシャフトとバルブ）。各カムシャフトはタイミングチェーンを介してクランクシャフトによって駆動される。なお、図のエンジンはアクセル開度によってバルブのリフト量を変化させるシステムが組み込まれている。

■4バルブ式における可変バルブタイミングの採用例

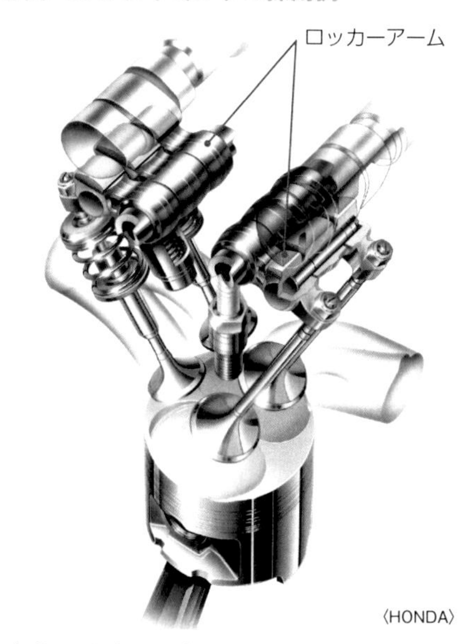

〈HONDA〉

1気筒に吸排気バルブがそれぞれ2本ずつある4バルブ式で、さらに可変バルブタイミングシステムを採用した例。このエンジンの場合は低回転用と高回転用のカムを持ち、ロッカーアーム（P.50参照）に設けられた可動式のピンの働きによって、その都度使用するカムを切り替える方式になっている。

吸気バルブと排気バルブ

●混合気の燃焼室への入り口と出口にあって通路を開閉するのがバルブ。
●1気筒当たり吸気&排気バルブを各2本備えた4バルブ式が主流。
●激しい動きや高温に対応できる耐久性と耐熱性が要求される。

●吸気ポートや排気ポートを開閉するパーツ

エンジンの吸入行程で**吸気ポート**を開放して混合気を吸い込み、圧縮行程と爆発・膨張行程では吸気と排気の両ポートをふさいでシリンダー内を密閉。さらに、排気行程では排気ポートを開放して燃焼済みのガスを排出しなければなりません。その各行程に合わせて吸気ポートと排気ポートの開閉を行なう働きをするのが、**吸気バルブ**と**排気バルブ**です。

バルブは傘状の形をしていますが、柄の部分をバルブステム、傘の内側で吸排気ポートの縁（**バルブシート**）に当たる部分をバルブフェース、燃焼室に面する側をバルブヘッドと呼んでいます。各バルブはバルブスプリングとセットでシリンダーヘッドに組み付けられます。通常はスプリングの力でバルブは閉じていますが、カムの回転によってバルブが押されたときだけ、吸気バルブや排気バルブが開くようになっています。

●現在では４バルブ式が一般的

カムは直接バルブを押すわけではなく、スムーズに稼働できるように**バルブリフター**や**ロッカーアーム**、**スイングアーム**などと呼ばれるパーツを介してバルブを駆動しています。

１気筒当たりのバルブ数が多いほど吸気ポートや排気ポートの断面積が増え、吸排気効率が高まります（高出力化が可能）。かつては１気筒当たり**２バルブ**が主流でしたが、現在では１気筒当たり**４バルブ**が一般的になっています。

エンジン稼働時は常に高速で上下運動を繰り返すバルブには耐久性が欠かせませんが、同時にいつも燃焼室に接しているため耐熱性も必須です。燃焼後の高温のガスが通る排気バルブにはとくに高い耐熱性が求められます。

用語解説

バルブシート

シリンダーヘッドの吸気口および排気口の燃焼室側に取り付けられるリング状の部品です。ここにバルブフェースが接します。密閉度を高めるため精度の高い加工が施されています。

CLOSE-UP

クリアランス調整

カムシャフトのカムはバルブリフターやロッカーアーム、スイングアームなどと呼ばれるパーツを介してバルブを駆動しています。バルブは正確に作動する必要があるため、カムと上記の各パーツ間のすき間(クリアランス)は正確に調整する必要があります。そこでシムと呼ばれる薄い金属片を挟んで調整する方法などがありますが、現在では油圧で自動的にクリアランスを調整できるラッシュアジャスターが広く採用されています。

超高速の往復運動を正確に行なうバルブ機構

吸気バルブ・排気バルブとバルブスプリング。排気バルブは高温の燃焼ガスにさらされるため、とくに高い耐熱性が要求される。バルブスプリングはカムによって押し下げられたバルブを戻す働きをする。

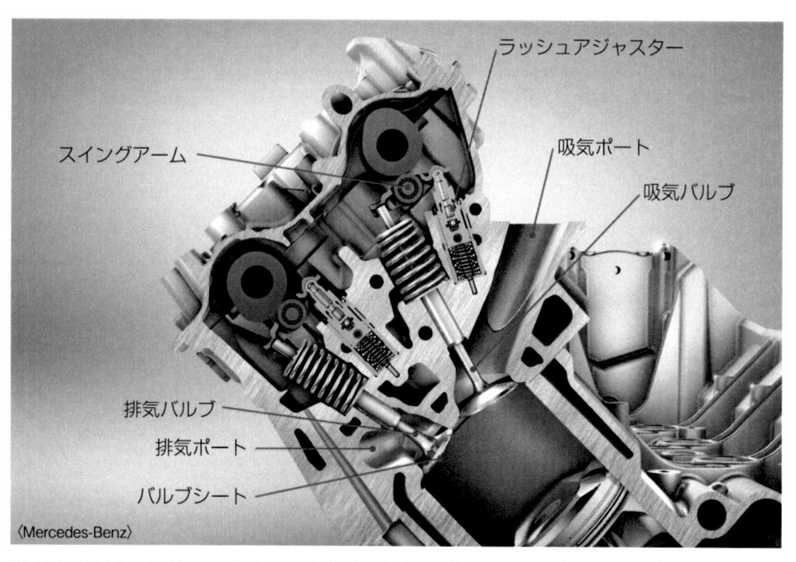

図のエンジンはスイングアームを介してカムがバルブを押す形式。スイングアームの一端（バルブステムの反対側）にはカムとスイングアームとのクリアランスを自動調整するラッシュアジャスターを装備。また、カムがスイングアームに当たる部分には抵抗を減らすためにローラーが組み込まれている。

タイミングチェーン

- ピストンの位置とバルブの動きを同期させる重要な役目を持つ。
- クランクシャフトの回転をずらすことなくカムシャフトに伝える。
- 一般的に耐久性があり静粛性の高いサイレントチェーンが使用される。

●設計通りのバルブ開閉タイミングを実行させる

バルブはカムシャフトの回転によって駆動しますが、そのカムシャフトの回転力はクランクシャフトから伝達された回転力を利用しています。市販車の場合、一般的にこの回転力の伝達にはチェーンが用いられますが、クランクシャフトに組み合わされた**スプロケット**（ギヤ）とカムシャフト側のスプロケットを**タイミングチェーン**と呼ばれるチェーンでつなぎます。

タイミングという名前が付いているように、このチェーンはただ回転力を伝えるだけでなく、クランクシャフトとカムシャフトの回転位置を同期させ、決められたタイミング（ピストンの位置とバルブの開閉時期の関係）でバルブを動かすという重要な役目を持っています。このタイミングが崩れるとエンジンは設計通りの性能を発揮できなくなり、最悪の場合はピストンとバルブが衝突してエンジンが破損することもあります。

●静粛で作動が正確なサイレントチェーン

タイミングチェーンは高い負荷を受けて動き続けるため、使用しているうちにどうしても伸びてしまいます。そうなるとチェーンにたるみが生じて騒音の原因になったり、バルブの作動に不具合が生じたりする恐れがあります。そこで、**チェーンテンショナー**と呼ばれるパーツでタイミングチェーンを一定の圧力で押しつけて、常に張りを与えています。

よく見かける一般のチェーンとは異なり、タイミングチェーンには１コマに何枚もの歯形のような形をしたプレートを使った**サイレントチェーン**が使われます。このチェーンはコマごとの細かな歯形がスプロケットと噛み合うため、作動音が静かで、より正確なバルブタイミングを可能にしています。

用語解説

チェーンテンショナー

樹脂製のテンションガイドをスプリングや油圧の力でチェーンに押し付けることで、チェーンの張りを一定に保ちます。チェーンのブレを抑えることで、騒音の低減も図ります。

CLOSE-UP

タイミングベルトからタイミングチェーンへ

タイミングチェーンの代わりにタイミングベルトという幅広のベルトが、一時期かなり普及しました。内側に凹凸があり、それがクランクシャフトプーリー（P.95参照）と各シャフトプーリーに設けられた凹凸に噛み合って回転を伝えるベルトです。普及したのはチェーンに比べて軽量で静粛性が高いからですが、耐久性の問題から（10万km程度で交換が必要）、現在はほとんどの自動車がタイミングベルトではなくチェーンを採用しています。

ピストンの位置とカムの作動タイミングを同期させる

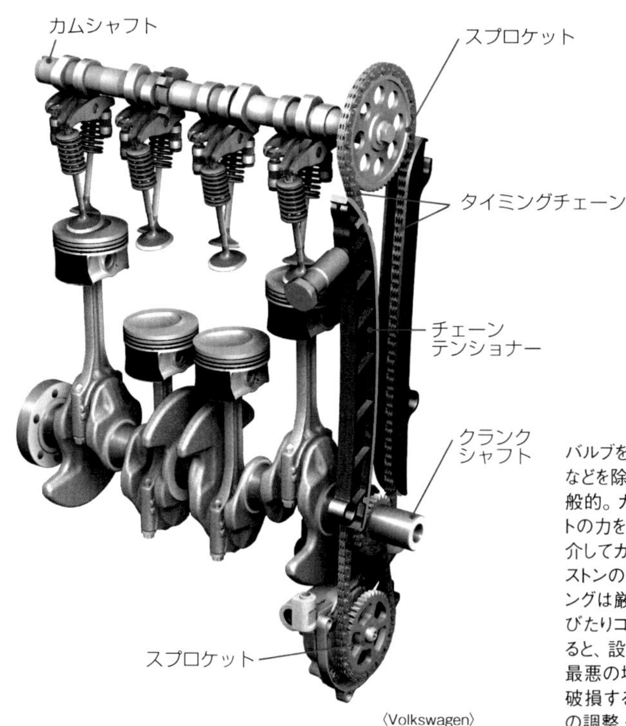

バルブを押す役目を持つカムシャフトは旧車などを除き、シリンダーヘッドにあるのが一般的。カムシャフトの回転はクランクシャフトの力を利用しているので、チェーンなどを介してカムシャフトに回転を伝えている。ピストンの位置とバルブの開閉時期のタイミングは厳密に決まっている。チェーンが伸びたりコマが飛んだりしてタイミングがずれると、設計通りのパワーが出ないばかりか、最悪の場合はバルブがピストンに当たって破損する。したがって、タイミングチェーンの調整・メンテナンスは非常に重要。

V型DOHCエンジンのバルブ系レイアウト。このエンジンでは、中央のクランクシャフトによってタイミングチェーンを駆動、さらに途中のスプロケットを介して両方のエンジンヘッドにあるカムシャフトに回転を伝えている。

フライホイール

POINT
- フライホイールは慣性の法則でエンジン回転のムラを減少させる。
- トルク変動を抑え、滑らかな回転フィーリングを実現。
- マニュアルトランスミッション車のクラッチ機構の一部としても機能する。

●慣性モーメントでエンジン回転のムラを吸収

フライホイールはクランクシャフトとつながっている厚みのある金属の円盤で、マニュアルトランスミッション（MT）車（P.106参照）のみに取り付けられています。

エンジンは４つある行程のうち爆発・膨張行程のときだけ力を発生するため、回転やトルク（回転力）にムラが発生します。気筒数が多くなれば爆発・膨張行程の間隔が短くなるので回転はスムーズになりますが、回転やトルクのムラはなくなりません。そこでそのムラを抑え、滑らかな回転になるようにするのがフライホイールの役目です。フライホイールは分厚い金属の円盤でかなりの重量があります。動いているものはいつまでも同じ速度で動き続けようとします（慣性の法則）。そして重い（質量が大きい）ほどその性質は強くなります。フライホイールが重いのは、この慣性モーメントを十分発生させてエンジン回転のムラを吸収して滑らかな回転を得るためです。

●エンジンに合わせサイズや重さの配分を工夫

フライホイールのサイズ（直径）や重さ、また重さの配分（外側が重いのか内側が重いのか）などは、そのエンジンに合った適切な作動をするために、工夫されています。慣性モーメントが大きいほど回転は滑らかになりますが、半面、エンジンの回転上昇が鈍くなり、加速性能などで不利になります。

フライホイールは回転を滑らかにするのが主な役目ですが、トランスミッション側にはクラッチカバー（P.109参照）が取り付けられており、フライホイールの盤面はクラッチとの接触面にもなっています。また、フライホイールの周囲（円周上）はスターターモーターのギヤが噛み合うリングギヤになっています。

豆知識

フライホイールの大きさと重さ

フライホイールはエンジンの中で最も直径が大きい部品です。重量が同じであれば直径が大きいほど、また重量も直径も同じであれば周辺部が重くなるほど、慣性モーメントは大きくなります。このため、大きさと重さ、そして重さの配分は絶妙に計算されて決められています。

CLOSE-UP

AT車には不要

ドライバーが変速操作をするMT車とは異なり、オートマチックトランスミッション（AT）車（P.110参照）にはフライホイールはありません。AT車には自動変速のためにトルクコンバーター（P.112参照）というメカニズムが搭載されています。AT車ではこのトルクコンバーターがエンジン回転のムラを吸収してくれるため、フライホイールが必要ありません。

慣性モーメントを利用してエンジンのトルク変動を均一化

■フライホイール

〈MAZDA〉

フライホイールの役目は、エンジンの回転を滑らかに保つこと。重ければ重いほどエンジンのトルク変動が吸収され回転は滑らかになるが、半面、エンジンのレスポンスは損なわれる。フライホイールはクラッチ機構の一部としてエンジン出力の断続の役目も担う（MT車の場合）。フライホイールの外周には始動時にスターターモーターと噛み合うギヤが刻まれている。

■フライホイールとクラッチ

〈BMW〉

フライホイールはクランクシャフトと同軸上にあり、エンジンとマニュアルトランスミッションの間に位置する。フライホイールにはクラッチが組み合わされており、クラッチはエンジンの動力を断続させる役目を持つ。

吸気系の全体像

●エンジンに必要な空気を取り入れるところから燃焼室に入る直前までのシステムを吸気系という。
●空気の浄化、運搬、分配などを効率良く行なうことを目的としている。

●エンジンに空気の供給をする

吸気系とは、吸気口からシリンダーヘッドの**吸気ポート**直前までのシステムを指します。吸い込んだ空気がエンジンに入るまでにはそれぞれの役目を持つ**エアエレメント**（**エアクリーナー**）（P.58参照）、**レゾネーター**、**スロットルバルブ**（P.62参照）、**インテークマニホールド**（P.60参照）を通過します。

一般的に車体前部の**フロントグリル**から取り込まれる空気は、**ダクト**を通って、エアエレメントに導かれます。ここで細かなホコリなどを取り除きます。レゾネーターは吸気脈動と呼ばれる激しい圧力変化を調節し、共鳴効果で吸気音を低減する役目を果たします。

吸入空気はスロットルバルブで流量を調節されてインテークマニホールドに導かれます。インテークマニホールドは各シリンダー別に空気を分配して吸気ポートに導きます。スロットルバルブとインテークマニホールドの間に**サージタンク**という空気をためる空間が備わる場合もあります。

●現在では樹脂性パーツが主流に

吸気系では、単なる空気の運搬だけでなく、より効率を高めるために、吸気通路の形状や長さなどにさまざまな工夫が施されています。また、空気を圧縮して送り込んだり、その効率を上げるために吸入空気を冷やしたりする装置もあります。

かつてはスロットルバルブからインテークマニホールドまではアルミ製が多く採用されていましたが、現在では樹脂製が多くなりました。これはプラスチックの成型技術が進歩したことと、耐熱性の高い素材が開発されたことによります。エアエレメントのケースも軽量化のため樹脂製になっています。

用語解説

吸気脈動

空気が吸気管などを流れているとき、通り道が急に曲がったり、細くなったりすると、そこが抵抗となり、空気はぶつかってよどんだり反射したりし、疎密が生まれます。これを脈動といいます。

豆知識

吹き戻し

エンジンの吸気バルブが開いている間は、激しい勢いで燃焼室に空気が流れ込みますが、吸気バルブが開くときや閉じる間際にはシリンダー内の燃焼ガスなどが一時的に逆に吸気通路に侵入します。これを吹き戻しといいます。このときも流れの勢いが止められるため、空気の圧力が変化し、密度が不均等になる脈動を起こします。脈動はスムーズな吸気を妨げるだけでなく、騒音を生む原因にもなります。

燃焼室に空気と燃料を確実に送り込む吸気系

マツダ・ロードスターのエンジンルーム。エンジン本体の右手前が吸気側。前方から吸い込んだ空気は、エアクリーナーボックス（写真左手前）でゴミやちりを除去し、スロットルバルブで吸入量を調整された後、インテーク（吸気）マニホールドから燃焼室に入る。エンジンの向こう側が排気側。

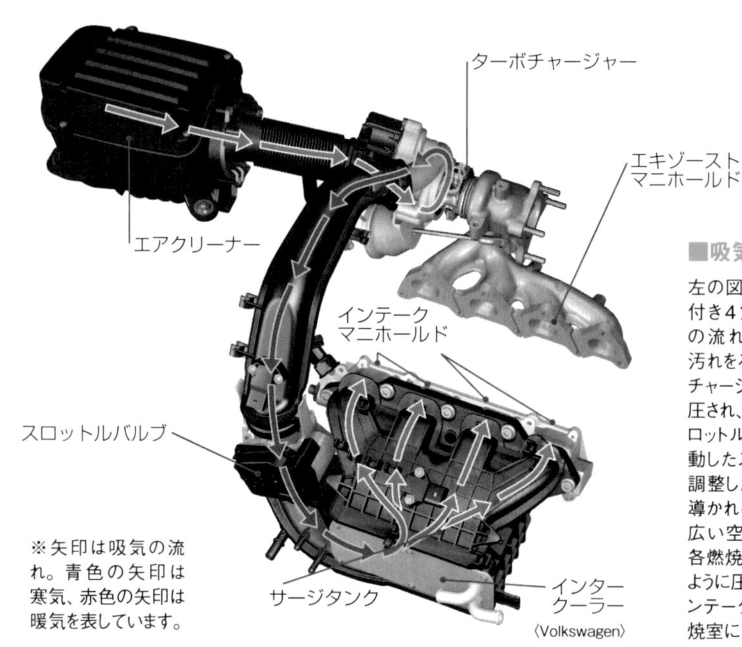

※矢印は吸気の流れ。青色の矢印は寒気、赤色の矢印は暖気を表しています。

■吸気の流れ

左の図はターボチャージャー付き4気筒エンジンの吸気の流れ。エアクリーナーで汚れをろ過した空気はターボチャージャー（過給器）で加圧され、エアダクトを通ってスロットル部へ。アクセルと連動したスロットルで吸気量を調整した後、サージタンクへ導かれる。サージタンク内の広い空間に入った吸気は、各燃焼室に均等に流入するように圧力を整えられた後、インテークマニホールドから燃焼室に入る。

エアクリーナー

POINT
- ●エアクリーナーは優れたろ過能力で空気をきれいにしてエンジンに送る。
- ●汚れた空気が燃焼室に入るとエンジンに悪影響を与える。
- ●乾式と湿式があり、それぞれの特徴を生かして採用される。

●細かな粒子まで取り除くエアエレメント

空気中には砂粒や土ぼこり、タイヤや路面が削れてできた細かな粒子、排気ガスの中に含まれる黒煙など、エンジンに有害なものがいろいろと存在します。**エアクリーナー**はこれらを確実に取り除き、エンジンに清浄な空気を供給する装置です。

エアクリーナーの中には、**エアエレメント**（エアフィルターとも呼ばれます）が入っています。これは紙パック式掃除機の集塵（しゅうじん）パックと同じようなものです。

多くは紙または不織布（天然繊維や人工繊維をフェルトのように整形した布）でつくられ、蛇腹に細かく折りたたんでプラスチックや金属のフレームに取り付けられています。蛇腹に折りたたむのは、限られたスペースの中でフィルター面積を増やし、吸気抵抗を減らすための工夫です。

●乗用車用には乾式エアエレメントが主流

一般の乗用車では「**乾式**」と呼ばれる方式が主流です。大型トラックやチューニングされたエンジンなど、大量の空気を必要とする場合は、フィルターにごく少量のオイルなどを染み込ませた「**湿式**」のものも使われます。

乗用車のエアエレメントは、ほとんどの場合、四角いトレー状の形をしています。トラックなど排気量の大きなディーゼルエンジンでは一般的に円筒形をしていて、キャビンの後ろにある円筒状のケースの中に収められています。

もし、エアエレメントがなければ、エンジンに有害な粒子などが吸い込まれてしまいます。すると吸排気バルブ周辺やシリンダー、ピストンなどが傷ついたり付着物がたまったりして、本来の性能を発揮できなくなってしまいます。

用語解説

エアエレメント

レーシングカーのエンジンでは、エアエレメントを取り付けない場合もあります。少しでも吸入する空気の抵抗になるものを減らすためです。耐久性よりも、瞬間的な出力が優先されるレーシングカーならではです。

吸気抵抗を増やさずに吸気をきれいに保つ

■エアクリーナー構造図

外部から取り入れた空気はエアクリーナーボックス内のエアエレメント（エアフィルター）でろ過され、細かな粒子を取り除かれてエンジンに送られる。

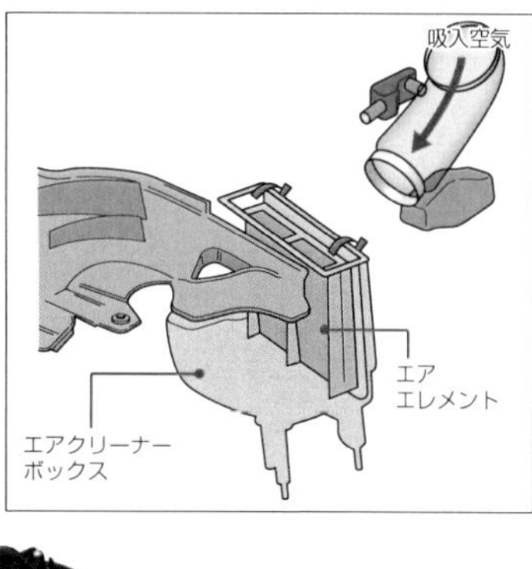

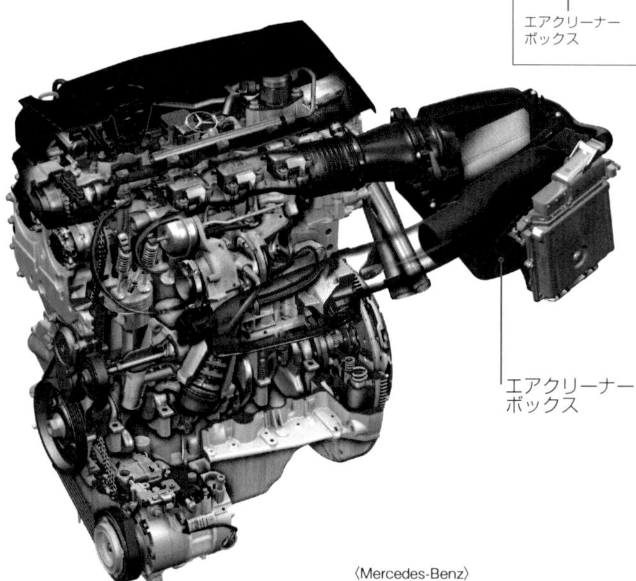

〈Mercedes-Benz〉

■エアエレメント

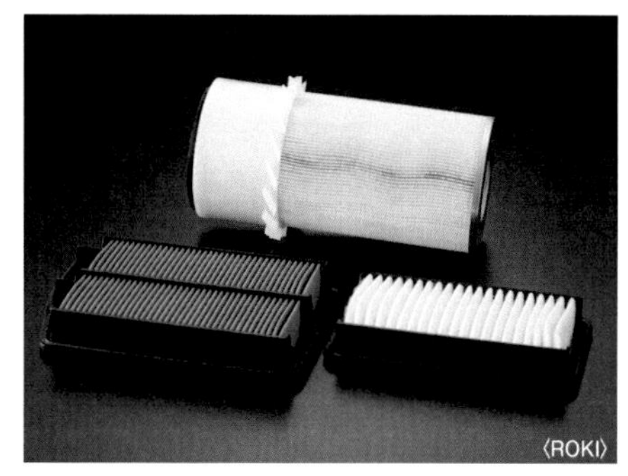

〈ROKI〉

空気をろ過するエアエレメント。汚れると効果が落ちるので一定期間ごとに交換する。

■エアクリーナーボックス

〈ROKI〉

エアエレメントを格納するエアクリーナーボックス。この中を吸入空気が通る。

インテークマニホールド

●スロットルバルブからインテーク（吸気）ポートまでの空気の流入通路。
●可変インテークマニホールドはエンジン回転に合わせて流入通路の長さや形状を変化させることで充塡効率の向上を図っている。

●吸入空気をスムーズに燃焼室に送る

インテークマニホールドは、吸入空気を各シリンダーに均等に、かつ効率良く供給する役目を持っています。近年、燃焼効率（燃費）の向上や排ガス規制のクリアなどのため、吸気の量や圧力、温度などの高精度なコントロールが必要となり、インテークマニホールドの重要性はより高まっています。

インテークマニホールドの吸気通路の長さは、スロットルバルブから各シリンダーのインテーク（吸気）ポートまでの距離が同じになるように設計されています。これは吸気通路の長さが違うことでインテークポートごとに圧力や吸入量にばらつきが出て、各シリンダーで出力に差が出ることを防ぐためです。吸気の圧力を整えるため、スロットルバルブの直後に**サージタンク**と呼ばれる空気だまりを設ける場合もあります。

●回転数に合わせて最適な吸気通路を

各シリンダーに効率良く空気を送り込めば、エンジンの出力も向上します。基本的にインテークマニホールドは形状の固定されたパーツで、吸入空気はいつも決まった流入路を通って吸気ポートに導かれます。しかし、エンジンの回転数によって効率良く空気を送ることができる流入路の形状は異なります。そこで、エンジンの回転数によって流入路の形状を変化させる可変インテークマニホールドを採用したエンジンもあります。低回転のときは流入路の形状が長く細い方が、逆に高回転のときは短く太い方がより多くの空気を送ることができます。可変インテークマニホールドには多くの方式がありますが、基本的には低回転時と高回転時に流入路のルートを自動的に切り替えて、効率良く空気を送るしくみになっています。

豆知識

可変吸気コントロールシステム

通常、吸気バルブが閉じると吸入空気は遮断されるため圧力が高くなり、吸気バルブが開くと圧力は下がります。しかし、吸気バルブが開いているタイミングで圧力が高くなっていれば、効率よく空気を燃焼室に送り込むことができます。この効果を狙うのが、可変吸気コントロールシステムです。

共鳴過給と慣性過給

空気の疎密の制御をサージタンクで行なうのが共鳴過給、インテークマニホールドで行なうのが慣性過給です。

各シリンダーに効率良く均等に吸入空気を導く

■インテークマニホールドで吸入空気を分配

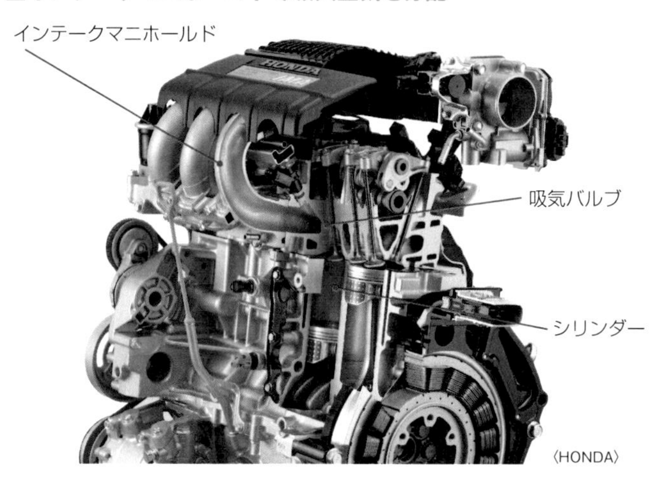

吸入空気はサージタンクの先のインテークマニホールドで分配されて各シリンダーに向かう。吸入効率を高めるため、インテークマニホールドは吸入抵抗の少ない形状が求められる。

■V型エンジンのインテークマニホールド

V型エンジンの場合は両バンクのシリンダーの間にインテークマニホールドが配置され、それぞれのシリンダーに吸入空気が導かれる。このエンジンとは異なり吸排気のレイアウトが逆で、インテークマニホールドがVバンクの外側にくるタイプのエンジンもある。

■可変吸気コントロールシステム

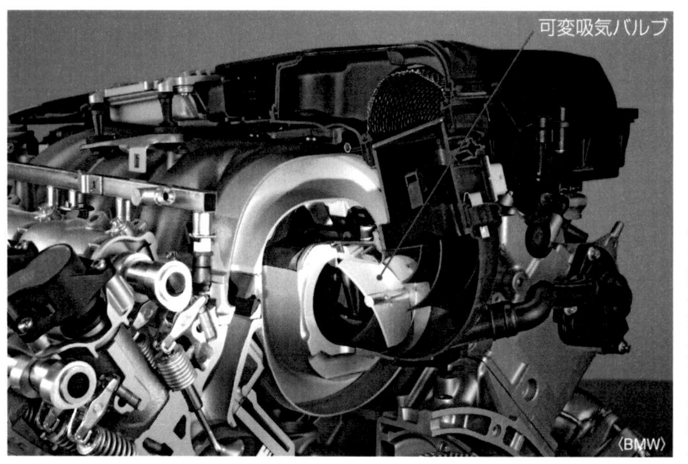

エンジンの回転数によってインテークマニホールドの途中に設けられたバルブを切り替えることにより、流入通路の長さを変える可変吸気コントロールシステム。エンジン回転が低いときは吸入空気の通り道を長くし、高いときは逆に短くして吸入効率を高める。

電子制御スロットルバルブ

●アクセルの動きに応じて吸気の量を制御する装置がスロットルバルブ。
●電子制御式はアクセルペダルの踏み込み量や車速などのデータから、運転者の意思を判断してバルブ開度を決める。

●パワーコントロールから吸気量コントロールへ

空気の流量によって燃料を噴射する**キャブレター（気化器）**の時代には、**スロットルバルブ**と**アクセルペダル**は物理的にケーブルなどでつながれていて、アクセルペダルの踏み込み量に応じてバルブが開くしくみでした。バルブが開くと吸入空気の流量が増え、空気とガソリンがより多く吸い込まれます。これがパワーをコントロールする方法でした。

キャブレターに代わって電子制御燃料噴射装置が一般的になっても、しばらくはスロットルバルブとアクセルペダルはケーブルなどで直結していました。しかし現在では「**スロットル・バイ・ワイヤー**（またはドライブ・バイ・ワイヤー）」と呼ばれる電子制御スロットルバルブに置き換わり、スロットルバルブとアクセルペダルは機械的につながっていません。

●スロットルバルブはモーターで駆動する

ケーブルがなくなると同時に、アクセルペダルも電子化されました。踏み込み量はペダルに設けられたセンサーが検知し、通信回線を通して**ECU**（Engine Control Unit＝**エンジン・コントロール・ユニット**、P.98参照）へと送られるようになっています。ECUはアクセルペダルの踏み込み量、踏み込むときの速度、車輪の回転数から得られる車速、エンジン回転数、外気温などの情報を総合的に判断して、ドライバーが求めるエンジンレスポンスを推測し、それに応じて電子制御スロットルバルブのモーターを動かし、バルブの開度を決定します。

万一、電子制御スロットルバルブにトラブルが発生したときは、暴走したりエンジンを破損したりしないように、強制的にアイドリング状態やエンジン停止状態にするようになっています。

CLOSE-UP

マルチスロットルバルブ

通常、吸入空気の制御は1個のスロットルバルブで行ない、インテークマニホールドを経由して各シリンダー（気筒）に送ります。それに対してマルチスロットルバルブ方式は気筒ごとに、例えば4気筒なら4個（4連）、6気筒なら6個（6連）のスロットルバルブを装備。こうすることでスロットルバルブから燃焼室までの距離が短くなり、スロットル（アクセル）開度に対するエンジンレスポンスが向上します。

豆知識

ディーゼルエンジン

ガソリンエンジンと異なり、ディーゼルエンジンには基本的にスロットルバルブがありません。ディーゼルエンジンではエンジン出力を、吸入空気の量ではなく、アクセル開度に応じて、燃焼室への燃料噴射量を変えることでコントロールしています。

ドライバーのアクセル操作を電気信号に変換

■電子制御スロットルバルブ作動システム

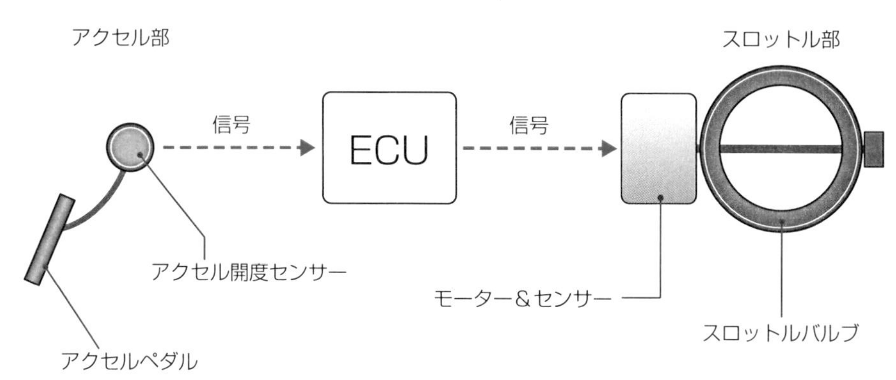

アクセルペダルの動きはセンサーによって電気信号に変換されECU（エンジン・コントロール・ユニット）に送られる。ECUではほかからの情報と総合してスロットルの開閉具合を決定し、その信号をスロットル部に伝達。それを受け、モーターがスロットルバルブをコントロールする。

■電子制御スロットルバルブ構造図

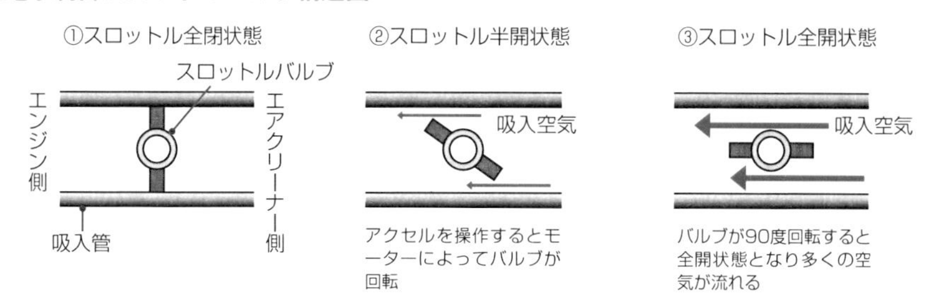

スロットルバルブはエアクリーナーからエンジンのインテークパイプに向かう吸入管の途中に設置されている。円筒形の通路の中に円形のバルブがあり、ドライバーがアクセルを踏み込むと、ECU経由で電気信号を受け取ったスロットル部のモーターがバルブを回転させ、流入空気の量をコントロールする。

■電子制御スロットルバルブ

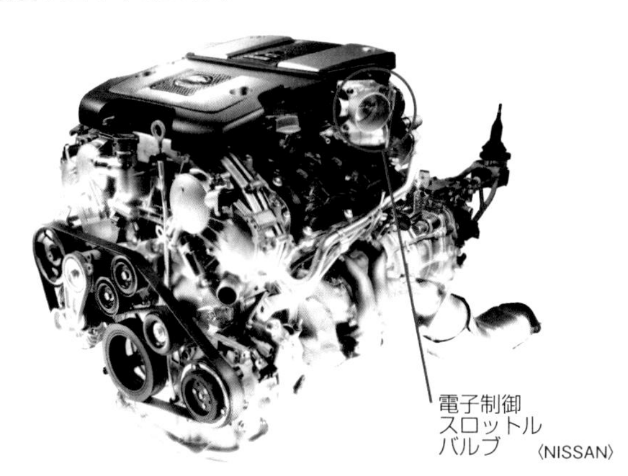

〈NISSAN〉

エアクリーナーからダクトを通じて導かれた空気は、電子制御スロットルバルブで流量をコントロールされてサージタンクに送られる。

過給システム

●吸入空気の圧力を高め、より多くの空気をエンジンに送り込む過給装置。
●同じ排気量でも過給器付きエンジンはより高いパワーを発揮する。
●過給器を駆動する力をどこから得るかでエンジンの出力特性が変わる。

●排気ガスの力を利用するターボチャージャー

ターボチャージャーはエンジンから排出される排気ガスを**タービンホイール**と呼ばれる羽根車に当てて回転させ、それと同じ軸上に装着された**コンプレッサーホイール**の羽根が回ることによって吸入空気を**インテークマニホールド**に圧送します。ターボチャージャーがない状態（自然吸気）に比べて、エンジンの燃焼室により多くの混合気が送り込まれるため、高いパワーを発揮することができます。

エンジンが低回転のときは排気ガスの力が弱いため、ターボチャージャーの効果も弱くなりますが、技術の進歩により低回転域でも高い過給効果を発揮するタイプも登場しています。

●エンジンの力で駆動するスーパーチャージャー

スーパーチャージャーは排気ガスではなく、エンジン本体のクランクシャフトの回転力を利用して吸入空気を過給します。低速域からレスポンスが良く、強力な過給効果が期待できますが、エンジンの力で駆動するためパワーロスが発生する、システム全体が重くなるなどのデメリットもあります。

一般的なのは、凹凸のある断面形状を持つ２枚から４枚のローターを組み合わせた構造の**ルーツブロアタイプ**です。ほかには、渦巻き型の羽根を２つ組み合わせ、その一方を回転させて過給する**スクロールコンプレッサータイプ**、らせん状の溝を持つローターを組み合わせて回転させることで過給する**リショルムスクリュータイプ**などがあります。

なお、低回転域でも強力な過給効果を発揮するスーパーチャージャーと高回転域で効率の良いターボチャージャーを組み合わせた**ツインチャージャー**と呼ばれる方式もあります。

豆知識

ツインターボチャージャー

２個のターボチャージャーを気筒別に分けて小型化し、低速域からの効果を得られるようにしたもの。

ツインスクロールターボ

ターボチャージャーは１基ですが、気筒別にスクロール部（排気の出口部分）を設け、排気の流速を上げて低速域から過給効果を得られるようにしたもの。

シーケンシャルツインターボ

大小2個のターボチャージャーを使い、低速域では小さい方で、高速域では両方で過給します。

可変容量ターボ

タービンに当たる排気の勢いを、ベーンと呼ばれる羽根のような部品でコントロールします。

電動ターボ

電動でコンプレッサーを回す過給システム。

より多くの空気を送り、より高いパワーを引き出す

■ターボチャージャーのメカニズム

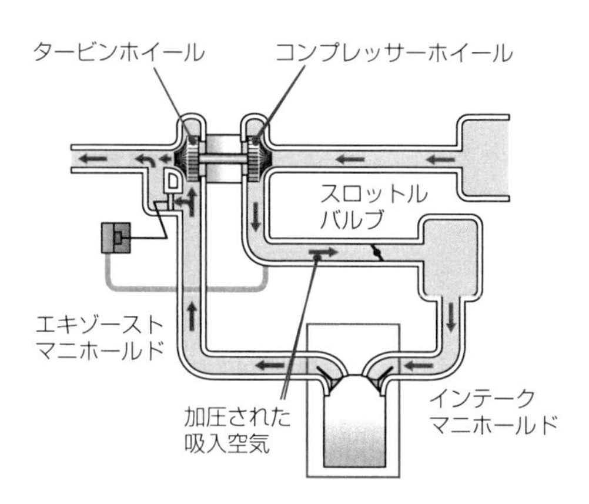

排気の勢いで回転するタービンの力で吸気側のコンプレッサーを回し、吸気の圧力を高めて（過給）より多くの空気を燃焼室に送るのがターボチャージャーの原理。自然吸気エンジンより多くの混合気が燃焼室に入るので、高出力を得られる。

■ターボチャージャーのウェイストゲートバルブ

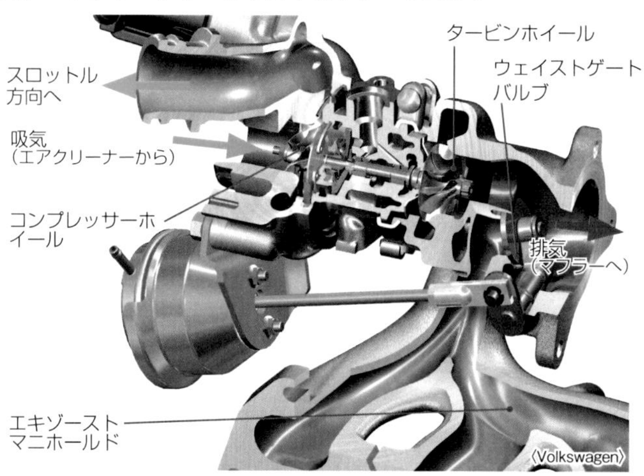

〈Volkswagen〉

ターボチャージャーはエンジン回転が高まると過給圧が高くなるが、高くなり過ぎるとエンジンを破損する恐れがある。そこで一定の圧力以上になると吸気側にあるアクチュエーター（P.118参照）が働き、排気側にあるウェイストゲートバルブを開いて排気を逃がし、タービンの回転を落とす。

■スーパーチャージャー

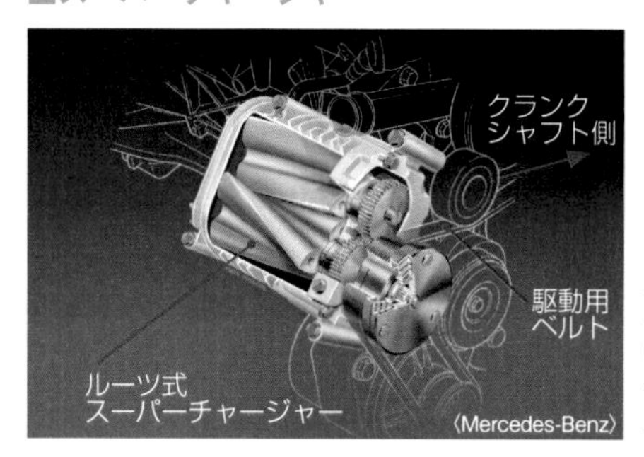

〈Mercedes-Benz〉

スーパーチャージャーも空気を圧送するという点ではターボチャージャーと同じ原理。ただし、圧送するしくみは排気タービンではなく、クランクシャフトの回転を利用したコンプレッサーで行なう。エンジンのパワーを利用するのでその分、ターボチャージャーに比べるとパワーロスが発生する。

インタークーラー

●過給装置によって圧縮されて温度が上昇した吸入空気を冷やす装置。
●吸入空気の温度が上がり、過給効果が薄れてしまうのを防ぐ。
●外気によって冷やす空冷式と専用ラジエーターを設ける水冷式がある。

●吸入空気の温度を下げて密度を高める

ターボチャージャーなどで過給された吸入空気は、圧縮された段階で断熱圧縮により温度が上昇します。温度が上がると、容積当たりの酸素量が減少するため、吸入空気の密度が低くなってしまいます。これではせっかく過給したのに、その効果が十分に発揮されません。それを防ぐために、圧縮して高温になった吸入空気の温度を下げるのが**インタークーラー**の役目です。過給器で圧力が高まり高温になった吸入空気をインタークーラーに導いて、そこで温度を下げます。

インタークーラーには**水冷式**と**空冷式**がありますが、一般的には構造のシンプルな空冷式が多く採用されています。空冷式ではアルミ性の熱交換器の中を吸入空気が通るときに、外気に熱を放散することで温度を下げます。

●空冷式、水冷式のメリットとデメリット

空冷式インタークーラーでは、熱交換器を走行風の当たりやすい場所に設置しなければいけませんが、そのため設置場所が限られ、パイプの取り回しで吸気の通路が長くなってしまうことがあります。乗用車では多くの場合フロントグリルに設置されますが、エンジンフードなどに外気の導入口を設け、インタークーラーに導いて冷却するレイアウトも見られます。

水冷式では温度の上昇した吸入空気を冷却水で冷やします。冷却水自体はインタークーラー専用の**ラジエーター**を設けて外気で冷却。吸入空気の温度を下げる熱交換器はインテークマニホールドの近くに設置されます。吸気経路のレイアウトの自由度や冷却効率にも優れていますが、空冷式に比べシステムが複雑になり、重量もかさんできます。

CLOSE-UP

日本初のインタークーラーターボ

乗用車で日本で初めてインタークーラー付きのターボチャージャーエンジンを搭載したのは、1984年に登場した日産スカイライン(R30型)。2ℓ直列4気筒DOHCにインタークーラーターボが搭載され、205馬力を発揮しました。ちなみにトラックまで含めると、81年に製造された日野自動車が最初になります。エンジンはEP100型ディーゼルの直列6気筒OHV。排気量は8.8ℓで280馬力でした。

過給された吸入空気を冷やして充填効率アップ

■空冷式インタークーラー

エンジンの前に設置された空冷式インタークーラー。高温になった吸入空気がこの中を通る際に、フロントグリルから入る外気によって温度が下げられる。

ボンネット上に設けられたインタークーラー用の外気導入口。

■水冷式インタークーラー

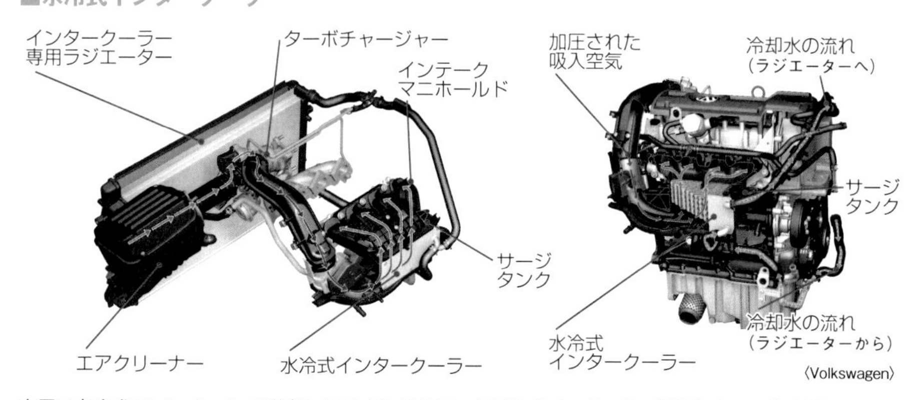

右図は水冷式インタークーラーを装備したエンジン全体図。左図はインタークーラー部をピックアップした図でラジエーター部(P.84参照)は右図のエンジンの向こう側に設置されている。水冷式インタークーラーにはエンジンの冷却水用とは別の専用ラジエーターがあり、サージタンクの中の熱交換器とつながっており、両者の間を冷却水が循環している。過給器で圧力が高められ高温になった吸入空気は、サージタンク内の熱交換器によって温度が下げられる。

燃料系の全体像

●燃料タンクから燃料噴射装置に至るまでを燃料系という。
●燃料系は燃料タンク、燃料フィルター、燃料ポンプ、燃料パイプ、燃料噴射装置で構成される。

●燃料タンクで蓄え、インジェクターまで送る

エンジンが必要とするガソリンや軽油などの燃料をタンクに蓄え、それをエンジン部までポンプで圧送し、最終的に燃料噴射装置である**フューエルインジェクター**（P.72参照）から**燃焼室**に供給するまでの行程が燃料系のシステムです。

乗用車の場合、燃料タンクは後部座席の下に配置されるのが一般的ですが、ユーティリティーを高めるために前席の下に配置された車両もあります。ガソリンや軽油は外部に漏れると火災の危険があるので、燃料タンクには腐食によって穴が開いたりしないような耐腐食性や衝突時に破損しにくい堅牢性が要求されます。そのため、かつては鋼鉄製が一般的でしたが、現在では鋼鉄製タンクに匹敵する安全性を確保しつつ、軽量で形状の自由度の高い樹脂製燃料タンクが採用されています。

●燃料は吸気ポートや燃焼室に噴射

燃料タンク内の燃料は、タンクの中に設置された電動フューエルポンプによって吸い上げられ、防錆（ぼうせい）処理が施された金属製の燃料パイプを通ってエンジンまで圧送されます。エンジンルーム内のフューエルインジェクターに届けられた燃料は、ガソリンエンジンの場合、**吸気ポート**へ霧状に噴射され、各気筒の燃焼室に供給されます。

なお、ガソリンエンジンでも、吸気ポートではなく燃焼室内にダイレクトに燃料を噴射する**直噴エンジン**や、同じく燃焼室に燃料の軽油を直接噴射する**ディーゼルエンジン**では、噴射時に高い燃圧、つまり圧縮行程の気圧が非常に高い燃焼室に噴射するため、インジェクターの手前に専用の**高圧ポンプ**が設けられています。

豆知識

セジメンター

軽油を燃料とするディーゼルエンジンに備わるフィルターのこと。ゴミを取る燃料フィルターとは違って、主に燃料内の水分を分離させるためのものです。セジメンターには水位センサーがあり、分離した水が一定量たまるとメータークラスター内の警告灯を点灯させて水抜きが必要なことを知らせます。

エンジンが必要とする燃料を確実に供給

■燃料系のレイアウト

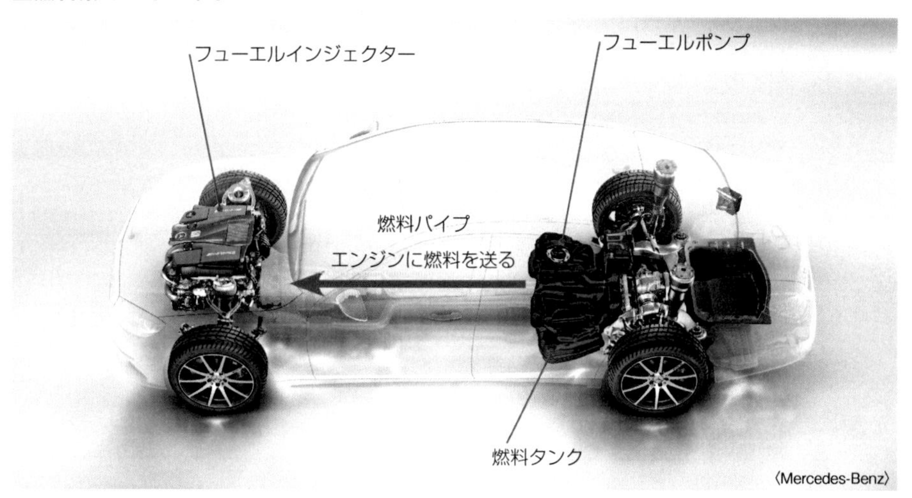

燃料タンクは一般的に後部座席の下に設置される。燃料はタンク内に設置された電動ポンプにより燃料パイプを通ってフューエルインジェクターまで圧送される。

■前席の下に燃料タンクをレイアウトした例

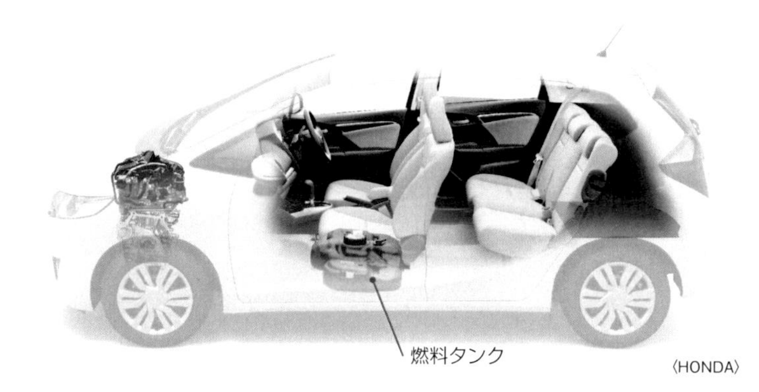

〈HONDA〉

室内ユーティリティーの向上のため、フロントシートの下に燃料タンクを設置する車種もある。このようにすることで、リヤシート周辺の有効スペースが拡大する。

■樹脂製燃料タンク

〈HONDA〉

これまで燃料タンクは鋼鉄製が一般的だったが、最近は樹脂製のパーツの安全性が向上したため、鋼鉄製に比べ軽量で形状の自由度の高い樹脂製燃料タンクが広く採用されるようになった。

フューエルポンプ

POINT
- フューエルポンプは燃料を燃料タンクからエンジンまで送り届ける。
- 直噴ガソリンエンジンとディーゼルエンジンでは、燃料ポンプとは別に、燃料噴射装置に高圧の燃料を供給するポンプが搭載されている。

●インジェクターまで燃料を圧送

燃料タンクは一般にエンジンより低い位置にあるので、**フューエルポンプ**で吸い上げてエンジンに送る必要があります。また、現在の自動車は燃料供給装置にインジェクター(P.72参照)を使い燃料を噴射させるため、燃料に圧力をかける必要があります。燃料を圧送するフューエルポンプは、燃料タンクの中に設置され、その燃料吸い込み口には、**フューエルフィルター**が組み込まれています。エンジンの運転状況によって必要となる燃料の量が異なりますが、フューエルポンプは常に一定の量を送り続けるために調整が必要です。そこでフューエルポンプの先には**プレッシャーレギュレーター**（**圧力調整弁**）が取り付けられていて、エンジンが必要とする以上の燃料がポンプから送られると、タンク内に戻すようになっています。

●直噴やディーゼルでは高圧ポンプが必要

直噴タイプと呼ばれる形式のガソリンエンジンでは、効率良く燃焼を行なうために燃焼室内に**インジェクター**の噴射口があり、燃焼室に直接ガソリンが噴射されます。またディーゼルエンジンも同様に燃焼室に直接軽油が噴射されます。いずれの場合も、燃料を噴射するのは燃焼室の圧力（気圧）が最も高い圧縮行程の終了時です。そのため、そこに燃料を噴射するには、直噴エンジンで200気圧前後、ディーゼルの**コモンレール式**では2000気圧程度の非常に高い燃圧が必要とされます。

そこで、それらのエンジンでは強力な**高圧ポンプ**を備えています。高圧ポンプはギヤやカムを介してエンジンの力によって駆動していますが、最近は取り付け位置の自由度が高い電動の高圧ポンプを採用するケースも増えています。

用語解説

フューエルフィルター

燃料の中には、給油時に砂やホコリが混入してしまうことがあります。そのまま燃料系に送り出してしまうと、混入した砂などがフューエルインジェクター内部で詰まって不具合を起こしてしまうため、タンクから燃料を吸い上げるときに目の細かいフィルターで不純物を取り除きます。近年ではフューエルポンプなどと一体化したユニットになっています。

CLOSE-UP

チャコールキャニスター

排出ガスの浄化装置の1つ。燃料タンク内で発生する燃料蒸気(炭化水素ガスなど)が大気中に放出されるのを防ぐために、それを活性炭(チャコール)にいったん蓄積し、エンジンの吸入負圧によって吸気系に送り込んで燃焼させます。

燃料をインジェクターに一定の圧力で送り込む

■フューエルポンプとレギュレーターの働き

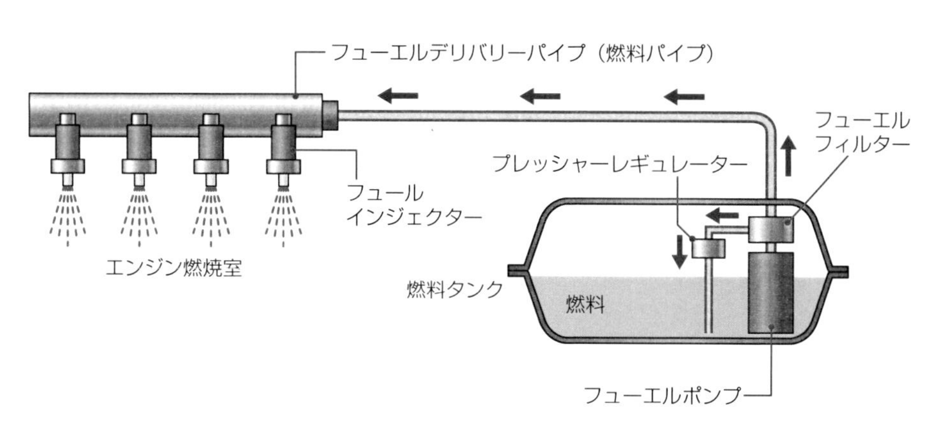

燃料タンク内に設置されたフューエルポンプから常時一定の圧力でエンジンに燃料が送られる。エンジンが必要とする以上の燃料をフューエルポンプが送ろうとすると、プレッシャーレギュレーターの働きで燃料の一部はタンク内に戻される。

■直噴エンジンと高圧ポンプ

ガソリン仕様の直噴エンジンやディーゼルエンジンでは、カムシャフトなどで駆動される高圧ポンプによって燃料を高圧にしてインジェクターから燃焼室に直接噴射する。

フューエルインジェクター

- ●電子制御によりエンジンが必要とする燃料を供給する燃料噴射装置。
- ●一般のガソリンエンジンは吸気ポートに配置される。
- ●直噴ガソリンエンジンでは高圧の燃焼室にダイレクトに噴射する。

●燃料の噴射のタイミングと量を精密に制御

フューエルインジェクターは、燃料を燃焼室に供給する装置で、とても重要な役割を持つ部品です。

ガソリンエンジンの場合は一般的に、**吸気ポート**（燃焼室への入り口）の直前に取り付けられます。そのため、この方式は**ポート噴射式**と呼ばれます。燃料は吸入空気と均等に混じり合うため、効率的な燃焼が期待できます。

一方、直噴ガソリンエンジンやディーゼルエンジンではシリンダーヘッドに取り付けられます。直接、燃焼室内に燃料を噴射する筒内噴射式です。高圧の燃焼室に噴射するため高圧ポンプなどの装置や高度な技術を必要としますが、より正確な燃料供給が可能で、燃費性能などの面でメリットがあります。

●ソレノイド式とピエゾ式

インジェクターには電磁石とスプリングによってバルブを開閉する**ソレノイド式**と、電圧に反応するピエゾ素子を利用し、対応が早く精度の高い制御を実現した**ピエゾ式**があります。

インジェクターは、燃料にかかっている圧力（**燃圧**）によって噴射時にノズルを開き、燃料を噴射します。ノズル部（ニードル）の先端には燃料の噴射孔があります。1個のもの、2個のもの、その他複数個あるものもあり、目的に応じたつくりになっています。通常のガソリンエンジンでは、フューエルポンプによって送り込まれた燃料を、フューエルインジェクターが燃圧と噴射時間を調整することで燃料噴射量を制御しています。対して直噴ガソリンエンジンやコモンレール式のディーゼルエンジンの場合は、通常のフューエルポンプとは別に高圧ポンプを用い、ピエゾ式インジェクターで細かく制御されています。

用語解説

燃圧

通常のポート噴射式のガソリンエンジンでは、燃料ポンプの圧力がそのまま燃圧になり、その気圧は2.5～3気圧といわれます。これが直噴ガソリンエンジンとなると200～300気圧に跳ね上がります。燃焼室に直接噴射する際にピストンがまだ圧縮している行程で噴射することもあるため、それに負けない高い圧力が必要になるのです。ディーゼルエンジンのコモンレール式の場合は、1200～2000気圧もの燃圧になります。

豆知識

ポート噴射＋直噴

ポート噴射と直噴を高速域と中低速域で使い分けるエンジンもあります。また、1回の燃焼過程において両者をタイミングに応じて使うことで、燃焼効率を上げることも可能です。

必要な量の燃料を適切なタイミングで噴射

■ポート噴射式フューエルインジェクター

吸気バルブの直前にフューエルインジェクターを設け、吸入ポート内に燃料を噴射するポート噴射タイプ。

〈DENSO〉

■フューエルインジェクター

吸気ポート内に燃料を噴射する。

〈DENSO〉

■高圧フューエルインジェクター

燃焼室内に高圧燃料を直接噴射する。

■直噴式フューエルインジェクター

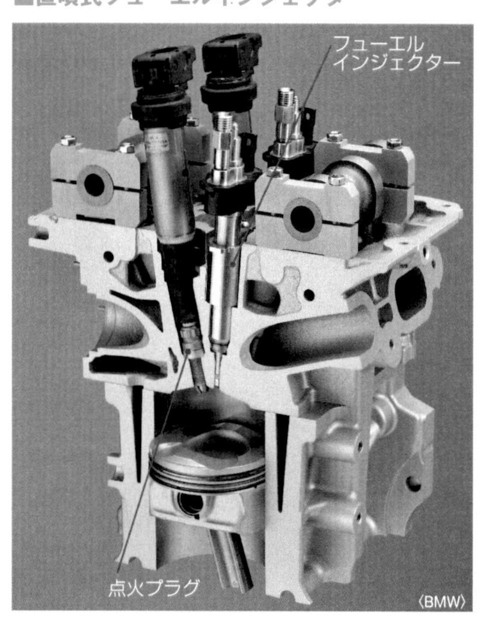

インジェクターから燃焼室に燃料を直接噴射する。写真のように燃焼室の上からのほか、横から噴射するタイプもある。

点火コイルと点火プラグ

●ガソリンエンジンでは燃焼室内の混合気に点火するシステムが必要。
●点火コイルはバッテリーの電圧を数万Vに昇圧する。
●点火プラグに火花を飛ばして、燃焼室内の混合気を爆発させる。

●スパークに必要な高圧電流を発生させる

ディーゼルエンジンと異なり、ガソリンエンジンでは混合気に何らかの方法で火をつけないと爆発しません。そこで、その役割を果たすのが**点火プラグ**（**スパークプラグ**）です。電源には車載のバッテリーを使用しますが、バッテリーの電圧は通常12ボルト(V)。この程度の電圧では、点火プラグに火を飛ばすことはできません。そこで必要となるのが**点火コイル**（**イグニッションコイル**）です。点火コイルの内部には、1つの**コア**（鉄芯）に巻き数の異なる2つのコイルが巻かれています。巻き数の少ない方を1次コイル、巻き数の多い方を2次コイルと呼びます。1次コイルにバッテリーからの電流を流しておき、それを急激に遮断すると、相互誘導作用により巻き数の多い2次コイルの方に高い電圧が生じます。

●耐久性を高めた点火プラグ

2次コイル側に発生した数万Vの電圧を点火プラグに送りますが、かつては点火コイルで発生した高電圧を**ディストリビューター**という部品で機械的に各気筒の点火プラグに分配していました。しかし、現在では小型の点火コイルを**プラグキャップ**と一体化して各気筒に設置し、電子制御で点火を行なう**ダイレクト・イグニッション・システム**が主流になっています。

点火プラグは、先端にある電極が燃焼室に顔を出したような形で装着されています。電極部は中心電極（プラス側）と接地電極（マイナス側）で構成されますが、各気筒の圧縮行程の最終タイミングに合わせて、点火コイルから高い電圧が点火プラグに供給されると、電極間で放電現象が起こり、それが火種となって混合気の爆発的な燃焼が始まります。

用語解説

コア

鉄でつくられた、コイルの芯となる部分です。1次コイルに電流が流れている間は、コアが電磁石になります。

プラグキャップ

点火プラグのプラスの端子であるターミナルと電流を伝えるコードを結び付ける部分。帽子のようにかぶせて接続することから、こう呼ばれる。

豆知識

プラチナプラグ、イリジウムプラグ

点火プラグの電極には、通常ニッケル合金が使われますが、電極が消耗しやすく耐久性が低いとされます。そこで、プラチナやイリジウムの合金が使われるものが登場しました。これらは電極を細く、電圧も高くできるため火花を強くできるうえに飛びやすくし、そのうえ耐久性も高いため、メンテナンスの頻度を少なくできるというメリットがあります。

電子制御化、高性能化が進む点火系システム

■ダイレクト・イグニッション・システムの接続回路図

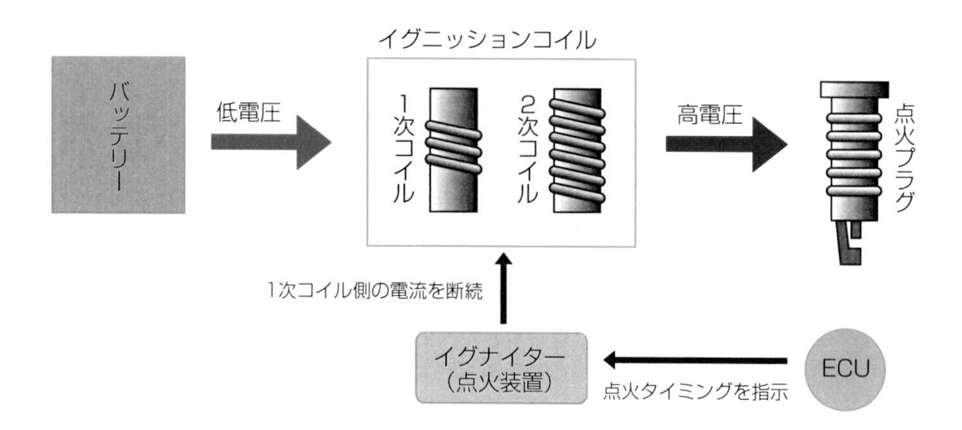

ECU（エンジン制御ユニット）がイグナイター（点火装置）をON状態にし、1次コイルに通電。その後、ECUがエンジン点火タイミングと判断すると、イグナイターをOFF状態に。その結果、1次コイルの電流が止まると、相互誘導作用により同じコアに巻かれている2次コイルに高電圧が発生。2次コイルで発生した高電圧により、点火プラグ（スパークプラグ）の電極間に火花が飛び、混合気に着火する。

■点火プラグの種類

一般的なプラグ　**プラチナ（白金）プラグ**　**イリジウムプラグ**

〈NGK〉

〈NGK〉

〈NGK〉

一般的なプラグに比べ、プラチナプラグは中心電極にプラチナを使用することにより電極を細くすることが可能で、放電性能が高い。また外側電極の放電部にもプラチナを採用することにより電極の消耗が少なく、長寿命化を実現。中心電極にイリジウム合金を使用したイリジウムプラグは、より高い性能を発揮し優れた着火性を実現している。

CAR COLUMN

点火システムの進歩

　昔は、エンジンがかからないときなど、点火プラグを外してワイヤーブラシで磨いたり、カー用品店で部品を買って自分で交換したりしたものですが、現在は部品が進歩し、ECUが的確にコントロールするため、何もしなくてもよくなっています。技術の進歩を感じる半面、自動車を自分でメンテナンスしなくなってしまう寂しさも感じます。

排気系の全体像

●燃焼済みのガスが車外に排出されるまでの行程が排気系。
●排出ガスの浄化と消音が排気系システムの役割。
●ディーゼルエンジンでは環境保護のため粉塵の除去も重要。

●環境対策の要となる重要なしくみ

シリンダーの中で燃焼したガスは、そのままの状態では大気を汚染する有害物質を含んでいます。また爆発時には大きな圧力がかかるので、そのまま外気に排出すると大きな排気音（爆音）が発生します。そこで排気系には有害物質を除去し、音を静かにするシステムが組み込まれています。

エンジンの各シリンダーから排出された燃焼済みのガスは、まず**エキゾーストマニホールド**（P.78参照）によって１本のパイプに集約されます。その後、ガソリンエンジンでは**三元触媒**（P.80参照）と呼ばれる装置の中を通る際に大気を汚染する有害物質が除去されます。この三元触媒を正常に働かせるために、**空燃比センサー**（A/Fセンサー）や**O_2センサー**などのセンサーが排気系に取り付けられ、排気の状態をモニター（監視）しています。

●ディーゼルエンジンでは粉塵の除去も重要

排気ガスの発生状況が異なるディーゼルエンジンでは、三元触媒が使用できないので、**酸化触媒**や**NO_x還元触媒**が用いられます。また、ディーゼルエンジンでは不完全燃焼時に大量の粒子状物質（黒煙・粉塵）が発生します。これも大気汚染を引き起こす有害物質です。そのため**DPF**と呼ばれる**微粒子捕集フィルター**を装備しています。

ガソリンエンジン、ディーゼルエンジンとも、浄化された排気ガスは、まだ音圧が高いため、そのまま排出すると大きな騒音を発生して周囲の環境を害してしまいます。そこで、排気ガスは触媒で浄化された後に**マフラー**に導かれ、圧力を徐々に低下させて音圧レベルを下げ、規制値をクリアする音量になるように調整された後に、**テールパイプ**から外気に放出されます。

豆知識

EGR

排気ガスの一部を吸気系に戻して、もう一度燃焼室に送る排気ガス再循環装置(Exhaust Gas Recirculation)。燃焼温度を下げることができるため、有害なNO_x（窒素酸化物）の発生やノッキングの抑制に効果があります。

用語解説

酸化触媒

エンジンの燃焼時に発生する有害な炭化水素や一酸化炭素を酸化して、無害な水や二酸化炭素に変える触媒。

NO_x還元触媒

排気ガス中に含まれるNO_xを還元作用で無害な窒素と水に変化させる触媒。尿素水などを使った尿素SCR触媒や、NO_xをいったん触媒内で吸蔵してから処理する吸蔵還元型触媒などがあります。

排気ガスの浄化や消音を担うエキゾースト系

■ガソリンエンジンの排気系システム

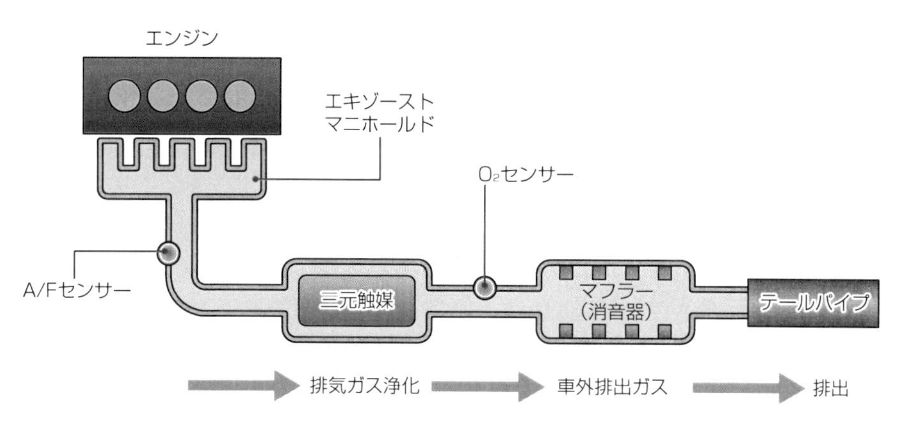

エンジンから排出されたガスは、炭化水素、一酸化炭素、窒素酸化物という３種類の有害成分を含むが、三元触媒によって無害な気体と水に変換される。空燃比を測定するA/FセンサーとO_2センサーは三元触媒が正常に機能するようにECU（エンジン制御ユニット）に信号を送り、空燃比を一定に保つ。また、爆発行程の後、燃焼室から排出された排気ガスは高い圧力を持ち、そのまま車外に放出すると大きな騒音を発する。そのためマフラー（消音器）で音圧レベルを低減させてから排出する。

■V型エンジンの排気系レイアウト

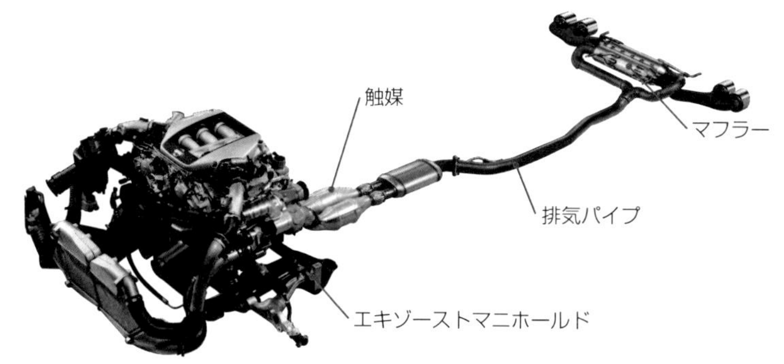

〈NISSAN〉

排気レイアウトの一例。V型エンジンなのでエキゾーストマニホールドはエンジンの左右にある。触媒やサブマフラーの後で排気パイプは１本に集合するが、車体後部のマフラーの手前で２本に分かれ、左右のテールパイプにつながる。

〈SUBARU〉

■テールパイプ

排気ガスは最終的に後部のテールパイプから大気中に放出される。

エキゾーストマニホールド

- 各シリンダーから排出された燃焼済みガスを1本のパイプに集める。
- 形状を工夫することによって排気効率が高まり、出力にも好影響がある。
- 市販車では一般に鉄の鋳造品、高性能車にはステンレス製が多い。

●高温の排気ガスに耐えられる素材を使用

エキゾーストマニホールドは、各シリンダーから**排気バルブ**、**排気ポート**を通って排出された燃焼後のガスを最終的に1つの管に合流させるパーツです。エンジンから排出された直後の燃焼済みの排気ガスは非常に高温・高圧なので、それを受け止めるエキゾーストマニホールドには高い耐熱性と強度が求められます。

乗用車用エンジンに採用されるエキゾーストマニホールドは、鉄を溶かして型に流し込んで成型する**鋳造**（P.172参照）で製作されます。それに対して、スポーツモデルの車両やレーシングカー用のエンジンでは、鋳造品に比べて設計の自由度や精度が高く排気効率の良い設計が可能で、軽量に仕上げることができる**ステンレスパイプ**などを使って製作されます。

●排気干渉を利用して効率アップ

燃焼後のガスが排気バルブから燃焼室の外に排出されると、高い圧力が急激に開放され、強い圧力波が発生します。この圧力波はエキゾーストマニホールドの中を通り、集合部分で反射してほかのシリンダーの排気ポートにも伝わります。そのとき、そのシリンダーが排気バルブを開いてガスをシリンダーの外に排出するタイミングだった場合、圧力波は排気の流れを押しとどめるように作用し、排気効率を低下させてしまいます。

そこで、エキゾーストマニホールドは長さや形状を工夫して、排気の効率を悪化させる排気干渉を起こさないように設計されています。また、この干渉効果を積極的に利用し、ほかのシリンダーの排気のタイミングで掃気（排気を吸い出す）効果が生まれるように設計される場合もあります。

豆知識

等長エキゾーストマニホールド

排気の途中で別のシリンダーからの排気とぶつかる（排気干渉）と、排気経路の圧力が高まって効率が悪化します。その対策として、各シリンダーからの排気が集合されるまでのマニホールドの長さを等しくして、順番に排気させるのが等長エキゾーストマニホールドです。

CLOSE-UP

4-2-1エキゾーストマニホールド

直列4気筒エンジンの場合に、排気干渉を防ぐために、まずは4本から2本にまとめ、その後に1本にまとめる構造。例えば、1番気筒と4番気筒、2番気筒と3番気筒をまとめ、その後に合流させます。

排気効率を考慮した設計

■4-2-1タイプの等長エキゾーストマニホールド

直列4気筒エンジンの4-2-1タイプの等長エキゾーストマニホールド。パイプが集合した部分に触媒が装着されている。

〈MAZDA〉

〈NISSAN〉

■ターボチャージャーの装着

V型6気筒ターボチャージャー付きエンジンの左右バンクに取り付けられるエキゾーストマニホールド。それぞれのエキゾーストマニホールドにターボチャージャーが組み合わされている。

■6気筒エンジンのエキゾーストマニホールド

〈BMW〉

直列6気筒エンジンのエキゾーストマニホールド。このエンジンの場合、まず3気筒分ずつまとめられている。排気効率向上のため、複雑な曲線形状で設計されている。

触媒

●ガソリンエンジンには一酸化炭素、窒素酸化物、炭化水素の3種類の有害物質を同時に処理できる三元触媒が採用されている。
●ディーゼルエンジンでは酸化触媒とNOx還元触媒が搭載されている。

●ガソリンエンジンは三元触媒を利用

ガソリンエンジンの排気ガスの中には、一酸化炭素(CO)、窒素酸化物(NOx)、炭化水素(HC)などの大気汚染物質が含まれています。かつては、それらを同時に取り除くことは困難でしたが、**三元触媒**の登場でそれらの有害物質を相互に化学反応させて無害な物質に変えることが可能になりました。三元触媒は格子状のセラミックの表面にプラチナやパラジウムなどを薄くコーティングした構造をしています。

三元触媒を使って排気ガスを浄化するには、エンジンが**理論空燃比**と呼ばれる状態で完全燃焼し、排気ガス中に酸素が残っていない状態にする必要があります。そこで、排気系に設置された**空燃比センサー**や**O_2センサー**のデータを基に、ECUが燃料の噴射量を調整して空燃比をコントロールしています。

●ディーゼルエンジンの排気ガス浄化方法

ディーゼルエンジンの場合は構造上、排気ガス中に酸素が大量に含まれているため、ガソリンエンジンのような三元触媒を使うことができません。そこで、まず**酸化触媒**で排気ガスに含まれる一酸化炭素や炭化水素を無害な水と二酸化炭素に変化させます。さらに、窒素酸化物に関しては**尿素SCR触媒**と呼ばれる装置(排気ガス中に尿素水を還元剤として噴射)で、無害な窒素と水に変化させます。燃焼自体をクリーン化することで尿素SCR触媒を不要としたエンジンもあります。

ディーゼルエンジンでとくに問題となる黒煙は不完全燃焼によって発生するすすですが、これについては**DPF**(P.76参照)と呼ばれる**微粒子捕集フィルター**で濾(こ)し取り、大気中に排出されないようにしています。

用語解説

理論空燃比

空燃比とは内燃機関で燃料と空気が燃焼する際に、空気の質量を燃料の質量で割った値のこと。理論空燃比とは混合気中の燃料と空気が過不足なく燃焼する空燃比のことで、ガソリンにおける理論空燃比は重量比で燃料1に対して空気14.7の割合。

尿素SCR

アンモニアを自動車に直接搭載することは危険なので、尿素水の形で積む。なお尿素SCRシステムだけでは完全な浄化はできない。

豆知識

O_2センサーと空燃比センサー

排気ガス中の酸素をモニターします。O_2センサーは酸素の有無(理論空燃比になっているかどうか)を検知、空燃比センサーは酸素濃度を測定。両方のモニターからのデータを基にECUが適切な燃料噴射量を決定します。

3つの大気汚染物質を浄化する

■三元触媒コンバーターの働き

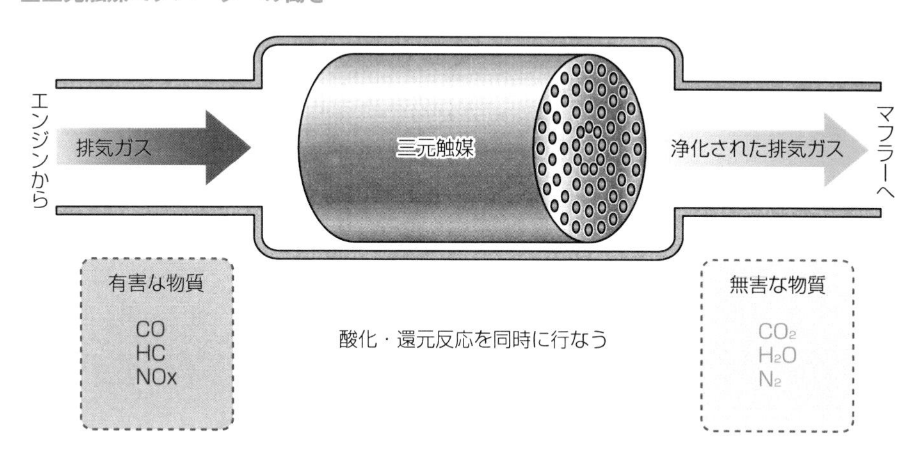

三元触媒コンバーターは酸化・還元反応を同時に行ない、排気ガス中にある3つの有害物質（一酸化炭素、炭化水素、窒素酸化物）を無害な物質に浄化する装置。具体的には、三元触媒コンバーター内の金属触媒の働きによって一酸化炭素（CO）と炭化水素（HC）は酸化反応によって水（H_2O）と二酸化炭素（CO_2）に、窒素酸化物（NO_x）は還元反応によって窒素（N_2）に変化させられる。

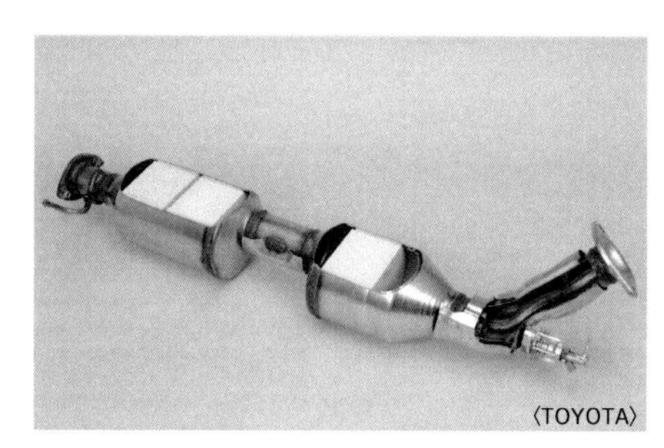
〈TOYOTA〉

■三元触媒コンバーター

三元触媒コンバーターは、非常に細かいハニカム構造（薄い2枚の板の間に蜂の巣状の芯材を挿入し、それらを一体とした軽量の構造）セラミックの管（ここを排気ガスが通る）で、表面にプラチナ（白金）やロジウム、パラジウムなどの貴金属触媒がコーティングされた構造をしている。

〈BMW〉

■三元触媒コンバーターの設置例

三元触媒は高温状態でないと本来の性能を発揮できない。そのためエンジンに近いエキゾーストマニホールド付近に設置される。

マフラー

POINT
- 高温・高圧の排気ガスを車外に排出できる状態にする。
- マフラーの内部構造はいくつもの通路と拡張室でできている。
- マフラー内部で排気ガスの高い圧力を徐々に下げて音量を低減する。

●音圧レベルを下げて排気音を静かに

自動車の騒音の中で大きなウエートを占めるのが排気音です。これは、エンジンからの排気が非常に高温・高圧で、そのまま外気に放出すると急激に膨張して、爆音のような騒音が発生するためです。これでは市街地を走る自動車には適さず、快適性も損なわれてしまいます。そこで排気音を抑え、静粛性を高める役目を持つ**マフラー**が自動車には取り付けられています。

一般的なマフラーの内部は、いくつものパイプと**バッフルプレート**と呼ばれる仕切り板が組み合わされた構造になっています。排気ガスはそれらのパイプを通りバッフルプレートで仕切られた空間を移動することで、圧力が低減されます。消音のしくみは、**膨張式**、**共鳴式**、**吸音式**などがありますが、マフラーではこれらを組み合わせて排気音を小さくしています。

●排気音をコントロールするメカニズム

膨張式とは、排気がマフラー内のいくつかの部屋を通るたびに段階的に膨張して音圧が下がるしくみです。共鳴式はマフラー内の部屋の壁で反射した音の波が逆位相になるように設計し、互いに音を打ち消し合うしくみ。また、吸音式はガラス繊維などの吸音材を充塡（じゅうてん）した部屋を設けて音を抑えるしくみです。

設置スペースの関係などで、1つのマフラーで十分な消音効果が得られない場合は、**メインマフラー**の前に**サブマフラー**を設けたり、マフラーを左右2つに分けたりする場合もあります。

なお、マフラー内部の構造が固定ではなく、排気の通り道を変えることで音や圧力をコントロールしたり、排気管内の圧力が強まると経路を変えたりして音量や音質を変化させる、**可変式マフラー**もあります。

豆知識

レーシングカー、飛行機、船のマフラー

レーシングカーが大きな音を出して走るのはマフラーが取り付けられていないためです。レース場ならともかく、市街地では許されない音量です。飛行機（プロペラ機）や船舶のエンジンもマフラーが取り付けられていないことがよくあります。飛行機は離陸すると、はるか上空を飛ぶので地上に届くまでに排気音が拡散して弱くなります。また大きな船舶は、エンジンが乗員の居住スペースと離れた場所にあることと、エンジンから煙突の先端まで距離があるので、騒音が伝わりにくいのです。

CLOSE-UP

タイコ

排気音を抑えるマフラー本体部分は、ドラム缶を小さくしたような形ですが、楽器の太鼓に似ているため「タイコ」と呼ばれることがあります。

排気ガスの音圧のレベルを下げるシステム

■マフラーの内部構造

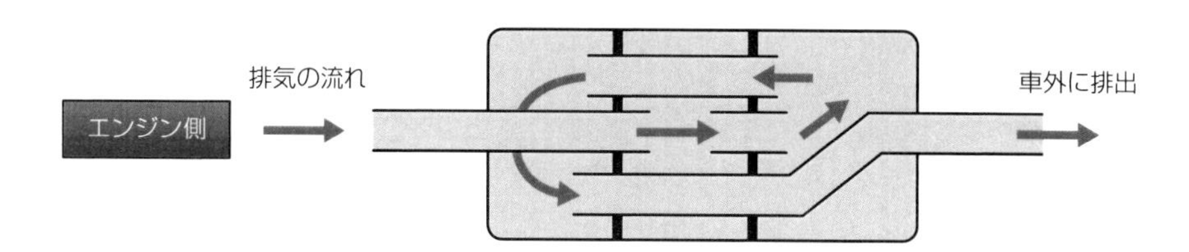

市販車のマフラーは一般的に上の図のように、内部がいくつかの部屋に区切られている。エンジンからの排気ガスがパイプを通じてそれらの部屋を通過し、膨張したり共鳴したりすることで圧力が下がり、排気音が低減するしくみになっている。

■マフラーを左右に配したタイプ

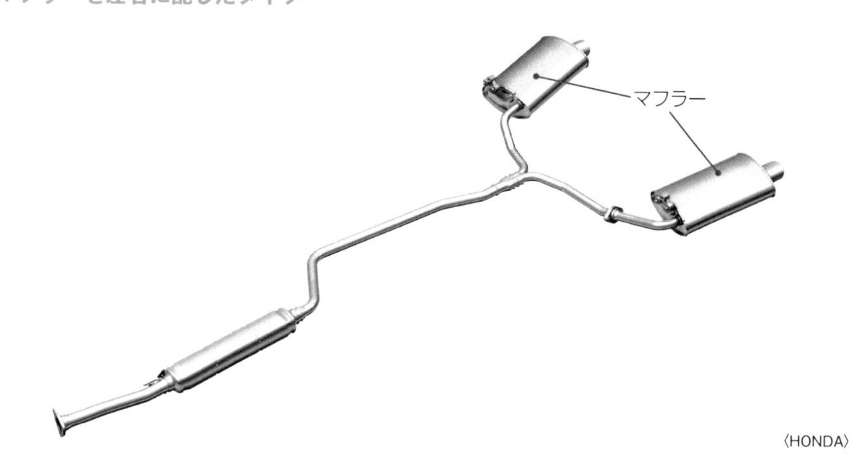

〈HONDA〉

排気系を最後に2つに分離し、マフラーを左右に配したタイプ。設置スペースの関係でマフラーの容量が十分に取れない場合の手段だが、左右に分割するほかに、メインのマフラーの手前にサブマフラーが設けられる場合もある。

〈SUBARU〉

■マフラーを設置した車両の例

左右にマフラーが設置され、それぞれから2本のテールパイプ（マフラーカッター）をレイアウトした例。性能面だけでなく、ハイパフォーマンスを印象付けるため、スポーツモデルの車両に採用されるケースが多い。

冷却系

●エンジンで発生した熱を外部に放出するシステムを冷却系と呼ぶ。
●エンジンを搭載する自動車ではエンジンの冷却、電気自動車では燃料電池などの冷却が必要不可欠。

●自動車用エンジンは水で冷やす

エンジンはシリンダー内で燃料と空気を燃焼させるため、大量の熱を発生します。したがって、そのまま放っておくと**オーバーヒート**して異常燃焼を起こし、最終的にはピストンやシリンダー、吸排気バルブが熱で溶けて、破損してしまいます。これを**焼き付き現象**といいますが、それを防ぐためにエンジンを何らかの方法で冷却する必要があります。

エンジンの冷却方法には、エンジンに触れている周囲の空気によって熱を奪う**空冷式**と内部に水を循環させて冷却する**水冷式**がありますが、自動車用としては冷却能力が高く、温度管理面でも有利な水冷式が一般的です。エンジンにとって過熱は大敵ですが、温度が下がり過ぎても本来の性能が発揮できません。細かい温度管理が重要なのです。

●ウオータージャケットを冷却水が通る

水冷式のエンジンではエンジン本体に**ウオータージャケット**と呼ばれる冷却水の通る通路があります。冷却水はシリンダーブロックの下部から入って上に向かい、シリンダーの周囲を通ってシリンダーヘッドに向かいます。シリンダーや燃焼室の熱を奪った冷却水はラジエーターに戻り、そこで外気に熱を放散します。温度が下がった冷却水は、またシリンダーブロックの下からエンジン各部を巡ります。水路の途中には**ウオーターポンプ**が取り付けられ、冷却水を強制的に循環させています。

電気モーターで走行する自動車にはエンジンはありませんが、燃料電池や蓄電池（バッテリー）が発熱するため、やはり冷却システムが必要です。そのため発熱量の大きな電気自動車の場合、冷却水やラジエーターを装備しています。

CLOSE-UP

空冷式エンジン

自動車のエンジンも、昔はシリンダーブロックやシリンダーヘッドに冷却用のフィンをたくさん付けて表面積を広げ、空気によって冷却する空冷式のエンジンを採用する例が多くありました。しかし、水冷式の方が冷却効率が高いため、現在では、ほぼすべての自動車が水冷式のエンジンとなっています。

豆知識

冷却水の成分

水冷式エンジンの冷却水はエンジン内部を循環するため、内部にさびを発生させないようにしなくてはいけません。また、寒冷地で冷却水が凍ると体積が膨張してエンジンを破損してしまいます。そこで、防錆効果があり凍結しにくいLLC(ロング・ライフ・クーラント)と呼ばれる専用の冷却水が使用されます。

エンジンを適正な温度に保つ冷却システム

■水冷式エンジンの冷却システム

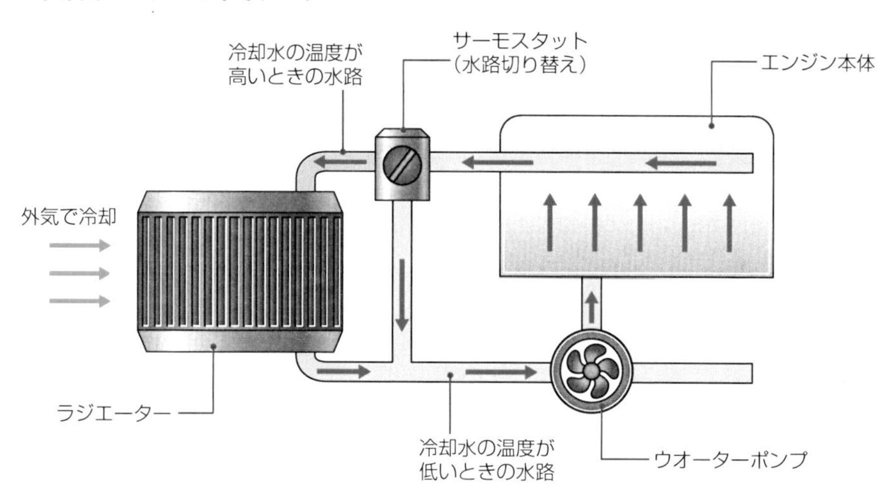

冷却水はウオーターポンプでシリンダーブロックやシリンダーヘッドに設けられた水路（ウオータージャケット）に送られ、エンジンを冷却している。高温になった冷却水はラジエーターで外気によって冷やされる。エンジンは高温になり過ぎると破損するが、低音過ぎても性能が低下する。そのため、始動直後など冷却水の温度が低い場合は、サーモスタットの働きでラジエーターを通らないバイパス回路に導かれ、水温を素早く上昇させる。

■ラジエーター

〈BMW〉

ラジエーターは外気が当たるようにフロントグリルのすぐ後ろに取り付けられている。

■外気を導くファン

〈BMW〉

通常、ラジエーターの後ろ側にはファンが設けられ、停車時もラジエーターに外気を導く。

〈SUBARU〉

■空冷式のエンジン

1968年製スバル360用・強制空冷式のエンジン。エンジンをダクトで覆い、エンジンで駆動されるファンで吸い込んだ外気をダクト内に通し、エンジンを外側から冷却する。

冷却水水路

POINT

- ●水冷エンジンの内部には冷却水の通る水路が設けられている。
- ●効率良くエンジンを冷却するため、水路は複雑な構造を形成。
- ●熱を奪い高温となった冷却水の温度はラジエーターで下げられる。

●冷却水は下から上に水路を移動

水冷エンジンの**冷却水**は、以下のような順路を通ってエンジン各部の熱を奪い、エンジンを適正な温度に保ちます。

まず、ラジエーター内の冷却水が**ウオーターポンプ**によってシリンダーブロックの下側に圧送されます。シリンダーブロック内には冷却水の通る水路である**ウオータージャケット**が設けられていますが、冷却水はここを通る間にシリンダー周辺の熱を奪いながら上方に移動していきます。

シリンダーブロックを通過した後、冷却水は次にシリンダーヘッドに向かい、燃焼室やバルブ周辺を冷却します。

エンジン内部の冷却を終えた冷却水は、パイプを通ってラジエーターの上部に戻ります。ラジエーターで温度を下げられた冷却水は、再びエンジンの冷却を行ないます。

●ラジエーター内の冷却水の流れと熱交換

ラジエーターは冷却水の通るパイプと放熱用の表面積の広い**フィン**(ひれ)で構成されています。伝熱面積の広いフィンの効果で冷却水は効率良く外気(走行時にフロントグリルから入る風)に熱を放散し、水温を下げることができます。

エンジンの温度は、**オーバーヒート**はもちろん厳禁ですが、**オーバークール**でも本来の性能を発揮できないため、ある一定の温度域に保つ必要があります。そこで、まだエンジンが十分に温まっていないときは、冷却水の水路の途中に設けられた**サーモスタット**の働きで水路を変更し、ラジエーターに冷却水が循環しないようにします。そして、エンジンの温度(エンジン内部の冷却水の温度)が一定の値に達した段階で、ラジエーターへ冷却水が循環するようにしています。

用語解説

ウオーターポンプ

冷却水を循環させる装置。インペラーという羽根車を回転させる方式で、鋼板製、鋳鉄製、樹脂製などがあります。クランクシャフトの回転をベルトで取り出して駆動します。最近は電動式もあり、エンジンが温まっていないときは駆動を抑えるといった、状況に応じた制御が可能になっています。

ラジエーターキャップ、リザーバータンク

ラジエーターの冷却水注入口に付くふたがラジエーターキャップです。内部の圧力が上がると開くプレッシャーバルブと、負圧になると開くバキュームバルブの、2つのバルブが付いています。プレッシャーバルブとバキュームバルブの先はリザーバータンクとつながっています(右ページ中央図参照)。ラジエーターからオーバーフローした冷却水はリザーバータンクに移動、ラジエーター内が負圧になるとラジエーター側に戻ります。

冷却水はエンジン内の水路を循環

■ウオータージャケット

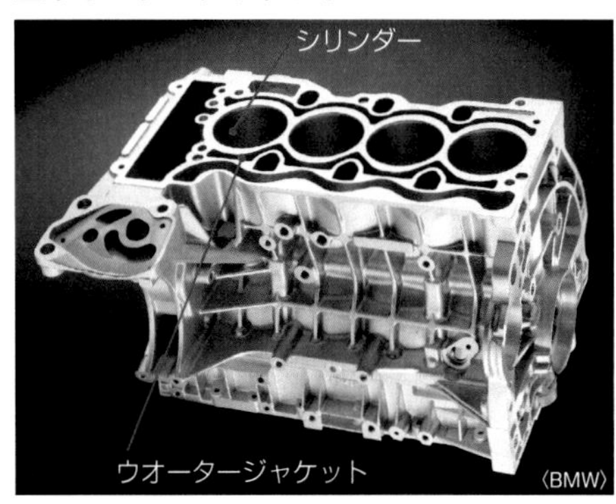

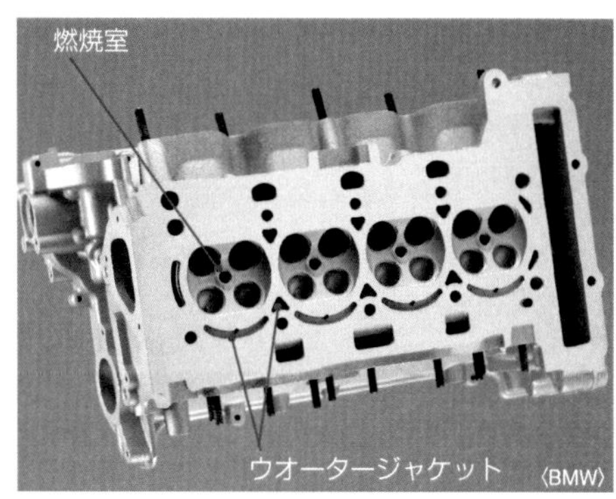

シリンダーブロック（写真左）のシリンダー部周囲の空洞やシリンダーヘッド（写真右）の燃焼室周りにある穴などのウオータージャケットを冷却水が通り、エンジン各部を冷却する。

■リザーバータンクと冷却水の流れ

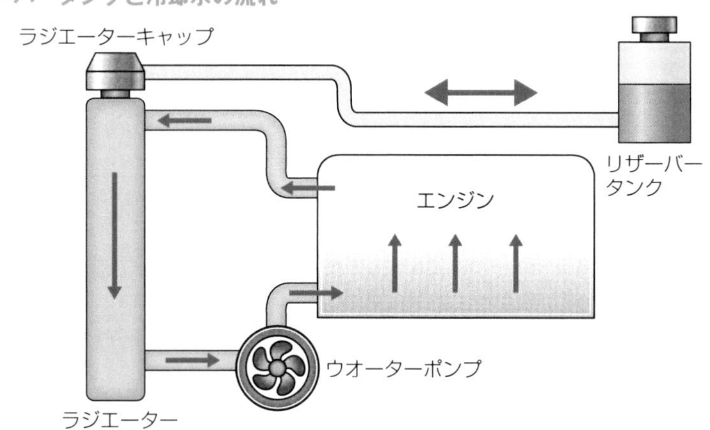

ラジエーターキャップには圧力弁があり、ラジエーター側の圧力が強い場合は余分な冷却水はリザーバータンクへ移動する。圧力が下がれば、冷却水はラジエーターに戻る。

■電動式ウオーターポンプ

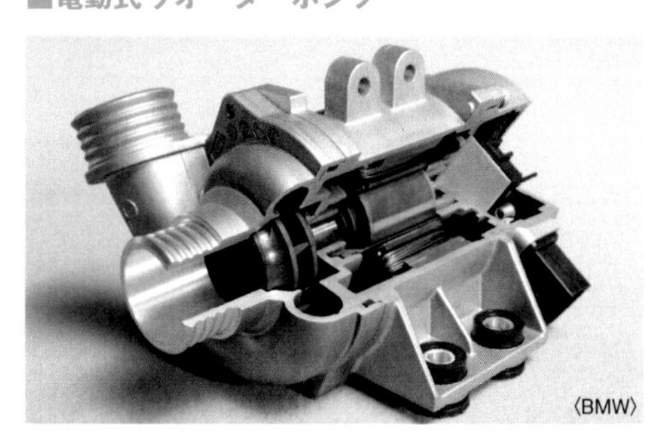

ウオーターポンプはベルトを介してクランクシャフトの回転力で駆動される機械式が一般的だが、電動ポンプを採用している例もある。電動式は機械式に比べてエンジンのパワーロスが少ない、冷却水の温度管理が細かくできるなどのメリットがある。

潤滑系

POINT

- ●エンジン各部の摩擦抵抗、発熱を抑えるためにオイルで潤滑。
- ●潤滑用オイルは専用ポンプでエンジン各部に圧送される。
- ●オイルには防錆、冷却、気密、緩衝、洗浄などの効果もある。

●エンジンをスムーズに動かすために

エンジンには金属同士がこすれ合う部分が多いので、**エンジンオイル**によってそれらを効果的に潤滑し、部品の摩耗や焼き付きを防ぐ必要があります。

また、エンジンオイルには潤滑のほかに、エンジン内部のさびを防ぐ防錆効果、高温部から熱を奪う冷却効果、**ピストン**と**シリンダー**のすき間を埋める気密効果、部品同士がぶつかったときの緩衝効果、汚れを洗い流す洗浄効果があります。

エンジンオイルは**エンジンブロック**の下にある**オイルパン**(オイルだまり)から**オイルポンプ**で吸い上げられ、クランクシャフト、シリンダー、シリンダーヘッドの3方向に送り出されます。ポンプのオイル吸い込み口には**オイルストレーナー**(金属の網)があり、比較的大きな異物の混入を防いでいます。

●エンジン各部で活躍

オイルパンにオイルをためておく方式を**ウエットサンプ式**といい、ほとんどの自動車用エンジンはこの方式を採用しています。しかし、激しいコーナリング時などはオイルがオイルパンの中で偏ってしまい、オイルが供給されない場合も想定されます。そこでスポーツカーなどでは、**リザーバータンク**を別に設け、そこからオイルを供給する**ドライサンプ式**を採用している例もあります(エンジンの高さを抑えるメリットもあります)。

また、エンジンオイルはエンジン内を循環する過程でかなりの高温になります。温度が上がるとオイルの性能が劣化するため、高出力を狙うエンジンでは油温を下げる目的で**オイルクーラー**(エンジン冷却水のラジエーターと同じような構造の熱交換器)を装備している例もあります。

用語解説

オイルパン
エンジンの底部に設置されてオイルをため置く皿のような容器。ここにたまったオイルがオイルポンプによって各部に圧送されます。また、各部からのオイルはエンジンの内壁などを伝って、ここに戻ってきます。

オイルポンプ
オイルパンからエンジンオイルを吸い上げて圧送する機器。構造や方式はいくつかありますが、駆動力はクランクシャフトの回転を利用しています。場合によっては動弁系の駆動に油圧を利用している場合もあります。

オイルストレーナー
オイルパンからオイルを吸い上げるパイプの先に設置して、オイルを浄化する金属製の網です。比較的大きな異物の侵入を防ぎます。

エンジンの作動に欠かせないエンジンオイル

■エンジンオイルの流路

〈Volkswagen〉

ウエットサンプ式のオイル潤滑方式。エンジンオイルはオイルパンからオイルポンプによって吸い上げられ各部に圧送される。エンジン各部を回った後、再びオイルパンに戻る（流路の途中にオイルフィルターが設けられ不純物をろ過）。

■エンジンオイルの作用

①潤滑作用

摺動部（しょうどう）の摩擦低減

②防錆作用

機関内部のさびを防ぐ

③冷却作用

エンジンの冷却

④気密作用

シリンダー内のすき間調整

⑤緩衝作用

部品同士の衝撃緩和

⑥洗浄作用

異物や汚れの除去

■オイルパン周辺の構成パーツ

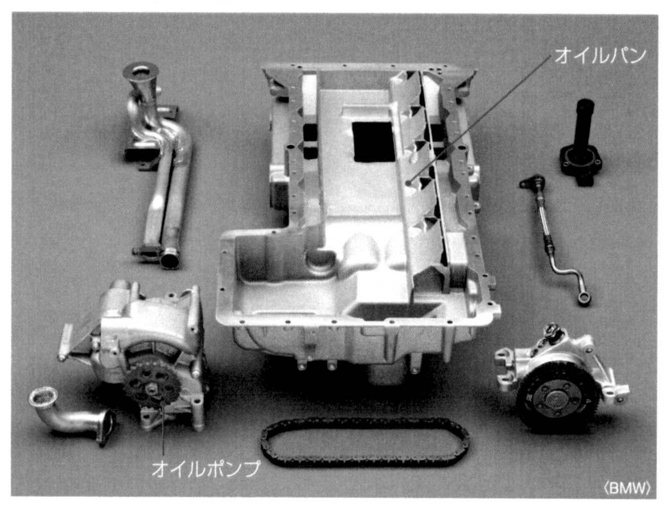

〈BMW〉

エンジンオイルを汲み上げるオイルポンプはクランクシャフトによって駆動する。

オイル通路

POINT

- ●エンジンには摺動部に潤滑オイルを供給する通路が設けられている。
- ●クランクシャフトの内部にジャーナル部などの潤滑用オイル通路を設置。
- ●潤滑用エンジンオイルはエンジン内部を循環してオイルパンに戻る。

●クランクシャフト内部のオイル通路

クランクシャフトの内部には、細い通路が設けられています。**オイルポンプ**によってクランクシャフトに圧送されたオイルは、この通路を通ってシリンダーブロック側の軸受けとの接触面や、**コンロッド**が連結されている**クランクピン**の表面に供給され、摺動(しょうどう)面を潤滑しています。

シリンダーブロック内部には**オイルギャラリー**と呼ばれる筒状のオイル通路があります。ここから各部にオイルが供給されますが、その一部はシリンダーブロックの下方に設置された**オイルジェット**と呼ばれるノズルからピストンの裏側に向けてオイルを噴射し、シリンダー壁面への潤滑とともにピストン部の潤滑や冷却を行なっています。

●シリンダーヘッドの潤滑

シリンダーヘッド部にもオイルが圧送されますが、オイルギャラリーから**カムシャフト**に供給されたオイルはカムシャフト内部に設けられた細いオイル用通路を通ってカムシャフトの**ジャーナル部**やカム、バルブ、バルブスプリングなどを潤滑します。その後、シリンダーのヘッド前部に流れ落ち、タイミングチェーンを潤滑しながらオイルパンに戻り、カムやバルブ、**バルブスプリング**を潤滑してシリンダーヘッド前部に流れ落ち、**タイミングチェーン**を潤滑しながら**オイルパン**に戻ります。

オイル経路の途中には**オイルフィルター**があります。これは不織布などにオイルを通過させることで、**オイルストレーナー**では取り除くことのできない金属の粉などの微細な異物を除去します。オイルフィルターは長期間使用すると目詰まりするので、一定期間走行したら交換する必要があります。

用語解説

オイルフィルター

オイルストレーナー(P.88参照)と同様にオイルを浄化する装置です。オイルフィルターは不織布などでつくられていて、より細かい異物を排除します。異物がたまると目詰まりするため定期的な交換が必要です。万一目詰まりしてオイルが循環しなくなると、エンジンが損傷する可能性があるため、目詰まりした場合はフィルターを迂回するバイパスが備わっています。

CLOSE-UP

寒冷地用オイル

エンジンオイルには寒冷地用のものがあります。寒冷地用は気温が極端に低いときでもエンジンオイルの流動性(流れやすさ)が確保されるため、エンジン始動直後からエンジン各部を潤滑することができます。

エンジンのすみずみまで供給されるオイル

■クランクシャフトの中を通るエンジンオイル

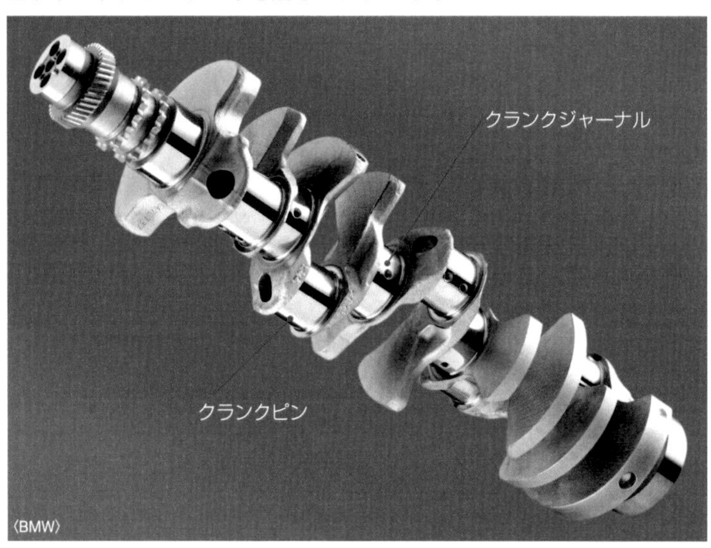

潤滑用のエンジンオイルはクランクシャフトの内部を通り、クランクジャーナルとクランクピンに設けられた油穴からクランクシャフトの軸受け部分やコンロッドやコンロッドが組み付けられるクランクピンの表面に供給される。

■シリンダーブロック下部のオイル潤滑

写真はV型10気筒エンジンのシリンダーブロックを下側から見たところ。ブロック下の中央部にクランクシャフトが通り、写真にある10個の円形（シリンダーの穴）の中にピストンが入る。シリンダーブロック内に設けられたオイルラインを経由して、潤滑用エンジンオイルがクランクシャフトに供給される。またオイルジェットと呼ばれる噴出孔からピストン裏側に潤滑オイルが噴射される。

■シリンダーヘッド周辺の潤滑経路

写真はシリンダーヘッド部を分離した状態。潤滑用エンジンオイルはシリンダーブロック内部のオイルギャラリーからシリンダーヘッド側にも圧送される。供給されたオイルはシリンダーヘッド上に見える２本のカムシャフトとシリンダーヘッド内部に組み込まれたバルブスプリングを潤滑した後、写真左手の空洞部分（実際はタイミングスプロケットが組み込まれるスペース）に流れ落ち、エンジン下部に設けられたオイルパンに戻る。

電気系

●電気系はエンジンを動かすためのシステムと車体各部を制御するためのシステムに大別される。
●電力は発電機によってつくられ、余った電力はバッテリーに蓄えられる。

●オルタネーターで発電した電気を供給

かつての自動車の電気系といえば、エンジンの**点火系**と照明関係がほとんどでした。しかし、電子制御が進んだ現在の自動車では、**パワートレイン系**やブレーキの制御など、あらゆる部分で電気系の重要度は飛躍的に高まってきています。

自動車で使用する電力は、一般的に**オルタネーター**と呼ばれる交流発電機でつくられます。オルタネーターはベルトを介してクランクシャフトにつながり、エンジンの力で回転して発電します。発生した電力は**ヒューズ**や**リレー**を経由して、車体各部の電気を使用する部品に供給されます。

余った電力は**バッテリー**（**鉛**（なまり）**蓄電池**）に蓄えられますが、エンジンを始動する際に使われる**スターターモーター**は、大電流を供給できるバッテリーによって駆動されます。

●いくつかの配線を束ねたハーネス

自動車では、まずバッテリーのプラス端子から電気を使用する各部品に配線されます。そして、その部品からボディーまたはエンジンにアースされ、最終的にバッテリーのマイナス側に集約されます。このような配線を**マイナスアース**といいます。一部の旧車ではプラスアースを採用している場合もあります。

自動車の配線は製造工程の都合上、使用する部門ごとに何本もの配線が1つの束にまとめられていますが、その配線の束のことを**ハーネス**（**ワイヤーハーネス**）と呼んでいます。

自動車の電気配線は車内に網の目のように張り巡らされていますが、電装品を動かすだけでなく、センサーからの信号を送ったり、エンジンやブレーキなどに制御信号を送ったりと、自動車の「神経」としても重要な役目を果たしています。

用語解説

ヒューズ

ヒューズは電気回路の安全装置。ショートなどで回路に過電流が流れると、ヒューズの内部にある断面積の小さな金属部分が溶解して電気を遮断、電気回路や電装品が過電流によって破損するのを防ぎます。ヒューズは回路ごとに用意され、室内やエンジンルームにあるヒューズボックスに配置されています。

リレー

リレーとは電磁石を使ったスイッチのこと。大きな電流が流れる電装品のスイッチを直接操作するのは危険であり、また運転席まで回路を伸ばすと電力のロスも大きくなります。そこで、使用電力の大きな電装品のオン・オフには電磁石で動くスイッチを用い、運転席側ではその電磁石に通電して作動させるための回路とスイッチを設けています。

電気系は自動車を動かす重要なシステム

■自動車の電気系

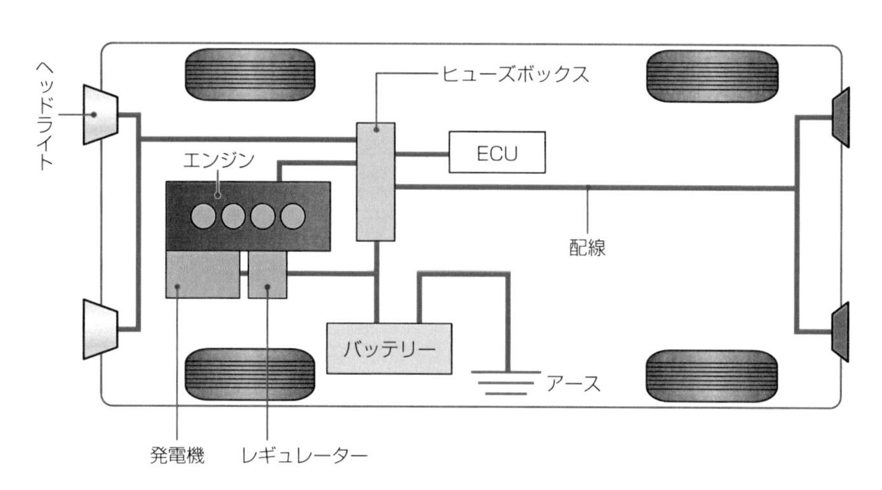

オルタネーター（発電機）はベルトを介してクランクシャフトによって駆動され発電を行なう。オルタネーターは回転が上がると電圧も上がってしまうため、電圧レギュレーターの働きで発生電圧が一定に保たれる。その後、電気はワイヤーハーネス（配線）で車内各部に送られ、エンジンの点火系や電装品で消費。余剰があればバッテリーに蓄えられる。

■車内に張り巡らされるワイヤーハーネス

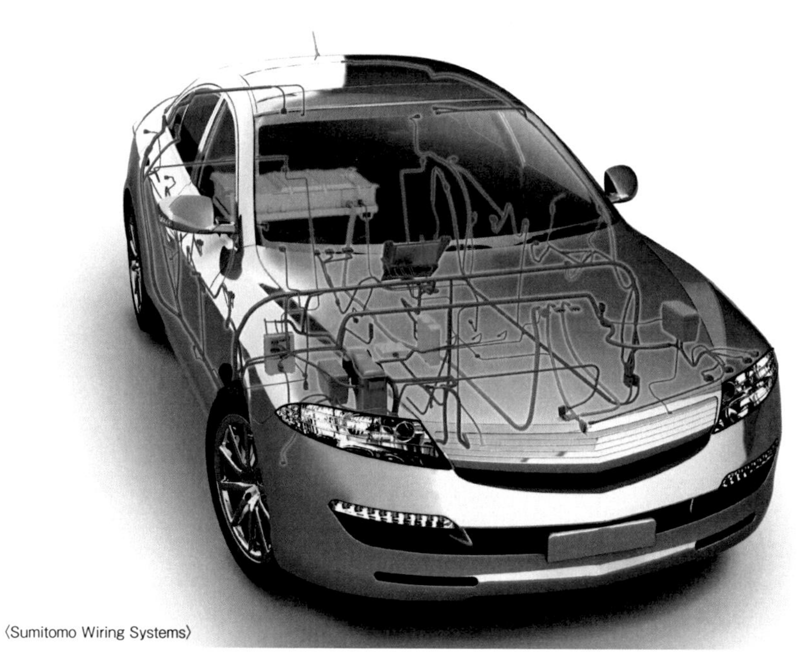

〈Sumitomo Wiring Systems〉

電気なしでは自動車は動かない。ワイヤーハーネスと呼ばれる配線は、車内に網の目のように張り巡らされている。最近は情報系の配線や、ハイブリッド車・電気自動車用の高電圧用配線も重要度を増している。

発電機

POINT
- 自動車用発電機として採用されるのは、効率の良い交流発電機。
- 発電された交流を整流器で直流に変換して各部に供給する。
- 燃料電池車では水素を燃料にして発電を行ないながら走行する。

●電磁誘導効果を利用した交流発電

自動車には**オルタネーター**と呼ばれる交流発電機が搭載され、電装品に電気を供給しています。発電機には**直流発電機**(**ダイナモ**)もありますが、交流発電機が採用されているのは、直流発電機に比べて発電効率が優れているからです。

オルタネーターの内部には中心に**ローター**(**回転子**)と、それを取り囲むように3つの**ステーター**が配置され、ローターとステーターにはそれぞれ**コイル**が巻かれています。ローターのシャフトはエンジンのクランクシャフトとベルトでつながっていて、エンジンが動くとローターも回転します。すると電磁誘導作用によってローターとステーターの間に磁界が生じ、ステーター側に誘導電流が流れ、発電が行なわれます。

●交流を直流に変換して電装品に供給

オルタネーターで発電される電気は交流(一定の周期で電圧や電流の向きが変わる)です。ところが、自動車の電装品はバッテリーも含め直流で作動します。そこでオルタネーターで発電した交流を整流器で直流に変換して電装品に供給します。

オルタネーターはエンジンが動力源ですが、エンジン回転が上昇するとローターの回転も速まります。それにより発生する電圧が上昇します。しかし、電装品への供給電圧は一定である必要があるので、**電圧レギュレーター**で制御しています。

一方、同じ発電機でも燃料電池車には電気をつくり出す燃料電池が搭載されています。燃料電池には「電池」という名前が付いていますが、車載のバッテリー(鉛蓄電池)のように蓄えた電気を放出するのではなく、水素を燃料として補充し、空気中の酸素と反応させて自ら発電しています。

用語解説

直流発電機

昔の自動車の発電機は、整流の必要がなく使い勝手の良いダイナモと呼ばれる直流発電機が主流でした。しかし小型で性能の良い整流器が開発されると、構造が簡単で発電効率も良い交流発電機が採用されるようになりました。発電機をジェネレーターと呼ぶメーカーもあります。

豆知識

ブレーキで発電

モーターと発電機は基本的に同じ構造です。ハイブリッドカーなどでは、走行時に駆動用モーターに電気を流して駆動力を得ていますが、減速時に車輪の回転を駆動モーターに伝え、その力でモーターを回転させると、制動力が発生すると同時に発電します。これが回生ブレーキです。発電した電力を次の走行時に使用するので「回生」と呼ばれ、経済性(燃費)が向上します。

自動車に必要な電気はオルタネーターで発電

■発電機はクランクシャフトの力で駆動

オルタネーター（交流発電機）の内部にはコイルを巻いたローターとその周りを囲むやはりコイルが巻かれたステーターがある。ローターにはバッテリーから電気が供給され電磁石となっており、クランクシャフトからベルトを介してローターが回転すると、電磁誘導の原理でステーター側のコイルに電気が発生する。

■オルタネーターの構造図

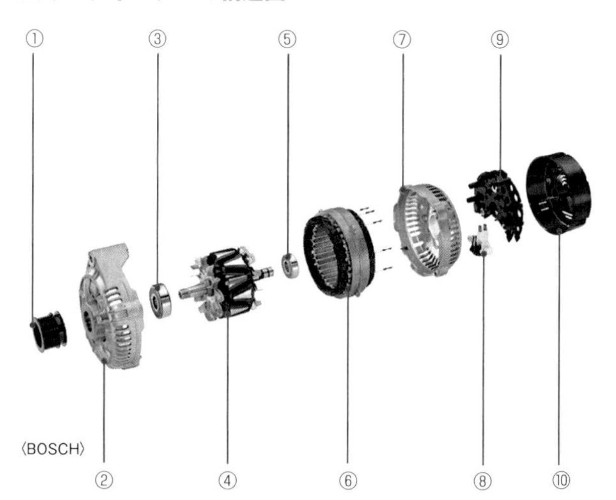

①プーリー
②カバー
③ベアリング
④ローター
⑤ベアリング
⑥ステーター
⑦コレクターリングエンドシールド
⑧電圧レギュレーター
⑨整流器
⑩保護キャップ

■発電しながら走る燃料電池車

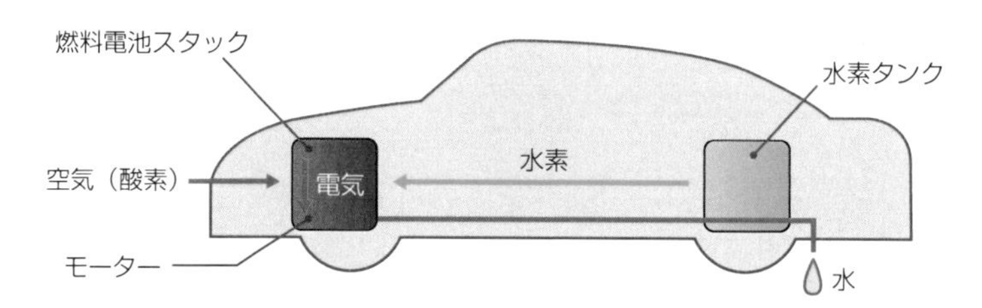

燃料電池車は外部から補給した水素を空気中の酸素と化学反応させて電気を起こし（発電）、その電気でモーターを駆動して走る電気自動車。水素と酸素を反応させた後は水が生成される。無公害の自動車として今後の普及が期待されている。

バッテリー

POINT
- ●自動車では一般に鉛蓄電池が使用され、充電と放電を繰り返している。
- ●エンジン始動時はスターターモーターを回す大電流を供給する。
- ●点火システムやオルタネーターの発電にも必要不可欠な存在。

●バッテリーに電気を蓄え、必要時に放電

発電機によってつくられた電気は、自動車の各部に送られて消費され、余った電気は**バッテリー**に送られて蓄えられます。また、バッテリーは発電機で発電した際の電圧の乱れを吸収して、電装品に安定した電圧の電気を送る役目も果たしています。

自動車に使用されているバッテリーは一般的に**鉛蓄電池**（なまりちくでんち）で、希硫酸の電解液の中にプラス側に**酸化鉛**、マイナス側に**鉛**を使用した電極があり、硫酸イオンが電解液と極板の間を移動することで充電と放電を行なっています。

なお、電装品で最も電力を消費するのがエンジン始動用の**スターターモーター**です。始動時にはバッテリーに蓄えられた電気を使用しますが、バッテリーの能力が落ちているとスターターモーターが十分作動せず、始動できなくなる場合があります。

●ガソリンエンジン用は12V仕様が基本

鉛蓄電池ではプラスとマイナスの電極一組（1セル）で約2Vの電圧を発生します。**自動車用バッテリー**では、6つのセルを組み合わせた12Vが基本ですが、大排気量のディーゼルエンジンではスターターモーターの駆動により大きな出力が必要なため、24Vのバッテリーが使われています。

また、自動車用エンジンでは、バッテリーから供給される電気で**イグニッションコイル**に高電圧を発生させ、**スパークプラグ**に火花を飛ばしています。そのため発電機が故障してもバッテリーの能力が残っている間はエンジンが動き続けます。

なお、ハイブリッドカーや電気自動車では、走行モーター用バッテリーとして、充電容量や重量面で有利な**ニッケル水素バッテリー**や**リチウムイオンバッテリー**が採用されています。

豆知識

バッテリー上がり

電気の使用量が充電する量を上回り、充電不足になった状態をいいます。バッテリーに蓄えることができる電力は限られています。スターターモーターや灯火類、オーディオなどでバッテリーを使い過ぎた場合のほか、長期間エンジンをかけずに放置した場合も自然放電によってバッテリー上がりとなります。

メンテナンスフリーバッテリー

バッテリー内の電解液は化学反応や蒸発で減っていくため、補充する必要がありました。しかし、最近ではその必要がないメンテナンスフリー（MF）バッテリーが普及しています。

自動車の電気は鉛蓄電池で充電&放電

■自動車用バッテリー

〈FURUKAWA BATTERY〉

自動車用バッテリーには電極に鉛と二酸化鉛、電解液に希硫酸を使用する鉛蓄電池が用いられる。ハイブリッド車や電気自動車の駆動用バッテリーはニッケル水素やリチウムイオン式を採用している。

■鉛蓄電池の化学変化

●放電中の化学変化

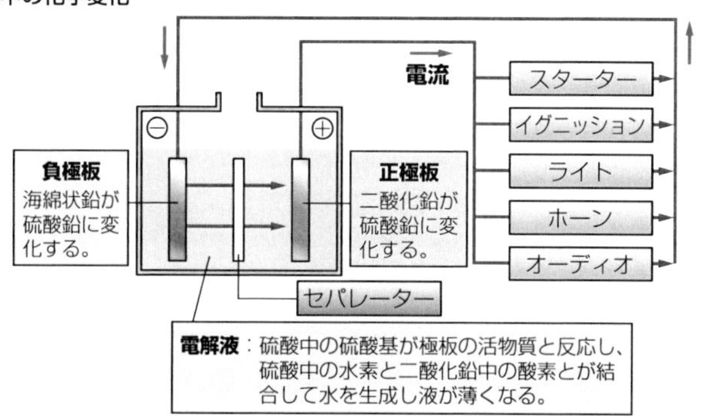

●充電中の化学変化

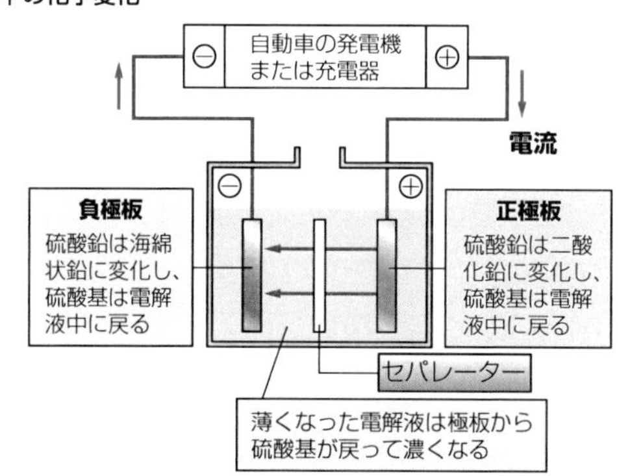

バッテリー（鉛蓄電池）は電極が電解液の中で化学変化するときに、放電作用が起こり電極間に電流が流れる。充電時は逆の化学反応が起こる。一対の電極で発生する電圧は約2V。自動車で使用する電装品は12Vなので（大排気量のディーゼルエンジン車は24V）、実際のバッテリーでは6対の電極を直列につないでいる。

ECU

- ECUは燃料噴射や点火時期などのエンジン機能を制御する頭脳。
- 各部の状況をモニターするセンサーからの情報を受け取り、解析する。
- 集められた情報を基にエンジン各部のシステムをコントロールする。

●エンジン制御の中枢機能を担う頭脳

ECU(Engine Control Unit:エンジン・コントロール・ユニット)は文字通りエンジンを制御する中枢です。人間でいえばまさに頭脳に相当します。

ECUが正確な指令を出すためには、エンジンの状態を知るための**センサー**と、エンジンの状態を最適な状態に近づけるために実際に作用する**アクチュエーター**が必要です。人間に置き換えると感覚器官に当たるのがセンサー（入力)、手足に相当するのがアクチュエーター（出力)になります。

自動車の場合、**クランクシャフト角**、**吸入空気量**、油温や水温、スロットル開度などの情報を検知するセンサー、燃料噴射装置、点火コイル、スロットルバルブ作動モーターなどのアクチュエーターがあります。

●最適なマネジメントで性能アップ

ECUの目的は理想的な燃焼を実現して、エンジンパワーや運転のしやすさの向上、排気ガス浄化機能の維持、高い燃費性能を実現することにあります。ECUの本体はコンピューターで、各センサーからの情報を基に事前にプログラミングされたデータをベースにした制御信号を各アクチュエーターに送ってコントロールします。

ECUによる制御システムがなかった時代はアナログ的なセンサー情報を基に、機械的にアクチュエーターを制御していたので、作動精度にも限界がありました。しかし、現在では電子センサーから1000分の1秒単位で信号が送られ、ECUからの指令によりアクチュエーターが瞬時に対応するため、的確でダイナミックなエンジン制御が可能になりました。

用語解説

ECU

ECUという言葉をElect-ronic Control Unit＝電子制御ユニットとして、より広く解釈して使う場合もあります。現実にエンジン制御はオートマチックトランスミッションなど、エンジン以外の情報も反映して行なわれています。エンジンも含めて、自動車のあらゆるシステムと相互に連絡を取り合いながら電子制御しているシステムとしての「ECU」というわけです。

豆知識

協調制御

ECUはエンジンだけでなくほかのシステムも連動して制御するようになってきています。例えばオートマチックトランスミッション(AT)の場合、変速する際に一瞬エンジン出力を抑えることで変速ショックを和らげるといった制御を行なったりしています。

情報をインプット、制御信号をアウトプットするECU

■ECUによるエンジン制御（データ入出力）

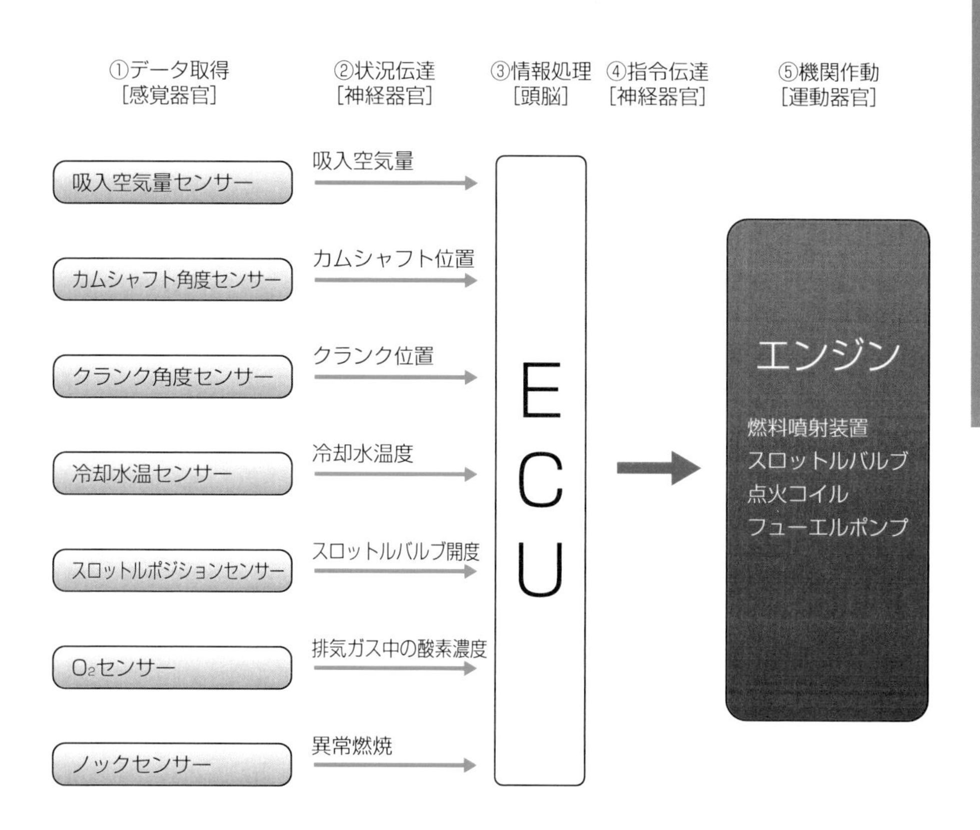

人間でいえば感覚器官に当たるセンサーでモニターされた各部の情報がECUに集められる。その情報を基にECUで計算された最適なデータによってフューエルインジェクターやイグニッションの点火時期を制御する。

■情報を基にエンジンに指令を出すECU

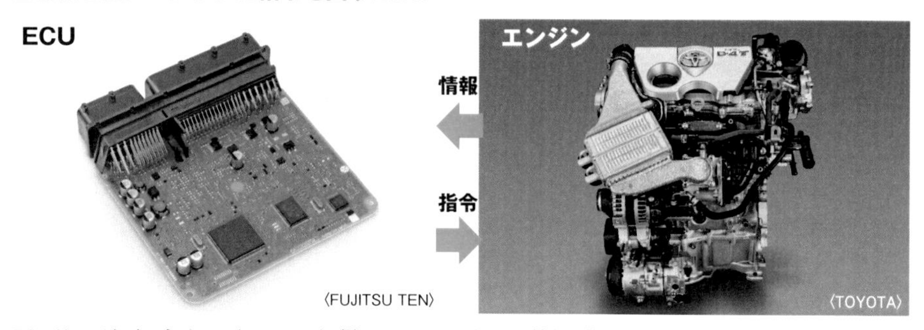

〈FUJITSU TEN〉　〈TOYOTA〉

ECUはエンジンをマネジメントする。エンジン側のセンサーから送られる情報を基に燃料噴射量や点火時期などをECUが決定し、電子制御することにより、走行性能の向上、排気ガスの有害成分低減などを実現する。電子回路は熱に弱いが、耐熱性の高い製品も開発されエンジンルームへの設置も可能になった。

エンジンマウント

POINT

- ●快適性や操縦安定性を損なうエンジン振動を吸収する。
- ●振動を抑えるにはエンジンの支持方法と緩衝材の設計が重要。
- ●防振性能が高い液体封入タイプの緩衝材が普及している。

●エンジンの強烈な振動を効率的に吸収

稼働中のエンジンは激しく振動します。また、加速や減速時にはクランクシャフトの回転方向に揺れ動きます。さらに、エンジンは重量があるので、走行中の路面の凹凸による上下動が加わると、そのショックも大きくなります。

したがって、エンジンをボディーに固定してしまうと、振動や衝撃がダイレクトに伝わり、快適性が損なわれるだけでなく、エンジンやボディーに大きなダメージを与えてしまいます。

そこで、振動や衝撃をうまく吸収するように、エンジンをボディーに取り付ける箇所の設計を入念にするとともに、両者の連結ポイントに振動や衝撃を吸収する**エンジンマウント部材**が使われています。一般にショックの吸収に優れた**ゴムブッシュ**がエンジンマウント部材として使われます。

●緩衝性能の高い液体封入型マウント

エンジンマウント部材は緩衝効果を高めるため、それぞれの自動車の構造に合わせた形状で成形され、材質も対象の自動車の用途に合ったものが選ばれます。また、エンジンマウント部材はただ柔らかければいいというものではなく、エンジンをしっかり支える剛性の高さも必要とされます。

最近ではエンジン側の結合部の周囲に液体を封入し、**ソリッドタイプ**よりエンジンからの振動を効果的に吸収して乗り心地や静粛性を高めた**液体封入タイプ**のエンジンマウント部材も多く採用されています。

また、エンジンマウントに**カウンターウエート**と呼ばれる重りを取り付けることで、エンジンとカウンターウエートが振動を打ち消し合うしくみを取り入れているものもあります。

豆知識

マウントの数と位置

エンジンマウントによる支持の方法や支持部の点数、位置は、エンジン自体の回転による動きや振動、走るときの前後左右への動き、さらには路面からの上下動など、さまざまな動きと強さに応じて検討されます。なお電気自動車のモーターユニットについては振動がないため、マウントに悩む要素はほとんどないといわれています。

アクティブコントロール・エンジンマウント

エンジンは回転数によって振動の状態(周波数)などが変わるうえ、路面からの振動なども加わります。これらの変化に対してエンジンマウントの特性を変えて制御するのがアクティブコントロール・エンジンマウントです。マウント部分に封入した液体をショックアブソーバーと同じ構造にして、液体の動きをバルブで制御することにより硬さを変化させます。

エンジンを支持して振動を逃がすエンジンマウント

■防振部材を介してボディーにマウント

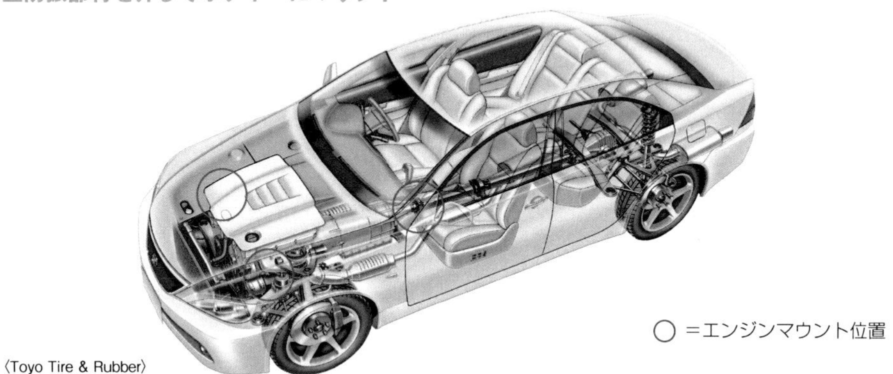

〈Toyo Tire & Rubber〉

エンジンはゴムブッシュなど振動を伝えにくい部材を介してボディーに固定される。エンジン縦置きのFR車の場合は、一般的に上の図のようにエンジンの左右とエンジン後部の3点でマウントされる。エンジン横置きのFF車の場合はエンジンの左右、前後の4箇所でマウントされる例が多い.

ソリッドタイプ

〈Toyo Tire & Rubber〉

金属ブラケットと衝撃吸収&エンジン支持の特性を持つゴムを組み合わせたエンジンマウント。

液体封入タイプ

〈Toyo Tire & Rubber〉

内部に液体を封入し、ソリッドタイプより広範囲にわたり高い防振性能を発揮する。

■横置きエンジン車のマウント

〈Mercedes-Benz〉

エンジンが横置きのFF車は、旋回時にエンジンが駆動軸の回転方向に動いてしまうので、FR車に比べてエンジンマウントの設計が難しい。FF車は操縦安定性を確保し、振動を抑えるために、エンジンの動きを制御するエンジンマウント設計が施されている。

環境問題への対応と性能の向上を両立させる電気モーターの将来

地球温暖化対策や大気汚染防止の観点から、自動車に搭載されているガソリンエンジンやディーゼルエンジンに対して厳しい目が向けられています。一方、有害な排気ガスを出さない電気自動車や燃料電池車の実用化が進み、大きな注目を集めています。

電気自動車と燃料電池車は電気の供給方法は異なりますが、電気モーターで走るという点では同じです。エンジンと電気モーターを比較した場合、電気モーターは性能面だけでなく、今後の展開次第では自動車の姿そのものを変えていく可能性も秘めています。

性能面でいえば、駆動トルクが大きいうえ、応答性もエンジンより優れています。静粛性が高くて振動が少ないという利点もあります。また、電気モーターを各車輪のホイール内に収める"インホイールモーター"で全輪を駆動することも可能です。この方式では、エンジンの場合に必要なドライブシャフトやデファレンシャルなどのパワートレイン系が不要です。つまり、全体のシステムが軽量コンパクトで駆動力のロスも少なくなることが期待できます。また、４輪独立駆動制御や、機械的にではなく電気的にステアリングを制御する"ステア・バイ・ワイヤー"による４輪操舵制御、４輪キャンバー角制御など、走行性能を左右する高次元の協調制御も可能になります。現在、徐々に実現しつつある自動運転化にも電気モーターの特性は適応しやすいため、環境対策と性能向上の両立を果たす切り札として、今後ますます重要になると思われます。

とはいえ、エンジンは長い歴史に培われて熟成・進化してきており、ドライバーの感性に訴える走りの魅力も備えていることから、今すぐ存在価値を失うということにはならないと思われます。多様化するニーズの、選択肢の１つとなっていくことでしょう。

第2章

パワートレイン

パワートレインとはエンジンが生み出した動力をタイヤに伝えるまでの経路のことです。動力をいかにムダなく効率的に伝えるかが重要となります。そのためにどんな工夫を凝らしたメカニズムが採用されているか見てみましょう。

パワートレイン

●パワートレイン系はエンジンの動力をタイヤに伝える役割がある。
●いかにスムーズかつ効率的に伝達できるかどうかが性能を左右する。
●駆動方式によって回転力の伝達が異なる。

●変速機は手動式と自動式がある

エンジンが強大な出力を誇っても、それがムダなくスムーズに伝えられないと、**燃料効率**が悪い自動車になってしまいます。

エンジンから取り出した回転力は、まず**トランスミッション**（**変速機**）で走行条件に合った効率的な回転数に変換されます。変速の方法は、**手動式**と**自動式**があります。手動式のものは**マニュアルトランスミッション**（**MT**）と呼ばれます。一方、自動式には段階的に変速する、いわゆる**オートマチックトランスミッション**（**AT**）と、無段階で変速する**CVT**があります。なお、クラッチ操作なしで変速できる方式もあります。

●FR車と4WD車はプロペラシャフトが備わる

トランスミッションを出た回転力は、**デファレンシャルギヤ**に伝えられます（P.122参照）。FR車や4WD車の場合は、その前に**プロペラシャフト**を経由します（P.120参照）。プロペラシャフトはエンジンが搭載される車両前方から後輪の回転軸までの比較的長い距離にわたって回転を伝達します。また、縦置きエンジンの場合はトランスミッションから前輪につなげるプロペラシャフトもあります。

デファレンシャルギヤは、トランスミッションからの回転を左右輪に配分します。自動車が旋回するときは左右の車輪に回転差、つまり差動が生まれますが、その差動を吸収してスムーズに曲がれるようにするのもデファレンシャルギヤの役目です。また、滑りやすい路面などでは、差動を制限して効率的に駆動力を伝える装置（**LSD**）を備えることもあります。

デファレンシャルギヤの回転は、**ドライブシャフト**（P.126参照）によってハブに伝えられ、タイヤを回転させます。

豆知識

駆動方式とエンジン配置

パワートレインはエンジンの位置を基本にいくつかのパターンがあります。まずフロントエンジン方式の場合はFF車、FR車、4WD車があり、エンジンの配置が縦置きの場合はFF車、FR車、4WD車、横置きの場合はFF車と4WD車があります。リアエンジン方式の場合は、FR車と4WD車がありますが、FF車はありません。エンジンが前後輪の間に位置するミッドシップエンジン方式にも、FR車と4WD車があります。（P.24～27参照）

主な駆動方式とパワーの伝達

■FF車

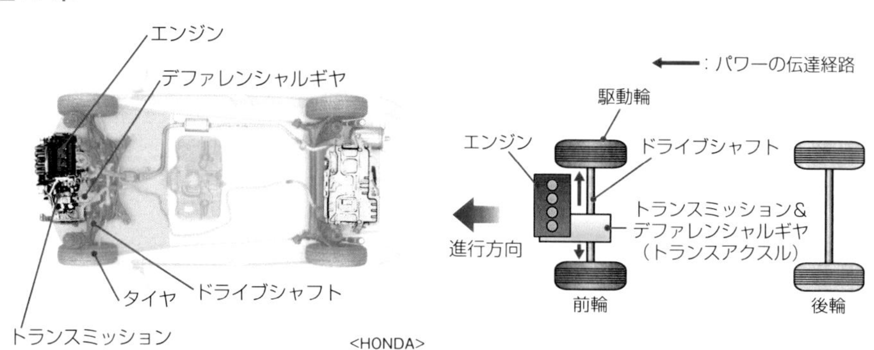

エンジン、トランスミッションなどがフロントに集中し、ユニット全体がコンパクトにまとまっているが、前輪に重量が集中し、かつ前輪が駆動輪と操舵輪を兼ねるため負担が大きくなりがち。

■FR車

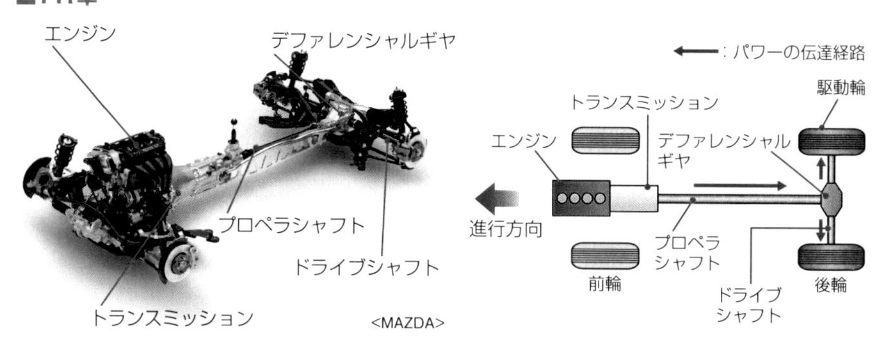

エンジン、トランスミッション、プロペラシャフトと直線的に駆動が伝わり、デファレンシャルギヤで左右輪に振り分けられる。前輪と後輪がそれぞれ別々に操舵と駆動を受け持つうえ、前後輪の重量バランスも取りやすい。

■4WD車

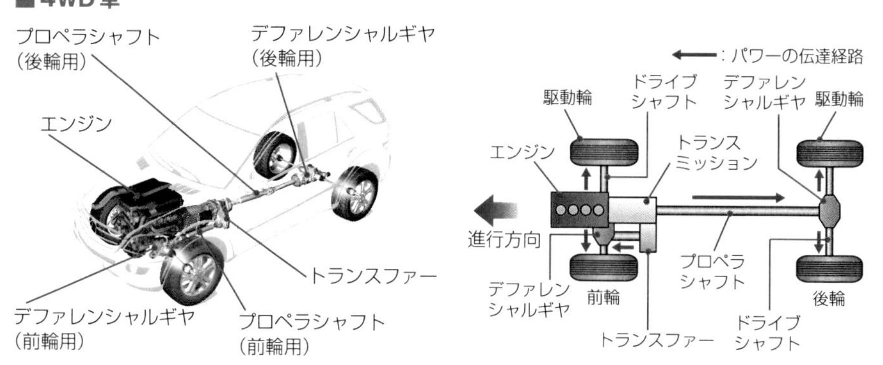

横置きエンジンの4WD車の例。エンジンからトランスミッション、プロペラシャフト（後輪用）を経てデファレンシャルギヤで後輪に駆動力が伝わる。また、前輪へはトランスミッションからトランスファー（出力分配装置／ P.120参照）、プロペラシャフト（前輪用）、デファレンシャルギヤ（前輪用）を経由して駆動力を伝達。

マニュアルトランスミッション

●変速操作はエンジンの駆動力を最も効果的に生かすために行なう。
●変速は入力軸側のギヤと出力軸側のギヤを組み合わせて行なう。
●シフトチェンジを行なうことで、エンジンの特性を生かす。

●ギヤの組み合わせを選ぶ

変速は、入力軸側の「小さなギヤ」と、出力軸側の「大きなギヤ」を組み合わせることで行ないます。

例えば歯数14枚のギヤと28枚のギヤを組み合わせた場合、28枚のギヤを1回転させるために14枚のギヤは2回転する必要があります。これを**ギヤ比**といいます。この場合は2：1（入力ギヤの回転数：出力ギヤの回転数）と表現されます。

ギヤの組み合わせは、**4速トランスミッション**なら4つ+**リバースギヤ**（後退のためのギヤ）で合計5つとなります。

2速、3速とギヤ比はだんだん小さくなり、最後はほぼ1：1となります。なお、オーバードライブと呼ばれる1：1を超えるギヤ比を設定したものもあります。この場合、出力軸はエンジンの回転より速い速度で回ることになります。

●ギヤ比を利用してエンジン特性を生かす

エンジンは高回転になればなるほど力（トルク）が大きくなるというものではなく、一定の回転数までは増大し、それを超えると下がっていきます。ですから加速していくとき、回転数が上昇して力を出すピークを超えたら次のギヤにバトンタッチして、再びピークに至る回転域を使用します。これを繰り返すことでエンジンの特性を生かすことができるのです。

回転数の異なるギヤ同士を滑らかにつなぐ役目を担うのが、**シンクロメッシュ機構**です。これは回転数を同期させて、ギヤがぶつかって損傷したり異音を発生したりしないようにします。

また、自動車をバック（後退）させるときに使うリバースギヤは、入力ギヤと出力ギヤの間に**アイドラーギヤ**を組み合わせて、出力軸の回転方向を逆にしています。

用語解説

アイドラーギヤ

アイドラーギヤは一般的な機械用語です。トランスミッションの場合は「リバースアイドラー」と呼ぶこともあります。

豆知識

シフトアップ、シフトダウン

変速ギアを高くしていくことをシフトアップ、逆に低くしていくことをシフトダウンといいます。原則的に、シフトアップするとエンジン回転は下がりますが自動車の速度は上がり、シフトダウンするとその逆になります。ただし走行条件によっては必ずしもそうなりません。状況に応じてドライバーの判断による選択が必要になります。

マニュアルトランスミッション（MT）の構造と変速のしくみ

■FR車用縦置きMTの構造

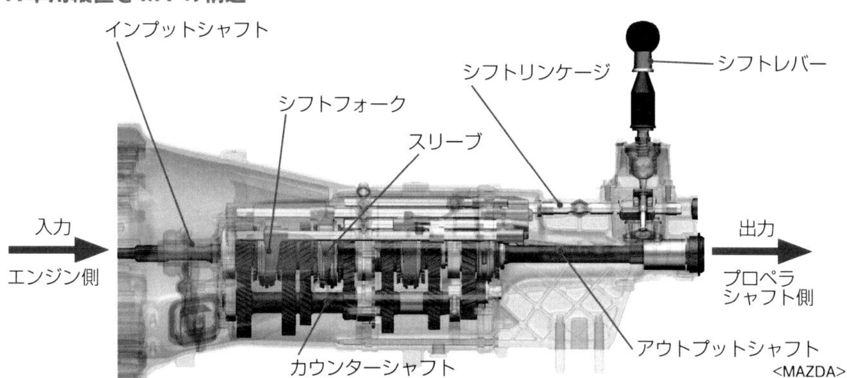

MTの内部にはインプットシャフト、アウトプットシャフト、そしてそれらに平行して配置されたカウンターシャフトという３本のシャフトがある。エンジンからのパワー（回転）はギヤによってインプットシャフト→カウンターシャフト→アウトプットシャフトという順で伝えられる。アウトプットシャフト上には変速用ギヤとそれに対応する複数のスリーブと呼ばれるパーツがある。シフトレバーを操作するとシフトフォークが特定のスリーブをスライドさせ、目的のギヤ（例えば１速ギヤ）と結合し、変速が実行される。

■MTにおける変速の作動原理

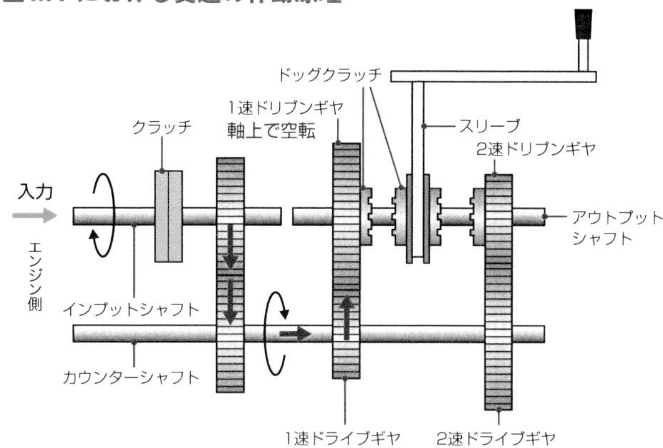

左図はクラッチがつながっていて、ギヤがニュートラル時の場合。エンジンからのパワー（回転）は、ギヤによってインプットシャフト（入力軸）からカウンターシャフトに伝わる。カウンターシャフト（平行軸）上のドライブギヤとアウトプットシャフト（出力軸）上のドリブンギヤはどのギヤも常時噛み合って回転を伝えている。しかしドリブンギヤは出力軸上を空転する構造になっているため、平行軸の回転は出力軸には伝わらない。変速する場合は、いったんクラッチを切って入力を遮断してからシフトを操作する。

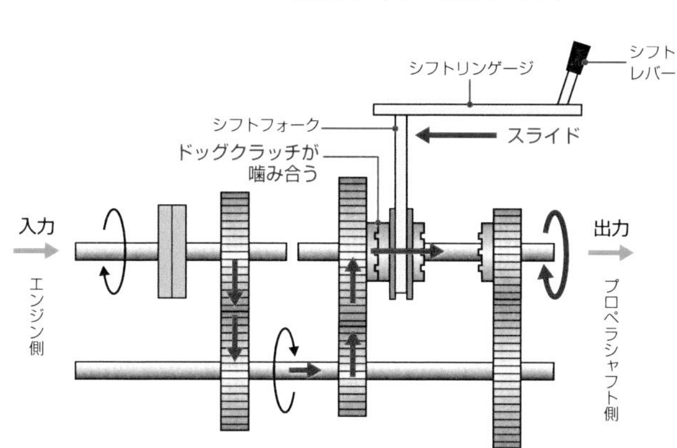

スリーブは出力軸上を自由にスライドできるが、回転方向には固定され、出力軸と同じ回転をするような構造になっている。一方、各ドリブンギヤとスリーブの側面にはお互いに噛み合うような凹凸（ドッグクラッチ）が設けられている。クラッチを切り、１速にシフト操作をすると、シフトフォークによって１速ギヤに対応するスリーブがスライドし、ギヤとスリーブのドッグクラッチが結合する。結合したところでクラッチをつなぐと、１速のドリブンギヤの回転がスリーブを介して出力軸に伝わる。

クラッチ

●エンジンの動力をトランスミッションに伝えたり、切り離したりする。
●手動でギヤを切り替えるマニュアルトランスミッションに装備されている。
●クラッチディスクを押しつけて、回転をトランスミッションに伝える。

●エンジンの力を伝えたり切り離したりする

クラッチは、回転力を接続したり切り離したりする機能を持っています。ここでいうクラッチは、エンジンの**クランクシャフト**の回転力（動力）をトランスミッションに伝える際の接続と切り離しを行なう装置のことを指しています。動力伝達のしくみは、同じ回転軸にある離れた2枚の円盤を接触させ、摩擦によって滑らかに接続して圧着させるタイプの**乾式単板型**が多く採用されています。エンジンのクランクシャフトと一緒に回る円盤（**フライホイール**）に、回転軸が同じでトランスミッションと一緒に回る円盤（**クラッチディスク**）を強く押しつけることで、エンジンの回転をトランスミッションに伝えます。

●回転力を確実に伝えるために摩擦材を使用

クラッチディスクにはスリップ防止のための摩擦材が取り付けられています。クラッチディスクを押しつけるのは**プレッシャープレート**と呼ばれるもう１枚の円盤で、スプリングが内蔵されています。ドライバーがクラッチペダルを踏むと、ワイヤーや油圧によってプレッシャープレートが引かれ、それぞれの円盤の間にわずかなすき間ができることで回転力が切り離されます。

発進のときに、クラッチペダルの踏み込みを緩めることでできる状態を半クラッチといいます。これはフライホイールとクラッチディスクがスリップしながら回っている状態のことです。

プレッシャープレートを押しつけるためのスプリングには、乗用車では**ダイヤフラムスプリング**と呼ばれる、円盤に放射状の溝を切ったような形のスプリングが使われるのが一般的です。

なお、スポーツカーやトラックなど、大きな力が必要な車種では、クラッチディスクの枚数を増やすこともあります。

用語解説

乾式単板型

オイルなどの液体を使わず(乾式)、クラッチディスクが1枚(単板)のタイプで、クラッチの基本的な構造です。オイルなどの液体を使っているものを湿式といい、クラッチディスクを何枚か重ねているタイプを多板式といいます。

豆知識

デュアルクラッチシステム

最近ではトランスミッションを奇数段と偶数段の2系統に分け、それぞれにクラッチを設けた「デュアルクラッチシステム」も採用されることが増えてきました。スポーツカーやバス、トラックによく採用されています。

クラッチのしくみと動作

■クラッチのしくみ

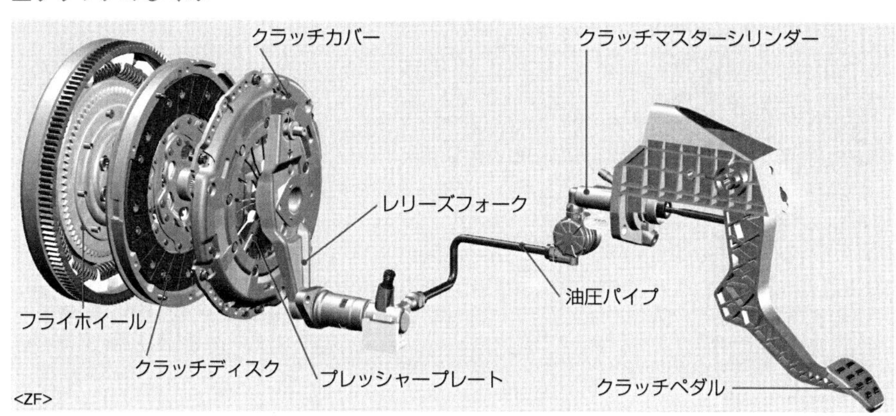

クラッチディスクにつながっている回転軸は、フライホイール、プレッシャープレート、クラッチカバーから切り離されている。一般的にはトランスミッションから出ている軸がクラッチディスクの穴に差し込まれている構造をしている。クラッチカバーはフライホイールに固定されていて、クラッチプレートをクラッチディスクに押しつける力を受け止めている。

■クラッチ断続の作動メカニズム

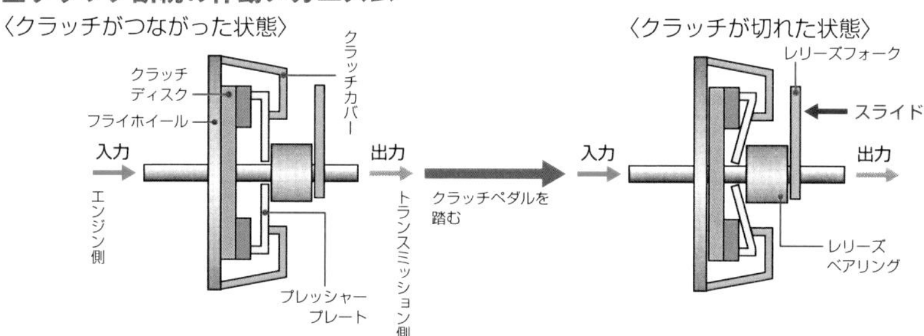

通常はフライホイールとクラッチディスクがプレッシャープレートによって圧着され、パワーがトランスミッション側に伝達される。クラッチペダルを踏むと、その動きがレリーズフォークを介してレリーズベアリングに伝わる。レリーズベアリングは軸方向に移動し、プレッシャープレートを動かし、フライホイールとクラッチディスクを引き離して動力の伝達を切り離す。

■プルタイプとプッシュタイプの違い

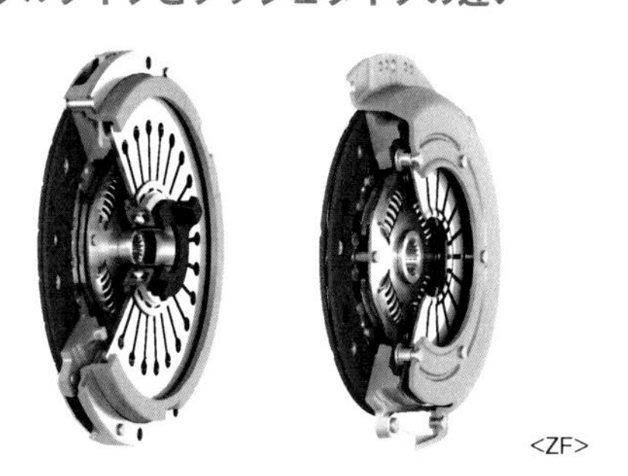

プレッシャープレートを押すとクラッチが切れるプッシュタイプ（右）とプレッシャープレートを引くとクラッチが切れるプルタイプ（左）がある。

■クラッチディスク

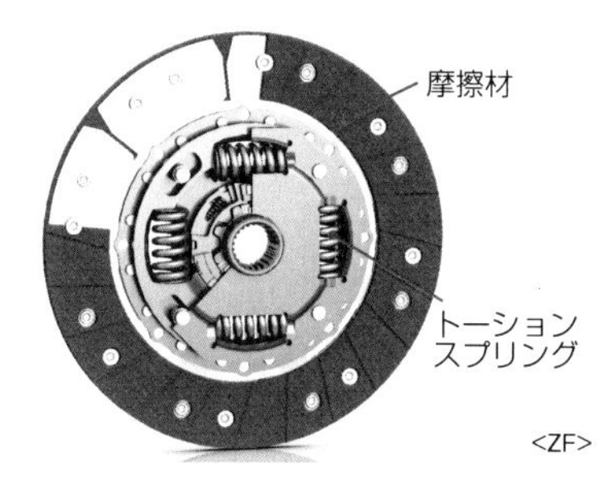

クラッチディスクの接触面には摩擦材が張られている。トーションスプリングはクラッチがつながったときの衝撃を緩和するためのもの。

オートマチックトランスミッション

●オートマチックトランスミッションとは、ドライバーが操作しなくても自動的にギヤを切り替える（変速する）装置のこと。
●運転感覚を楽しむために、あえて手動操作を可能にしたものもある。

●面倒な変速操作からドライバーを解放

オートマチックトランスミッション（AT）が開発された当初は**燃費**が悪かったため、世界的に見てもガソリン価格が安かったアメリカでしか普及しませんでした。

現在では、燃費もマニュアルトランスミッション（MT）に並ぶレベルになり、自分で**シフトチェンジ**しなくてよいという利便性から、出荷される乗用車の多くにATが搭載されています。とくに日本市場では圧倒的にAT車が多くなっており、ATの伝達効率を上げるためにさまざまな工夫がされています。また、手動式のダイレクト感や操作の楽しさを味わうためにあえて手動式のシフトチェンジを可能にした方式もあります。

マニュアルトランスミッション（MT車）のクラッチ同様に、AT車でエンジンと変速機をつないだり断ったりするのが**トルクコンバーター（トルコン）**です（P.112参照）。ただしトルコンは、エンジンからの動力を完全に切り離すことができません。そのため、**ニュートラル（N）ポジション**と**パーキング（P）ポジション**以外では、アイドリング中でもクルマを動かす力が働きます。これを、**クリープ現象**といいます。

●コンピューターで油圧を制御

ATには大きく分けて**プラネタリーギヤ**（P.114参照）と**CVT**があります。**プラネタリーギヤ式AT**は段階的に変速することから、CVTに対して**ステップAT**とも呼ばれます。プラネタリーギヤ式では内部でプラネタリーギヤとクラッチ、ブレーキの３つの要素を使って変速操作をしています。一方、CVTでは２つの**プーリー**にベルト（またはチェーン）をかけて、入力側と出力側のプーリーに与える油圧を制御して変速します。

CLOSE-UP

ATの操作

ATはセレクトレバーで操作します。通常時の前進はDレンジですべて事足りますが、自動車によってはLレンジ、2レンジで1速、2速に固定したり、ODオフスイッチなどでオーバードライブを使わない設定にすることもできます。また、セレクトレバーを指定の位置にすれば手動感覚でシフトアップとシフトダウンを行なうことができるモードを備える自動車もあります。操作はセレクトレバーのほか、ステアリングホイール(ハンドル)の裏側のレバーを指先で操作するタイプもあります。このタイプのシフト形式にはいろいろな呼び名がありますが、カヌーで使用する櫂（かい）のような形状から一般的にパドルシフトと呼ばれます。

AT車の変速の種類としくみ

■プラネタリーギヤ式による変速機構

<Mercedes-Benz>

プラネタリーギヤ（遊星ギヤ）と呼ばれる特殊なギヤを用いて変速を行なう。プラネタリーギヤはサンギヤ、ピニオンギヤ、キャリア、インターナルギヤ（すべてP.114参照）などで構成され、各ギヤの動きを巧妙に制御することで変速を可能にしている。この形式のATは基本的にクラッチ機能とトルク増幅作用を持ったトルクコンバーターというパーツと組み合わされる。

■CVTによる変速機構

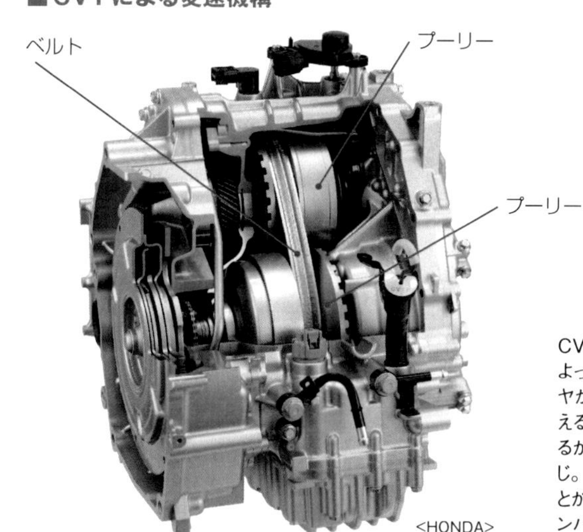

<HONDA>

CVTは2つのプーリー（滑車）とベルトの作用によって変速を行なう。自転車の変速機は前後のギヤがチェーンで結ばれ、前後いずれかのギヤを変える（半径の異なるギヤに変える）ことで変速されるが、CVTの変速のしくみもそれと基本原理は同じ。CVTではプーリーの半径を連続的に変えることができ、無段階の変速が可能。CVTもトルクコンバーターと組み合わされるケースが一般的。

CAR COLUMN

CVTの走行フィーリング

AT車は、MT車に比べ、とくに渋滞時などにおけるクラッチ操作の煩わしさがないため、あっという間に広まりました。その後、CVTが出現したわけですが、プラネタリーギヤのATにある変速ショックがなく、加速もエンジンの回転もスムーズで音も静か。おまけに燃費も良く、その滑らかな走行フィーリングには驚かされたものでした。低速走行から高速走行に滑らかに移行します。

トルクコンバーター

●エンジンからの動力を自動変速機に伝える過程でトルクの増幅効果があることから、トルクコンバーターと呼ばれる。
●AT車の装備で、エンジンとの間でクラッチのような役割も行なう。

●液体を介してエンジンの動力を伝達

トルクコンバーター（**トルコン**）は、AT車においてMT車でいうところのクラッチの役目を担う装置です。例えば、向かい合わせた扇風機の一方の羽根を回転させると、もう一方の羽根が風を受けて回転し始めますが、トルコンも動力を伝える原理はこれと同じです。ただし、トルコンでは風ではなく液体（流体）を使って回転を伝えます。

●必要に応じて直結も可能

トルコンでまず重要なのが、内部に充填されている**不活性オイル**（**シリコンオイル**など）です。高温から低温まで、粘性や体積の変化がとても少ないオイルで、温度環境による性能の変化はほとんどありません。エンジンの力はこのオイルを動かす力に変換され、それがトランスミッションに伝えられます。オイルは、トルコンの中で循環します。

次に、エンジンからの力をオイルの流れに変える**ポンプインペラ**と、ポンプインペラが起こしたオイルの流れを受けてトランスミッションに伝える**タービンランナー**です。両者の間には**ステーター**と呼ばれる円盤状の羽根車があり、オイルがタービンランナーからポンプインペラに戻るときにここを通ります。ステーターはオイルの流れを整える働きをします。

この一連の循環の際にトルクの増幅効果が生まれることから、トルクコンバーター（トルコン）と呼ばれます。

また、**ロックアップクラッチ**はポンプインペラとタービンランナーの回転差がなくなり、変速の必要がないときに両者を直接クラッチでつなぐ動きをします。エンジンの力を直接トランスミッションに伝えられるので、燃費は飛躍的に向上しました。

用語解説

不活性オイル
外部の環境変化に対して反応が少ないことを「活性が低い（小さい）」といいます。不活性オイルは活性が全くないわけではないものの、ごく小さいオイルです。

豆知識

スリップ制御
変速動作のとき、ロックアップクラッチを押しつける油圧を下げ、あえて滑らせることでATに特有の不快な変速ショック（シフトショックともいう）を劇的に軽減することができるようになりました。これをスリップ制御といいます。

トルクコンバーターのしくみと役割

■トルクコンバーターの作動原理と構成パーツ

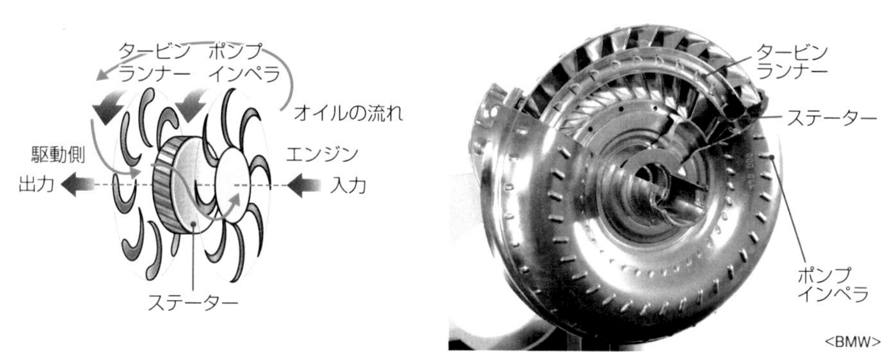

エンジンからの力で回転するポンプインペラがつくり出したトルクコンバーター内のオイルの流れは、反対側にあるタービンランナーの羽根の外周付近にぶつかり羽根を回転させる。タービンランナーはその回転をトランスミッションに伝える。一方、タービンランナーで反転して中心寄りから出てきたオイルは、ステーターを通過する際に方向が整えられ、今度はポンプインペラの中心寄りに流れ込んで、ポンプインペラ外周付近から出て循環する。

■トルクコンバーターの内部構造と自動変速機との位置関係

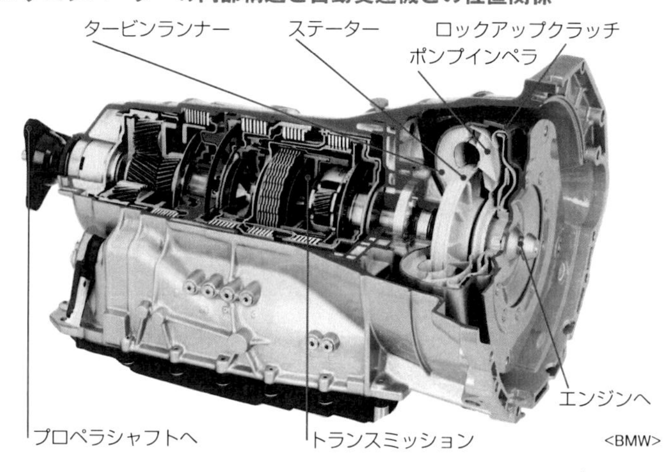

左は縦置きのプラネタリー式自動変速機（AT）とトルクコンバーターを組み合わせたシステムの構造図。トルクコンバーターはエンジンの直後に位置し、与えられた回転をATに伝達する。その際、トルク増幅を行なうとともにMT車のクラッチに相当する役目も果たす。

CAR COLUMN

MT車とAT車

現在は、多くの自動車がAT車ですが、スポーツカーはMT車が現在も強く根づいています。運転する楽しみという点においては、ドライバーの意思通りに動くMT車がおもしろいという観点によるものです。第5章の章末のコラムで述べますが、“ヒール＆トー”はMT車でしか味わえない“運転の楽しみ”でもあります。一方でAT車の利点は、簡便さにあります。それほどテクニックもいりませんし、初心者向きであるといえます。どちらのトランスミッションを選ぶかは、運転の目的やドライバーの技量に合わせて考えるといいでしょう。

トルクコンバーター+プラネタリーギヤ式AT

POINT

- 一般的なオートマチックトランスミッションは「トルクコンバーター+プラネタリーギヤ」式変速機の組み合わせ。
- プラネタリーギヤの代わりに平行軸ギヤを用いるATもある。

●3つのギヤとキャリアの働きで変速

一般に「AT」や「オートマ」と呼ばれる機構は、その多くが**プラネタリーギヤ**を使った方式の**オートマチックトランスミッション**(**AT**)です。

プラネタリーギヤは中心に**サンギヤ**、それを取り囲むように等間隔で組み合わされる**ピニオンギヤ**、複数のピニオンギヤを位置決めする**キャリア**、そしてそれらを中に収める形の**インターナルギヤ**で構成されています。

プラネタリーギヤでは、サンギヤやインターナルギヤ、キャリアなどからエンジンからの回転を入力したり、逆に駆動輪側に出力したりすることができるようになっています。そして、サンギヤやインターナルギヤ、キャリアの動きをフリーにしたり固定したりすることで変速、または逆回転が行なわれます。

●多段化で滑らかな加速フィーリング

各ギヤやキャリアの動きをフリーにしたり固定したりするために**多板クラッチ**や**ブレーキバンド**、**ワンウェイクラッチ**などが用いられます。また、プラネタリーギヤを複数組み合わせることでギヤの段数を増やすことができます。段数が多いとシフトアップごとのショックが少なくなって加速がスムーズになるので、エンジンの高性能化に伴って、最近ではATの多段化が進んでいます。

プラネタリーギヤ式ATは基本的にクラッチ機能を持つトルクコンバーターと組み合わせて使われます。プラネタリーギヤ式ATはCVTによるAT(P.116参照)などに比べて大出力に対応できるというメリットもあるため、多段化と相まって大型車に広く採用されています。

用語解説

プラネタリーギヤ

遊星歯車ともいい、太陽と、太陽の周りを公転する惑星、その惑星が自転する様子から命名されています。プラネタリーピニオンギヤは1組で前進2段階、後退1段階の変速が可能です。2組にすると前進4段階、3組にすると前進8段階という具合に、必要に応じた段数の変速が可能になります。

多板クラッチ

クラッチは動力を伝達したり切ったりする装置のこと。自動車のクラッチは、一対の円盤状のパーツ(クラッチ板)を密着させたり離したりすることでパワーを断続します。クラッチ板は外形を小さくするために複数枚で構成される場合がありますが、それを多板クラッチと呼びます。また、クラッチ板の入ったケースがオイルで満たされているものを湿式クラッチといいます。

プラネタリーギヤ式ATの内部構造としくみ

■FR車専用プラネタリーギヤ式ATの内部構造

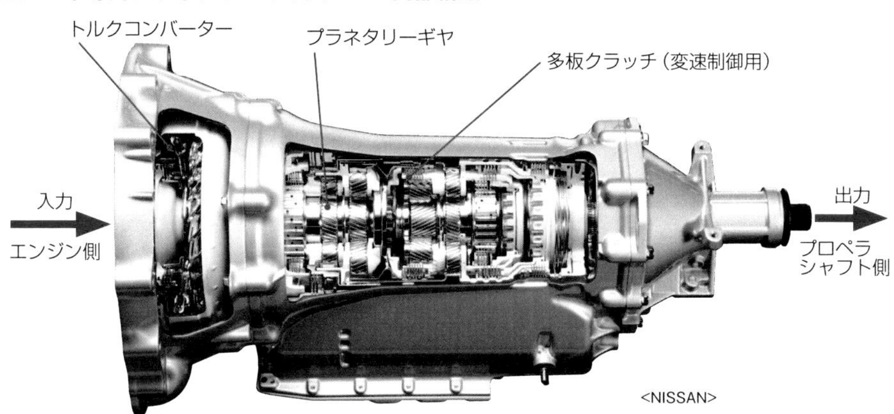

エンジンのクランクシャフトから入力されたパワーは、トルクコンバーターを経由してプラネタリーギヤを使ったAT部分に伝わる。変速装置はプラネタリーギヤを複数組み合わせた形で構成される。電子制御される多板クラッチも複数組み込まれているが、これらはプラネタリーギヤの動きを制御して変速するために使われる。

■プラネタリーギヤの基本構成パーツ

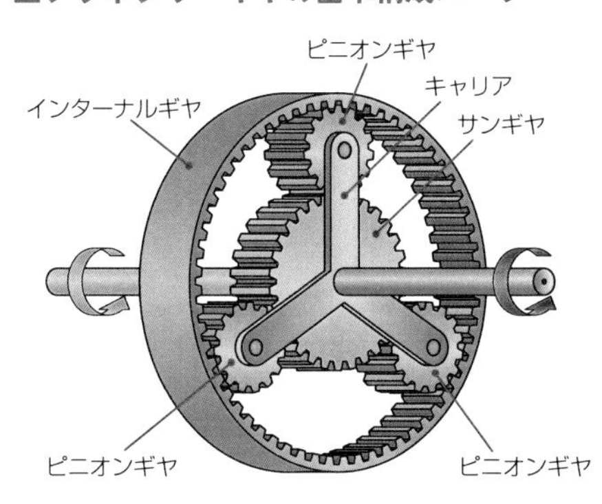

プラネタリーギヤは、サンギヤ、ピニオンギヤ、キャリア、インターナルギヤなどで構成されている。自動車用ATの場合、実際にはキャリアの腕がリングギヤの外側にまで伸びて、制御用の多板クラッチとつながっている（ほかに制御用ブレーキバンドやワンウェイクラッチなどの制御装置もあり）。入力や出力はサンギヤ、キャリア、インターナルギヤの各要素のどれからでも可能で、それを変更したり、各要素をフリーにしたりロックすることにより変速が行なわれる。

■プラネタリーギヤの変速原理

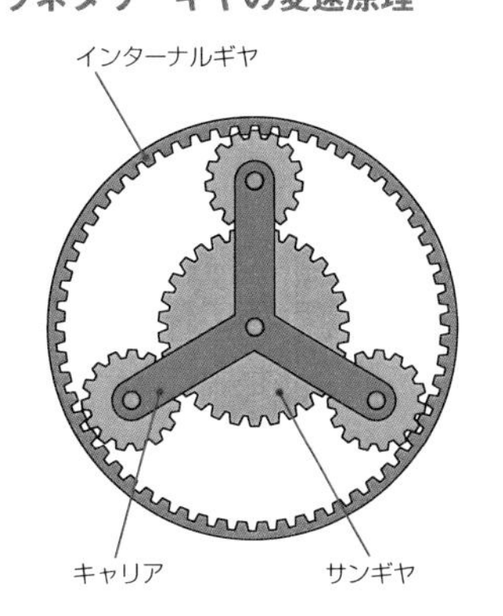

各要素の設定と出力結果の関係

	パターン1	パターン2	パターン3
サンギヤ	固定	出力	入力
キャリア	出力	入力	固定
インターナルギヤ	入力	固定	出力
出力結果	減速	増速	逆回転（後退）

プラネタリーギヤの構成パーツであるサンギヤ、キャリア、インターナルギヤの入力、出力、固定（回転しないようにする）を組み合わせると上の表のように減速、増速、逆回転、などが可能になる。最近の自動車用ATではプラネタリーギヤを3組以上組み合わせ、6速以上の多段変速を可能にしている車両も多い。

CVT（トルクコンバーター＋ベルト＆プーリー式）

POINT
●無段階変速のため、変速ショックのないスムーズな加速ができる。
●CVTに使われるベルトはベルト式とチェーン式がある。
●走行状態に合わせ、プーリーの直径を油圧で変化させる。

●プーリーの幅を増減してギヤ比をつくる

CVT（Continuously Variable Transmission）は、文字通り連続的に**ギヤ比**（P.106参照）を変えていくことができる無段階の変速装置です。2つの**プーリー**と、それらをつなぐように巻かれたベルト（自動車用は金属製）によって構成されます。

各プーリーはシャフト上に２つ円錐（えんすい）形の金属パーツを組み合わせた構造で、ベルトがかかる部分がＶ字型の断面形状をしています。２つの円錐形状のパーツの一方は油圧でスライドするようになっており、2つの間隔が広くなったり狭くなったりします。ベルトの方も断面がV字型になっているので、プーリーの間隔によってベルトが密着する部分がシャフト中心部に近づいたり離れたりします。つまりベルトがかかるプーリーの直径が変化したことになり、ギヤ比が変化したのと同じ効果が現れます。

●CVTの変速は無段階で変速ショックなし

入力側の**プライマリープーリー**と出力側の**セカンダリープーリー**のV字型のすき間を、大きくしたり小さくしたりすることで出力側の回転数やトルクを変化させることができます。ベルトがかかる部分の両方のプーリーの直径の比率が、マニュアルトランスミッションのギヤ比に相当します。ただし、ギヤを使用する変速装置と異なり、CVTの変速は無段階で変化するため、変速ショックがありません。

CVTに使用されるベルトは、スチールの板を組み合わせたベルト上に金属製のコマを並べた**スチールベルト式**と特殊な形状の金属チェーンを使用する**チェーン式**があります。ただし、いずれも伝達できる駆動力の容量に限界があり、CVTは主に小型乗用車用の自動変速機として採用されています。

CLOSE-UP

日本初のCVT

1984年、スバルがCVTの量産実用化の技術発表を行ない、87年に量産車で初めてスバル・ジャスティ（1000cc）に搭載して発表。エンジンからの出力伝達には電子制御式電磁クラッチを用い、ECVTと名付けられました。後にプーリーの油圧が電子制御化されて軽自動車のヴィヴィオに、さらに電磁クラッチがトルコンに変更されてプレオに、それぞれ搭載されました。

豆知識

CVTの手動変速操作

CVTは無段変速ですが、マニュアル変速モードを備えているものもあります。無段変速なのに、なぜギヤのあるMTのように変速できるかというと、例えば５段変速仕様に設定する場合は、プーリーの直径の組合せを設計段階で５つ決めておき、それをドライバーが手動で選ぶというしくみです。運転感覚を楽しみたい場合に使用します。

CVTの構造と作動原理

■CVTによる変速のしくみ

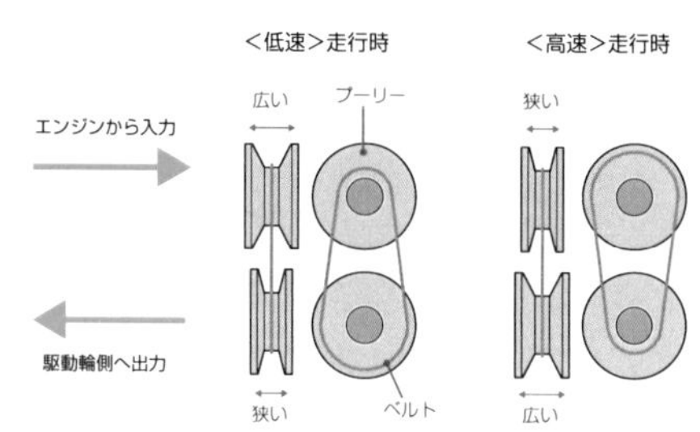

片方のプーリーにエンジンからの回転を入力。もう一方のプーリーから出力し、駆動輪側にパワーを伝える。2つのプーリーともベルトがかかる部分の幅が変えられるようになっていて、スポーツ自転車の変速機のような原理で変速が行なわれる。

■可変プーリーの構造

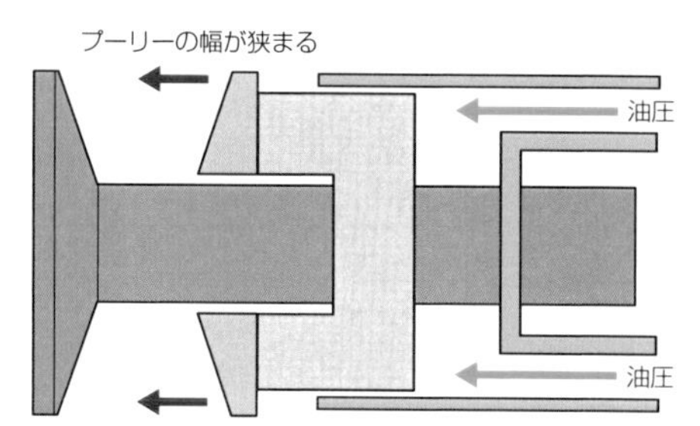

図はプーリーの簡単な断面図。プーリーの外枠は、片方は固定されているが、もう片方は油圧で左右に移動できるようになっている。走行状況により油圧を電子制御してプーリーの幅をコントロールする。

■トルクコンバーター＋CVT（横置き）

CVTは滑らかな連続的変速が可能だが、クラッチ機構を持たないため、一般的にトルコンを組み合わせてスムーズな発進&停止を可能にしている。エンジンからのパワーはトルコンを経由してプライマリー側のプーリーに入力。ベルトを介してセカンダリー側のプーリーに伝わり、アウトプットギヤを経て駆動輪側に伝達される。

■プーリーを駆動するスチールベルト

自動車に採用されるCVTでは、プーリー間でパワーを伝達するベルトには図のような金属のコマのようなものをすき間なく並べた形状のスチールベルト、あるいは金属製のプレートをピンで連結した特殊なチェーンが使われる。

AMT／DCT

POINT
- AMTはドライバーが行なう手動変速機の操作を機械が自動的に行なう。
- DCTは基本的にAMTと同様の自動変速機であるが、クラッチを2つ装備することでよりスムーズで高効率な自動変速を可能にしている。

●ドライバーの変速操作をAMTが代行

一般のATがトルコンやプラネタリーギヤを用いた変速機構を持つのに対して、**AMT**（オートメイテッド・マニュアルトランスミッション）は、ドライバーが操作する手動式の変速機を機械が自動的に操作して変速します。ATより簡便な自動変速機という位置付けになります。

構造は基本的に通常のMTと同様ですが、クラッチは電子制御による油圧駆動で断続し、変速ギヤの切り替えは、運転状況に応じて電子制御により**アクチュエーター**が作動し、最適なギヤを選択します。AMTはオートクラッチ車として手動で変速操作することもできますが、自動変速を選択したときはクラッチがつながるまでのタイムラグが顕著で、ドライバーが違和感を覚える場合もあります。

●運転フィーリングに違和感のないDCT

DCT（デュアルクラッチ・トランスミッション）は、一般のATとは異なりマニュアル式の変速機を基本にしているところはAMTと同じです。しかし、DCTはクラッチ機構を2つ備え、それを巧妙に駆使することで、AMTに比べて飛躍的に滑らかな変速を実現。加えて通常の**摩擦クラッチ**＋MTが持つ効率の高さを両立させています。

DCTでは変速機のギヤを奇数段と偶数段に分け、それぞれのグループにクラッチを装備。DCTでは、例えば1速ギヤで走行しているときには、2速ギヤも回転しています。そのため、2速にギヤをアップする場合には、1速ギヤ側のクラッチを切ると同時に2速ギヤ側のクラッチをつなぐことができます。その結果、違和感のない素早い変速を可能にしています。

用語解説

アクチュエーター

油圧や電気モーターによって何らかの物理的動作を行なうもの。MT車では本来ドライバーがシフトレバーを操作し、変速機内のシフトフォークを動かしてギヤを変えていますが、AMTやDCTでは変速機内でアクチュエーターがシフトフォークを動かしてギヤを変えています。

CLOSE-UP

いすゞNAVi5

1984年にいすゞアスカに搭載されたNAVi5(ナビファイブ)が、世界に先駆けて量産車に搭載されたAMTです。NAVi5は、普通のMTと同様、乾式単板クラッチとマニュアルギヤボックスを組み合わせたもの。クラッチ操作、シフトチェンジの操作、それらに伴うアクセル操作(スロットルの開閉)までをECUが検知して判断し電子制御する画期的なシステムでした。

オートメイテッド・マニュアルトランスミッション（AMT）

■Pレンジやクリープ機能を採用したAMT

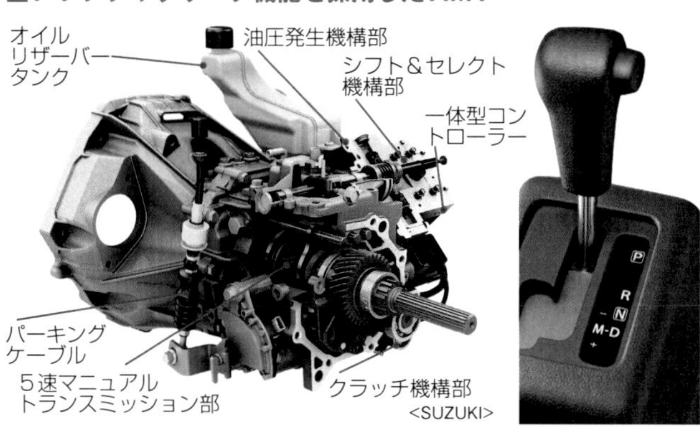

<SUZUKI>

スズキの軽自動車に搭載されているAMT。スズキではAGS（オートギヤシフト）という商品名で呼ばれている。一般的なAMTには装備されていない、Pレンジ（駐車時に使用）やクリープ機能（アイドリング状態でもわずかに前進する）を採用しているのが特徴。Dレンジでは走行状況に合わせ電子制御の油圧アクチュエーターがクラッチと変速機を操作。シフトレバーにはMレンジもあり、レバーを前後に動かすことでシフトアップやシフトダウンの手動操作が可能。

デュアルクラッチ・トランスミッション（DCT）

■奇数段ギヤと偶数段ギヤの専用の２枚クラッチ

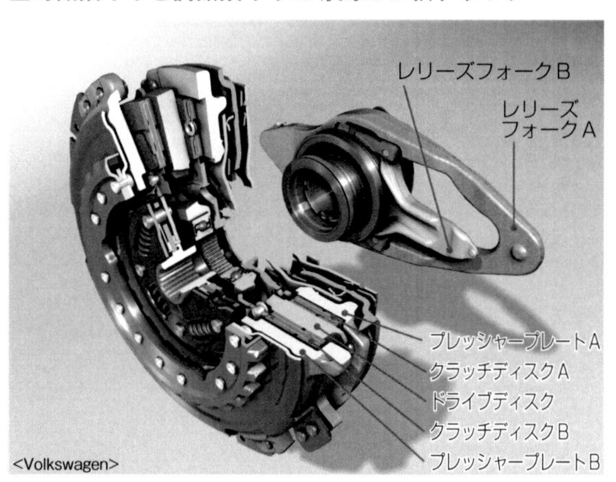

<Volkswagen>

左の図はフォルクスワーゲン（VW）のFF車に採用されているDCT（VWではDSGと呼んでいる）のデュアルクラッチの構造。エンジンの回転はドライブディスクに伝わった後、２枚あるうちのいずれかのクラッチディスクを通して変速機に伝達される。クラッチディスクのうち一方は奇数段ギヤ用、もう一方は偶数段用ギヤ用で、変速のたびにどちらかのクラッチディスクがつながる。図のクラッチディスクは乾式単板と呼ばれるものだが、湿式多板式（複数のクラッチディスクで構成され、それらがオイルに浸されている形式）もある。

■インプットシャフトは奇数段用と偶数段用の二重構造

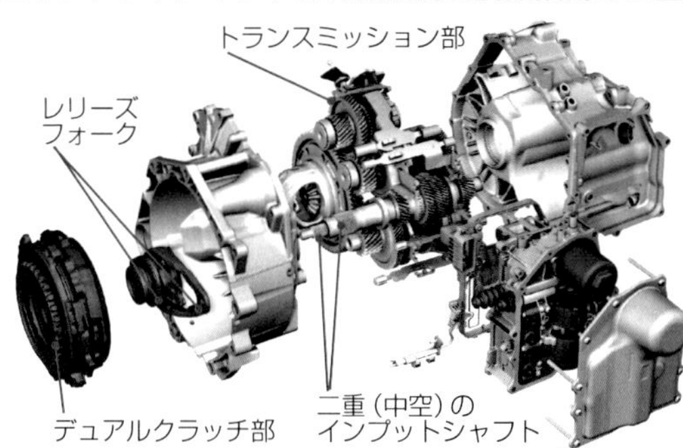

<Volkswagen>

VWが採用しているDCTのトランスミッション部。デュアルクラッチ部からトランスミッションへのインプットシャフトは中空になっており、中にもう１本シャフトが通っている。それぞれがデュアルクラッチの一方とつながっている。トランスミッション側も一方のインプットシャフトは奇数段ギヤ、もう一方には偶数段ギヤがセットされている。

プロペラシャフト

- FR（フロントエンジン・リヤドライブ）車や4WDなどで、エンジンの駆動力を駆動輪に伝達するためのシャフト。
- 高回転時の振動を抑えるため、通常途中でいくつかに分割されている。

●離れた位置にある駆動輪にパワーを伝達

エンジンと駆動輪が離れているFR（フロントエンジン・リヤドライブ）車や4WD車では、エンジンで発生した駆動力をドライブシャフト（最終的には駆動輪）に伝えるために**プロペラシャフト**が用いられます。プロペラシャフトは一般に自動車の床下中央に配置され、FR車の場合は変速機（トランスミッション）と駆動輪側のデファレンシャルギヤを連結。一方、4WD（一部を除く）の場合は**トランスファー**と前後車軸のデファレンシャルギヤを連結し、駆動力を伝えています。

プロペラシャフトは高速で回転すると振動が発生しやすく、過度に振動すると破損する恐れもあります。そのため中空構造（軽量化）にして振動を起こしにくくしています。また、1本のシャフトの長さが短いほど振動しにくいため、プロペラシャフトを途中で何本かに分割している例もあります。

●プロペラシャフトのジョイント構造

変速機とデファレンシャルギヤのボディー側への取り付け位置は高さが異なるため、それらをつなぐプロペラシャフトは双方との接続部において、ある一定の角度で連結されます。

そこで、連結部には角度が付いたシャフト同士でも回転を伝えることができる**ユニバーサルジョイント**（自在継手）が使われています。自在継手にはいくつかの種類がありますが、十字形の継手を使った構造がシンプルな**カルダンジョイント**が一般的です。しかし、連結するシャフトとの取り付け角度が大きくなると伝達する回転速度に一定のムラが発生します。そこで、角度が付いても回転差が生じず、滑らかに駆動力が伝わる特殊な構造を持った**等速ジョイント**を採用する例も増えています。

用語解説

トランスファー

4WDの変速機の後端に取り付けられ、駆動力を前後輪に分配する役割を持ちます。センターデフ(P.122参照）の役目を持っているものもあります。

カルダンジョイント

連結するシャフト同士の末端にコの字型パーツを取り付け、さらにそれを十字軸でつなげます。連結するシャフト間の角度が大きくなると伝達される側の回転速度が変動する欠点がありますが、ドライブシャフト両端のジョイント取り付け位置を工夫することで、ある程度は変動を抑えることができます。

等速ジョイント

ジョイント内部に金属のボールやローラーを配することで、連結するシャフト同士の角度が大きくなっても、両者の回転速度を等速にできるタイプのユニバーサルジョイント。動きの大きなドライブシャフトに採用されています。

エンジンの置き方とプロペラシャフト

■FR車（縦置きエンジン）

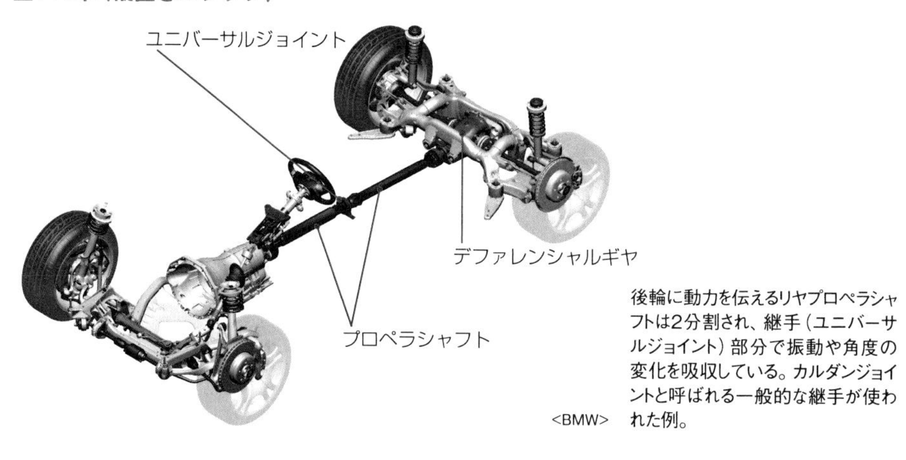

後輪に動力を伝えるリヤプロペラシャフトは2分割され、継手（ユニバーサルジョイント）部分で振動や角度の変化を吸収している。カルダンジョイントと呼ばれる一般的な継手が使われた例。

■4WD（縦置きエンジン）

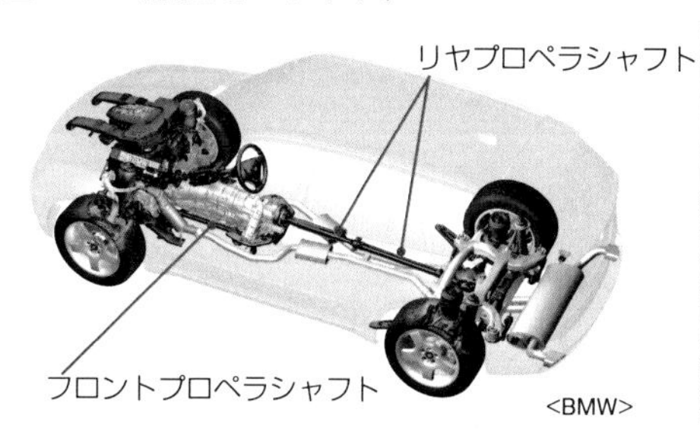

縦置きエンジンに直列でトランスミッションが配置されるため、FR車同様にリヤへのプロペラシャフトは比較的短くなる。FR車の場合と同様にトランスファーからフロントへのプロペラシャフトに回転が伝えられる。

トランスミッション部からトランスファーによってフロントに向かうプロペラシャフトが折り返すように動力を伝える。

■4WD（横置きエンジン）

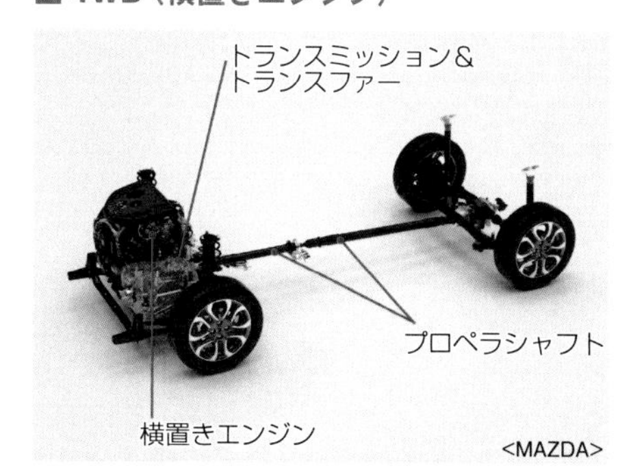

FF車を基本に4WD化した車両の場合はエンジンとともにトランスミッションがフロントに横置きされる。そこからトランスファーによって後輪へとプロペラシャフトが伸びる。

FF車ベースの4WD車を後方から見たところ。縦置きエンジンに比べるとプロペラシャフトは長くなる。

デファレンシャルギヤ

●左右のドライブシャフトに駆動力を伝える。
●カーブを曲がるときに駆動輪の外側車輪と内側車輪で生じる回転差をうまく吸収して、スムーズに旋回できるようにする機能を持つ。

●カーブでは左右の車輪に回転差が生じる

デファレンシャルギヤ(以下、**デフ**)は左右駆動輪の中間にあり、駆動輪に直結しているドライブシャフトに回転を伝えます。しかし、デフの役割はそれだけではありません。

自動車がカーブを曲がるとき、内側の車輪と外側の車輪の軌跡を比べると、より大きな半径の円を描く外側車輪の方が多くの距離を移動します。すなわち、内側より外側の車輪の方が多く回転しないとスムーズにカーブを曲がれません。

駆動輪以外の車輪は左右の車輪が別々に回転できるので問題はありませんが、駆動輪は左右の車輪がエンジンからの回転を伝えるためにつながっています。したがって、普通のギヤで左右の車輪に同じ回転を伝えると、スムーズにカーブを曲がることができないため、カーブで生じる内側と外側の駆動輪の回転差をデフで吸収しながら駆動力を伝えます。

●内外輪の回転差を吸収するしくみ

左右の駆動輪が普通のギヤで連結(直結)されている場合、左右の駆動輪は同じ回転数で回ろうとします。するとカーブでは、内側の車輪は実際に必要な回転よりも多い回転が伝わってタイヤと地面とで摩擦を起こし、駆動輪の回転を抑えるような力が働いてドライブシャフトに抵抗が生じます。逆に外側の駆動輪では内側より移動距離が多いので、内側の駆動輪と同じ回転では回転数が足りず、こちらもタイヤと地面とで摩擦を起こします。内側の駆動輪とは逆の、駆動輪を回すような力が地面から働きます(抵抗が少ない)。これらのような状態になるとデフの中にしくまれたピニオンギヤが自転を始めて、抵抗の少ない方に必要なだけ多くの回転を伝える働きをします。

豆知識

内輪差

前輪と後輪では回転半径の軌跡が異なるため、回転半径の軌跡が小さい後輪の方が前輪より内側を回ることにより、自動車がカーブを曲がるときに生じる差のこと。

タイトコーナーブレーキング現象

内輪差により、カーブでは前輪の方がより長い距離を移動します。したがって4WD車の場合は左右の車輪の間にデフを設置するだけでは、急なカーブでは前後の駆動輪の間で回転数の違いが大きくなり過ぎてタイヤのスリップでは吸収できません。このときに働く自動車の動きを止めてしまうような力のこと。

CLOSE-UP

センターデフ

4DW車では前後のドライブシャフトのあいだにセンターデファレンシャルギヤ、つまりセンターデフを設けることで、タイトコーナーブレーキング現象を防いでいます。

デファレンシャルギヤの構造と作動原理

■デファレンシャルギヤの各部名称と基本メカニズム

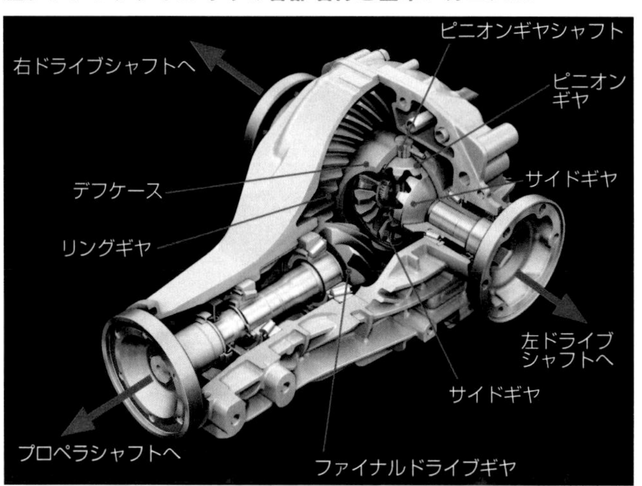

エンジンからのパワー（回転）はプロペラシャフトを経由してファイナルドライブギヤ→リングギヤと伝えられる。リングギヤとデフケースは一体になっていて同じ方向に回転。デフケースにはピニオンギヤシャフトが貫通しており、ピニオンギヤシャフトがデフケースと一緒に回転することにより、ピニオンギヤと噛み合っている左右のサイドギヤに回転が伝わる。

■デフによる作動効果の概念図

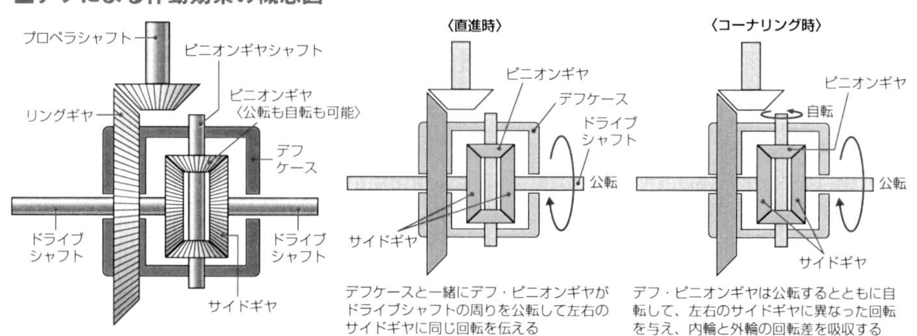

デフケースと一緒にデフ・ピニオンギヤがドライブシャフトの周りを公転して左右のサイドギヤに同じ回転を伝える

デフ・ピニオンギヤは公転するとともに自転して、左右のサイドギヤに異なった回転を与え、内輪と外輪の回転差を吸収する

【直進時→左右の車輪に同じ回転を伝える】
リングギヤと一体になっているデフケース内にあるピニオンギヤは、ピニオンギヤシャフトと一緒にドライブシャフトの周りを回転し（公転）、左右のサイドギヤに同じ回転を伝える。このとき、ピニオンギヤ自体は回転していない。
【コーナリング時→左右の車輪に異なる回転を伝える（差動効果）】
コーナーを曲がるときは外側の車輪と内側の車輪では回転数が異なる（右図参照）。外輪は内輪より多く回転しようとする。車輪は路面をグリップしているので、外輪側のサイドギヤは内輪側のサイドギヤより多く回転しようとし、左右のサイドギヤで回転抵抗の差が生じる。このときピニオンギヤが自転を始めて、左右のサイドギヤに異なった回転を伝える。これを差動効果といい、スムーズなコーナリングが実現する。

■駆動輪の内側と外側の軌跡

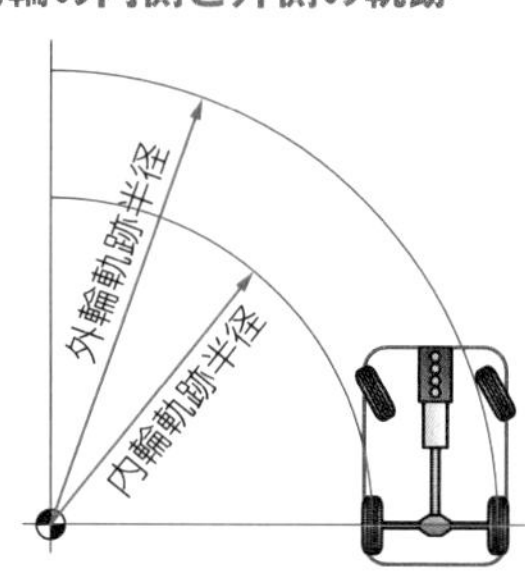

自動車がコーナーを曲がるとき、図のように内側の駆動輪と外側の駆動輪では回転半径が異なるため（図はFR車の場合）、移動距離（駆動輪の回転数）も違ってくる。デフは、その回転差をうまく吸収しつつスムーズに駆動力を両輪に伝える。

LSD／デフロック

●デファレンシャルギヤのウイークポイントをカバーする装置。
●ぬかるみなどの不整地や高速コーナリング時において片方の駆動輪が空転しても、確実にもう一方の駆動輪にパワーを伝達することが可能。

●片方の駆動輪が空転するとスタックする

LSD(リミテッド・スリップ・デファレンシャル)や**デファレンシャルロック**(デフロック)とは、本来のデフの役割である、カーブなどで内側と外側の駆動輪に回転差を与えてスムーズに曲がれるようにするしくみ(**差動効果**)に制限を加えたデフのことです。では、なぜそんな機能が必要かというと、一般的なデフにはウイークポイントがあるからです。

例えば、駆動輪の片方がぬかるみに入ってしまうと、その駆動輪にかかる回転するための抵抗は減少します。デフは抵抗の少ない方により多くの回転(パワー)を伝える特性があるので、ぬかるみ側の駆動輪に多くの回転を与えてしまいます。すると、その駆動輪はタイヤのグリップ力が低いので空転してしまうのです。もう一方の駆動輪はデフからの回転が伝わらないので、自動車は前進できずに立ち往生、つまりスタックしてしまいます。

●駆動輪の空転を抑え、自動車を前進させる

限界に近い高速でのコーナリングでも同じような現象が起こります。車体が**ロール**(P.156参照)して内側の駆動輪が浮いてしまうと、そちらにばかり回転が伝わり、車輪は空転。外側の駆動輪には回転が伝わらず、パワーをかけても加速しません。

そこで、4WD車や高性能スポーティー車は駆動輪の空転を防ぐため、状況によって差動機能に制限を加えるLSDやデフロックを装着しています。LSDは片方の駆動輪が空転しそうになると、それを抑えてグリップのある反対側の駆動輪にも回転を伝えるようになっています。デフロックはデフの機能を状況によって停止させて、左右の駆動輪に均等に回転を伝えます。主に不整地を走る4WD車などに採用されています。

CLOSE-UP

センターデフのLSD

一般に4WD車はスムーズにコーナリングするため、前輪と後輪を結ぶ駆動用シャフト上にもセンターデフと呼ばれるデフ機構を設けています。もし、このセンターデフが一般的なデフだとすると、4つの駆動輪のうちのどれかがぬかるみに入ったり、地面から離れたりすると、その駆動輪にばかり回転が伝わり、いくら4WD車といえども立ち往生したり、効率的に加速できなくなってしまいます。そこで、センターデフにもLSDを装着したり、デフロック機構を設けたりして、走破性を高めています。

LSDの種類

■多板クラッチ式LSD

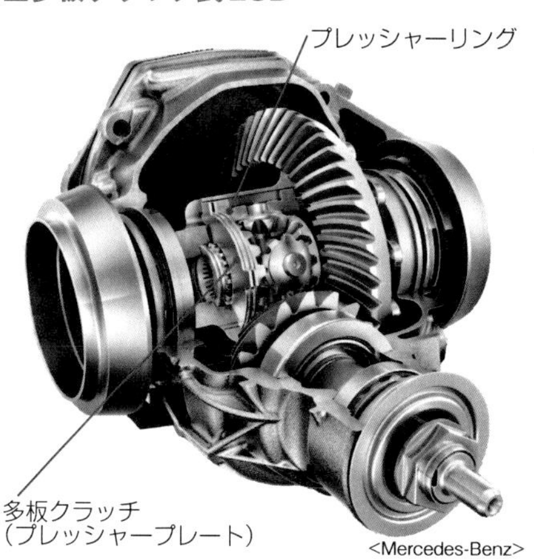

<Mercedes-Benz>

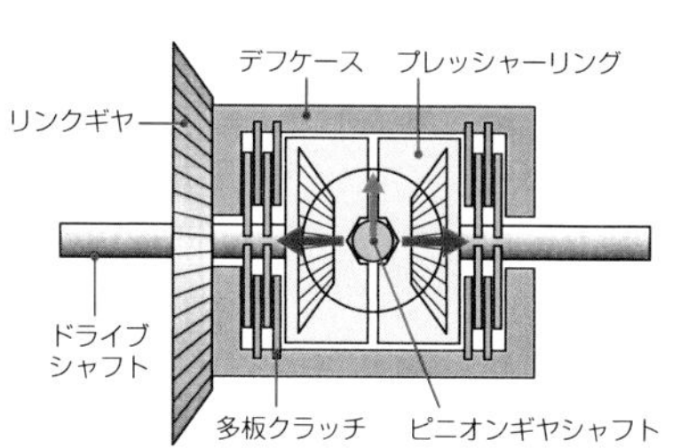

デフケースの中に左右一対のプレッシャーリングが備わり、その中央にデフのピニオンギヤシャフトが収まっている。また、デフケース内の左右には多板クラッチが装備されている。デフケースにつながったエンジンからデフに強い回転力が伝わると、ピニオンギヤシャフトがプレッシャーリングを左右に押し広げる。すると両サイドに設置されている多板クラッチが密着、左右のドライブシャフトがデフケースと同じ回転をしようとする(デフの差動効果が抑えられる)。

■トルセン式LSD

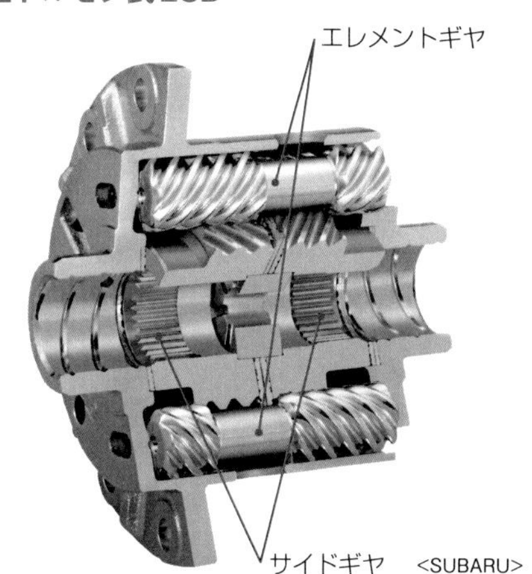

<SUBARU>

トルセンとはトルクセンシング(トルク感応型)の略。トルセン式LSDは内部に特殊なギヤが組み込まれており、片輪がスリップした状態でパワーをかけると特殊なギヤの働きでデフの差動効果を抑制することができる。組み込まれるギヤの形式によっていくつかのタイプがあるが、左の図はヘリカルギヤ(斜歯歯車)を用いたタイプBと呼ばれる形式。

デフロックの構造と効果

■電磁式デフロック

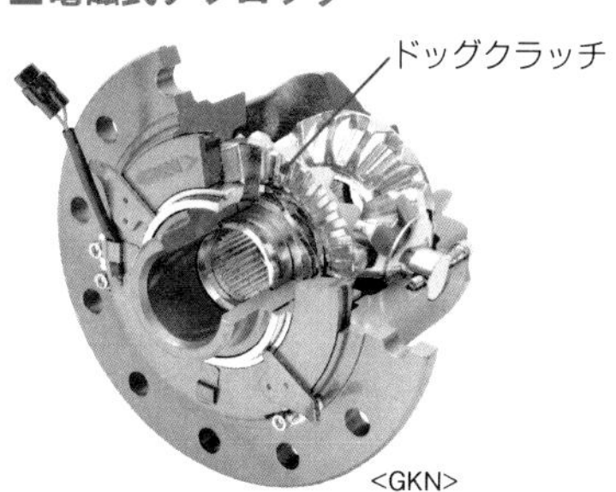

<GKN>

〈通常のデフ装着車の場合〉

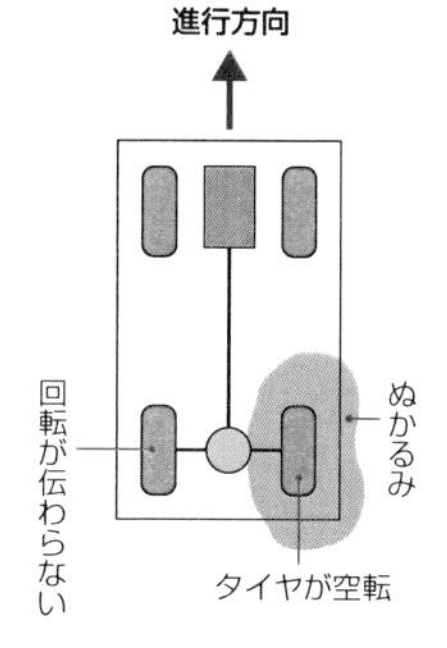

普通のデフ装着車では、駆動輪の片側がぬかるみにはまってしまうと、そちらの車輪にばかりパワーが伝わりスタックしてしまう(左図参照)。しかし、デフロックならば、もう片方の駆動輪にも確実にパワーが伝わる。デフの効果を完全に止めてしまうので、LSDより悪路での走破性は高い。デフロックのオン・オフは電磁式のドッグクラッチで行なわれるのが一般的。

ドライブシャフト／ホイールハブ

- ドライブシャフトはエンジンで発生したパワー(回転力)をデフ経由で受け、駆動輪に伝える回転軸。
- ホイールハブはホイール(車輪)をボディー側に固定する役目を持つ。

●ドライブシャフトは中空構造の鋼鉄製

エンジンで発生したパワー(回転力)はトランスミッションに伝達されます。その後FR車や4WD車の場合はプロペラシャフトを経由し、それ以外の駆動形式の車両は直接デフに伝えられます。そして、**ドライブシャフト**によってデフから最終的に駆動輪にパワーが伝えられます。ドライブシャフトは、強い回転力を受け止めつつ高回転時の振動を抑えるため、一般に中空構造の鋼鉄でつくられています。

また、**ハブ**とは、もともと馬車や自転車の車輪などで放射状に配置されたスポークが集まる中心部のことで、そのセンターに車軸を通します。自動車の**ホイールハブ**はサスペンション側に組み付けられ、**ホイール**をボディー側に固定する役割を担い、ホイールを固定するためのボルトが取り付けられています。

●等速ジョイントで駆動輪にパワーを伝達

ホイールハブ自体は駆動輪用、非駆動輪用とも自由に回転できるように**ベアリング**を介してサスペンション側と組み合わされていますが、駆動輪用のホイールハブはそれに加えドライブシャフトからの回転力が伝達される構造になっています。

もともとデフ、ドライブシャフトそしてホイールハブは、高さや向きが異なるため、一直線上には配置されていません。さらに、サスペンションがショックを吸収するために上下動したり、カーブを曲がるときに前輪が向きを変えたりするなどの動きをするため、それぞれの連結部には角度が付き、さらに状況によってその角度が変化します。そのため、角度が付いても滑らかに回転力が伝わるように、接合部には**等速ジョイント**(P.120参照)が使われています。

豆知識

車軸式サスペンション

左右の車輪が車軸でつながっている形式を車軸式サスペンションといいます。左右の車輪が別々に動く独立式サスペンションに対して、固定式サスペンションと呼ばれることもあります。独立式に比べて乗り心地などは劣りますが、堅牢でシンプルな構造のため商用車で広く採用されています。

ボールベアリング

回転する軸と軸受けの間に金属のボールを並べ、接触面の摩擦を減らして回転をスムーズにするのがボールベアリングです。

CLOSE-UP

ナックル

ホイールハブやブレーキユニットが取り付けられる部品です。ダブルウィッシュボーン式サスペンションのアップライト(P.138参照)と同じ役割をする部品です。

ドライブシャフトの配置と等速ジョイント

■FF車のドライブシャフト周辺のレイアウト

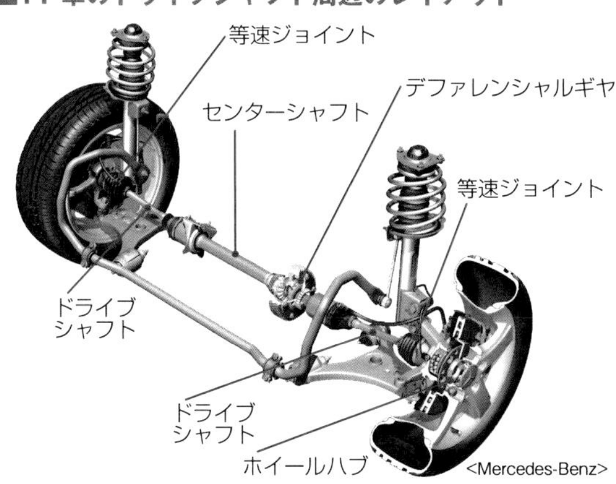

<Mercedes-Benz>

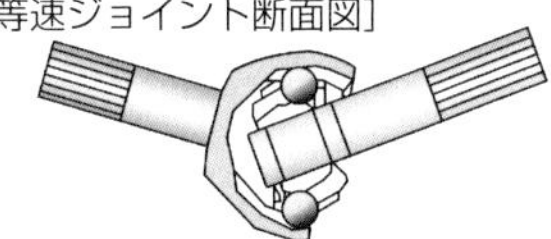

エンジン横置きのFF車の場合、デフを左右駆動輪の中央に配置できないため、そのままだと左右のドライブシャフトの長さが異なり、操縦性に悪影響が出やすい。そのため、左図のように中央にセンターシャフトを用いて、左右のドライブシャフトの長さをそろえる。ドライブシャフトとホイールハブとの結合部などには、内部に金属球などを組み込み結合部のシャフト同士に角度が生じても同じ回転数をスムーズに伝達できる等速ジョイントが用いられる。

■車軸式サスペンションのドライブシャフト

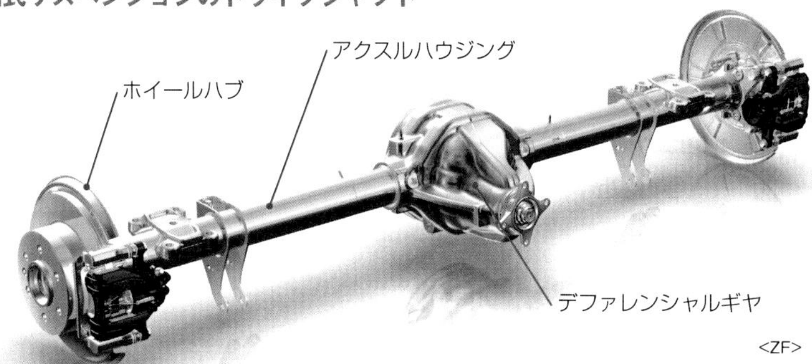

<ZF>

ほかの独立式サスペンションとは異なり、車軸式サスペンションではデフから左右に伸びるドライブシャフトはアクスルハウジングと呼ばれる金属製の筒の中に収まっている。なお、アクスルハウジングはリーフスプリング、または縦方向と横方向の複数のリンクと組み合わされて車輪の位置決めをしている。

ホイールハブのしくみと機能

■ホイールハブの内部構造

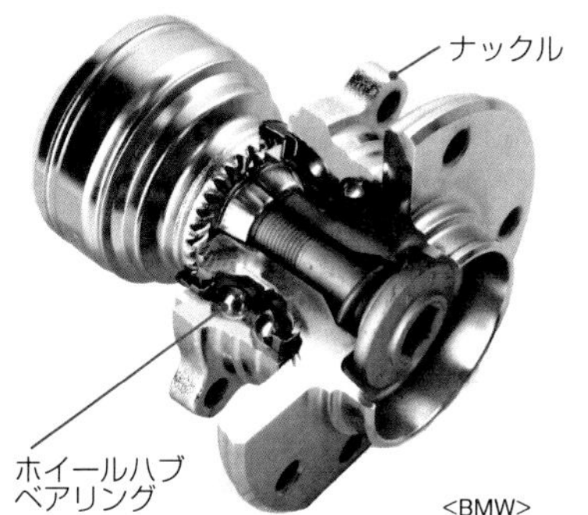

<BMW>

車輪を取り付ける部分がホイールハブと呼ばれるパーツ。内部にボールベアリング（ホイールハブベアリング）が組み込まれ、車輪が自由に回転できるようになっている。駆動輪の場合はドライブシャフトからの回転を車輪に伝える構造になっている。ブレーキ関係のパーツもこのホイールハブに取り付けられる。

フルタイム4WD／パートタイム4WD

POINT
- 4輪駆動はフルタイム4WDとパートタイム4WDに大別される。
- 4輪を駆動すると悪路だけでなく舗装路でも走行安定性が向上する。
- 駆動方式に応じて4WDのメカニズムは異なる。

●駆動力を効率的に発揮

必要なときだけ4輪を駆動する（手動で2WDと4WDを切り替える）方式を**パートタイム4WD**、常に4輪を駆動する方式を**フルタイム4WD**と呼びます。

例えば悪路を走るとき、2WDの場合は駆動輪の片方が宙に浮くと、**LSD**、または**デフロック**の働きで残る片側1輪で駆動を受け持つことになります。これが4WDの場合は、残る3輪のどれかで駆動することが可能になり、条件によっては2輪が駆動力を失っても残る2輪で駆動できます。

また舗装路でも、4WDは2WDよりも大きな駆動力を効率的に路面に伝えることができます。4WDは悪路だけでなく、通常の路面でも安定した走りが可能なのです。

●前後輪の回転差も吸収する

4WDの前後輪は旋回時の半径が異なるため、回転差が生まれます（4輪すべて異なります）。もし前後輪が直結していたらスムーズに曲がれません（**タイトコーナーブレーキング現象**）。パートタイム4WDでは、2WDに切り替えることでこの現象を回避します。一方、フルタイム4WDの場合は、前後輪の間に設けた**センターデフ**、または**トルクスプリット装置**でこの回転差を吸収します。

駆動力の伝達は**トランスファー**が受け持ちます。FF車の場合は**トランスミッション**と**ファイナルドライブユニット**が一体になった**トランスアクスル**から、トランスファーを通して後輪用のプロペラシャフトに伝えます。FR車の場合は、縦置きのトランスミッションに接続する位置にトランスファーが備わり、前方へ伸びるフロントプロペラシャフトへ伝えます。

用語解説

トランスアクスル

トランスミッションとデフを一体化したものをトランスアクスルと呼びます。FF車だけでなく、FR車でエンジンからトランスミッションを切り離し、後方に移してリヤトランスアクスルとする自動車もあります。

豆知識

フリーホイールハブ

パートタイム式4WDで2WD（後輪駆動）に切り替えるとエンジンからの駆動力は前輪に伝わらなくなります。この状態で走ると、路面を転がる前輪がドライブシャフトやフロントプロペラシャフトを回転させることになります。つまり、結果的に不要な重量物を回転させることになるため、燃費悪化や振動発生などを引き起こします。そこで車輪をシャフトと切り離し、自由に回る状態にするのがフリーホイールハブという装置です。

4輪駆動の代表的な方式

■フルタイム4WD

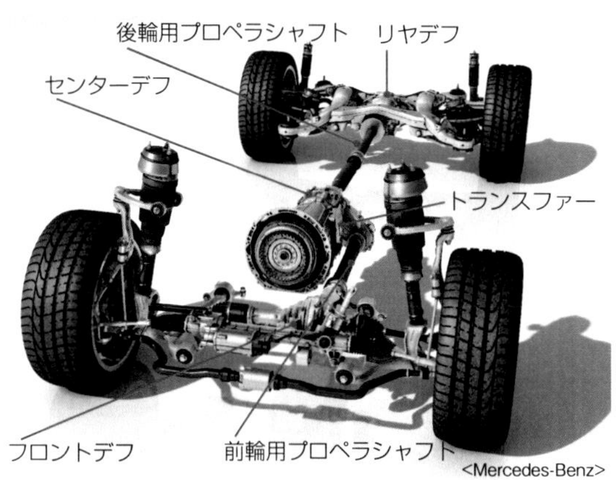

走行時、常にすべての車輪にパワーを伝える駆動方式。一般的にはフロントにエンジンがあり、後輪側にはプロペラシャフトを介して駆動力を伝える。センターデフを装備し、コーナリング時などに前後の車輪で生じる回転差を吸収し、どんな路面でもスムーズで安定した走りを発揮（左の図はエンジンが省略されている）。

■パートタイム4WD

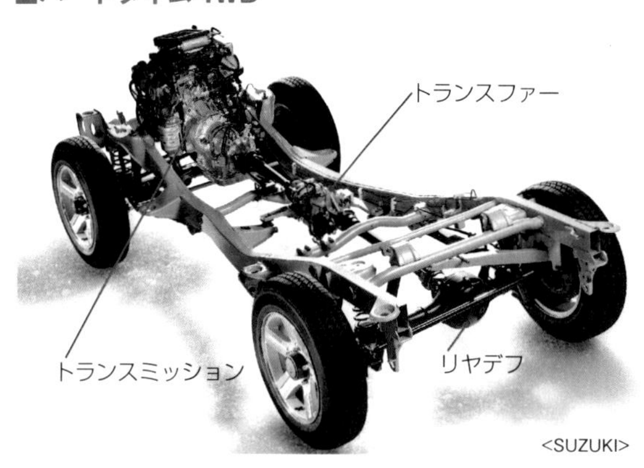

2WD走行と4WD走行の切り替えが可能。センターデフがなく、4WD走行時は前後の駆動輪が直結状態になっている。舗装路などでは後輪（車両によっては前輪）だけを駆動し、ダートやウエット路などグリップの悪い路面では4輪すべてに駆動力を伝える。最近は少ないが、オフロード車によく採用された方式。

ハイブリッド4WD

一般に、フロントに搭載したエンジン（またはエンジンと電気モーター）で前輪を駆動し、後輪を電気モーターで駆動するタイプの4 WDです。前輪と後輪のパワーユニットが別々なので、プロペラシャフトは不要です。後輪の駆動については、常時駆動するタイプと必要な場合に駆動するタイプがあります。

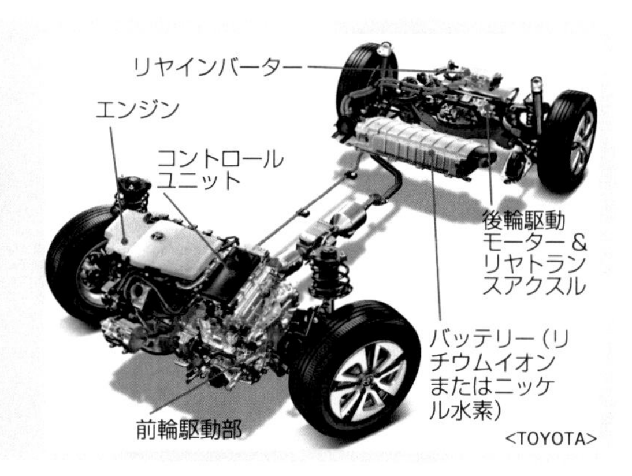

センターデフ式4WD

- 前後輪の回転差を吸収するセンターデフ式フルタイム4WD。
- 車輪が空転した場合に備えて差動制限装置も装備。
- 前後輪で異なるトルクを配分できる電子制御トルクスプリットも可能に。

●2輪が空転しても動くことが可能に

前後輪の回転差を吸収するために、前後輪の間にデフを採用したフルタイム4WDが**センターデフ式4WD**です。これによって前後輪の回転差が吸収でき、スムーズな走行が可能になります。このとき、もし左右輪の間のデフにもセンターデフにも差動制限装置がなかった場合、どれか1輪が空転すると残りの車輪も駆動力を失います。そこで、センターデフに差動制限装置を設けて、これを防ぎます。センターデフにはLSDまたはデフロックが採用されます。

センターデフも通常のデフ同様にさまざまな方式があります。**ベベルギヤ式**、**プラネタリーギヤ式**などがあり、それに差動制限装置として**ビスカスカップリング**や**多板クラッチ**、**トルセンLSD**などが組み合わされます。基本的な作動原理は通常のデフと同じで、前後輪の回転差が大きくなるとデフがそれを制限する働きを持ちます。

なお、センターデフの差動制限装置に加えて、前後の左右輪のデフにも差動制限装置を設けると、片側2輪が空転しても反対側の2輪で駆動できます。

●電子制御で最適な差動制限を行なう

センターデフ式4WDは車両の状態を受けて差動制限装置が受動的に作動しますが、これを電子制御で積極的に行なうことも多くなりました。これはエンジン、トランスミッション、車輪の速度などの情報を集約し、自動車の状態に応じて最適な**差動制限**を行なうものです。プラネタリーギヤ式センターデフと組み合わせると、前後へのトルク配分を制御することもでき、自動車の走行状態により細かく対応することが可能になります。

用語解説

ベベルギヤ

ベベルギヤ(傘歯車)は、傘のような円錐形をした歯車で、この歯車を直角に組み合わせることで、直交する軸に駆動力を伝えることができます。例えば、FR車のリヤデフのようにプロペラシャフトと駆動輪である後輪車軸が直交するような箇所に、このベベルギヤが使用されます。

ビスカスカップリング

ビスカスカップリング式4WDのビスカスカップリングユニットは、必要に応じて駆動力を後輪に伝えますが、同時に前後輪の回転差の吸収と制限も行ないます。その意味ではセンターデフの役割も担っており、機能の多様性がうかがえます。

センターデフのしくみと機能

■タイトコーナーブレーキング現象

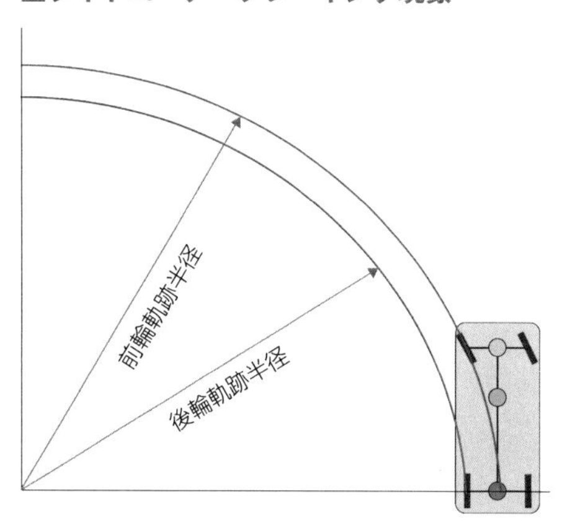

コーナーを曲がるときに駆動輪の内輪と外輪では移動距離（車輪の回転数）が違ってくるので、スムーズに曲がるためにはデフが必要（P.123参照）。実は内輪と外輪だけでなく、前輪と後輪も移動距離が異なる。そのため、前後の車軸が連結している4WDでは急なコーナーでは前後輪の回転が合わず、ブレーキをかけたような走行抵抗が生じる。悪路であればタイヤがスリップして回転差を吸収するが、舗装路ではストップしてしまう。そこで一般の4WDには前後輪の回転差を吸収するセンターデフが採用されている。

■センターデフの搭載位置

[FR車ベース4WDの場合]

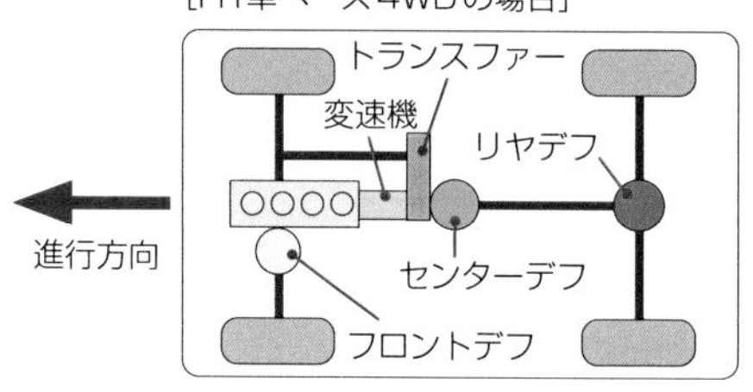

[FF車ベース4WDの場合]

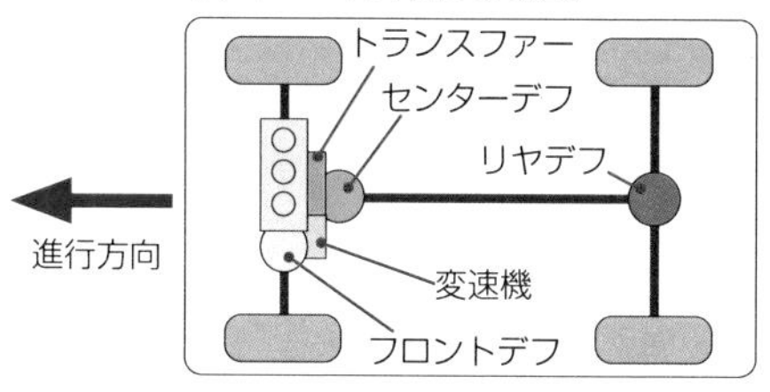

センターデフは前後輪の車軸の間に設置されて、両者の回転差を吸収する。FR車ベースの4WDではトランスファーと後輪用プロペラシャフトの間に組み込まれる。エンジン横置きのFF車ベース4WDの場合も後輪用プロペラシャフトの前端に取り付けられるが、ほかの装置と一体構成になっているのが一般的。

■センターデフ装着車にLSDまたはデフロックが必要な理由

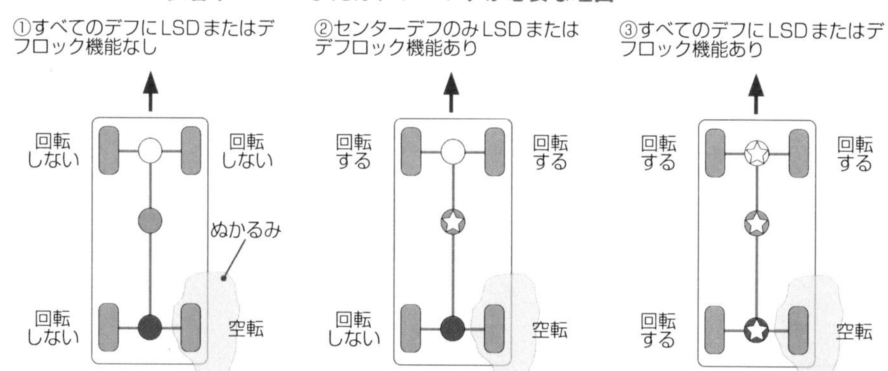

ノーマル
○：フロントデフ
○：センターデフ
●：リヤデフ

LSDまたはデフロック機能あり
☆：フロントデフ
☆：センターデフ
☆：リヤデフ

4WD車がコーナーをスムーズに走るためにセンターデフは必要不可欠な装置といえる。しかし、①のようにどこか1輪でもタイヤがグリップできずに空転状況に陥ると、デフの基本機能である回転抵抗の少ない方により多くの回転を伝えるというしくみが災いして、その車輪にばかり回転が伝わり、ほかの3輪には回転が伝わらずに立ち往生してしまう。しかし、センターデフにLSDまたはデフロックの機能があれば、②のように後輪が機能しなくても前輪には駆動力が伝わる。③のように前後のデフにもLSDまたはデフロックの機能があれば、1輪が空転してもほかの3輪に駆動力が伝わる。

パッシブ4WD

POINT

- 通常は2WD（前輪）で走り、必要なときにトルクを後輪に伝える。
- 前後輪の回転数の差に応じてトルクを分配する。
- 運転者は2WD、4WDを選択する必要はなく、自動的に切り替わる。

●必要なときにトルクスプリットを行なう

パッシブ4WDとは、**回転差感応型トルク伝達装置**に**ビスカスカップリング**（流体クラッチの一種）を採用したものです。走りながら回転差に応じて**差動制限**をするため、前後輪の間に設置して前輪と後輪の**トルク**を分配します。基本はFF車方式で走行しますが、必要に応じて4WD方式に切り替わります。

例えば、直進時など前後輪の回転数が同じ場合は基本的に2WDです。このときのトルクの配分は前輪100：後輪0です。しかし、カーブなどに差しかかると前後輪の回転数が異なるため、後輪へトルクを分配します。この分配量は回転差の大きさに応じて変わります。そして前輪が空転するといった極端な回転差が発生すると、トルクは前輪50：後輪50で直結4WDの状態となり、走破性が高まります。

●湿式多板クラッチによる回転差感応型

ホンダはビスカスカップリング式の派生ともいえる**湿式多板クラッチ**とポンプによる独自の方式（**リアルタイム4WD**）を採用しています。これは回転差に応じてポンプでクラッチを作動させるもので、回転差感応型という意味ではビスカスカップリング式と同じです。回転差が生じると、前後輪の回転が伝えられている2個のポンプの油圧で多板クラッチを作動させるのがリアルタイム4WDです。そして新リアルタイム4WDでは、作動の立ち上がりを良くするための**ワンウェイカム**という部品を組み込み、カムによる多板クラッチの圧着で素早い対応を実現。さらに回転差が大きくなったときに、**オイルポンプ**でクラッチを圧着する方式を採用しました。最近では、モーターと**油圧制御ポンプ**、それにバルブを組み込んだリアルタイムAWDに進化しています。

CLOSE-UP

パッシブ4WDのメリット、デメリット

パッシブは受動という意味。あくまで前後輪の回転数の差に応じて、ビスカスカップリングにより、機械的に前後のトルク配分が行なわれます。フルタイム4WDのように重く複雑な機構のセンターデフを用いないので、軽量でコストが安いというメリットがあります。一方、通常のアスファルト路面と雪道では路面の摩擦係数（μ）が大きく異なり、摩擦係数が低い道では前後の駆動力配分により、加速時の旋回半径の変化が大きく生じます。走行状況に合わせて適正にコントロールしてくれるアクティブ4WDに比べ、パッシブ4WDはやや劣ります。

ビスカスカップリングによる4WDの作動原理

■ビスカスカップリングの構造

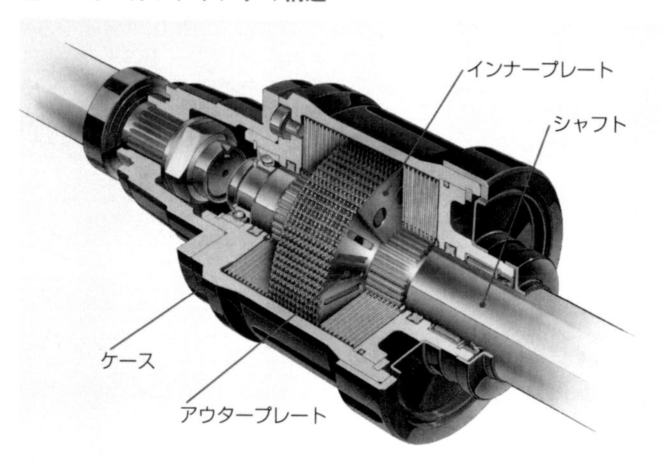

シャフトとともに回転するインナープレートと、ケースとともに回転するアウタープレートが交互に配置され、その中に粘性の高いシリコンオイルが満たされている。ケースとシャフトの回転数が同じ場合は何も起こらないが、両者の回転が異なってくると、シリコンオイルのせん断力によって速い方のプレートが遅い方のプレートを引っ張って同じ速さに引き上げようとする。回転差がさらに大きくなるとオイルとプレートの摩擦によってシリコンオイルの温度が上がり、プレート同士が密着して直結の4WD状態になる。

■ビスカスカップリング式4WDの動力伝達のしくみ（FF車ベースの場合）

①グリップの良い路面：FF車（前輪駆動）

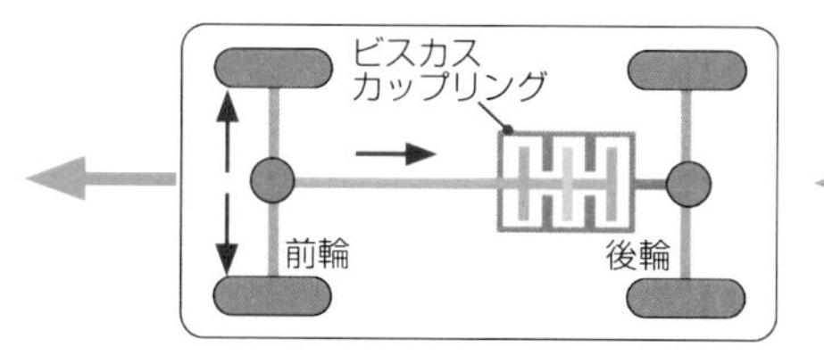

前輪の回転数＝後輪の回転数

②滑りやすい路面：4WD車（4輪駆動）

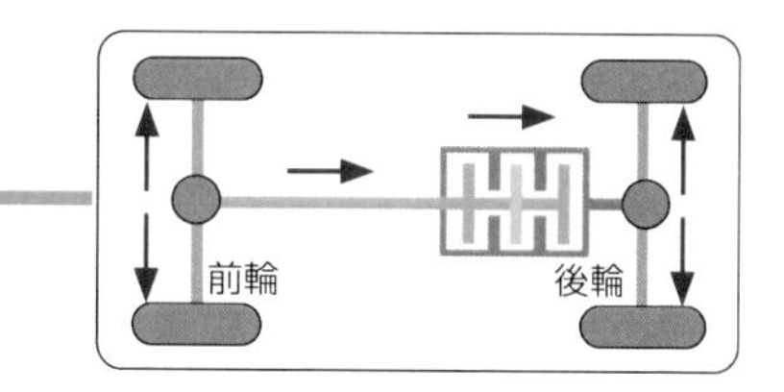

前輪の回転数＞後輪の回転数

上図はFF車をベースにしたビスカスカップリング式4WDの作動例。グリップの良い路面では前後の車輪の回転数は同じ。その場合、ビスカスカップリングは何も効果を発揮せず、通常の前輪駆動車として走行する。雪道やぬかるみなどで前輪がスリップ（空転）し始めると、前後輪で回転差が生じるためビスカスカップリングが後輪へも回転（駆動力）を伝達して4WD状態になる。

■電子制御による多板クラッチ式4WD

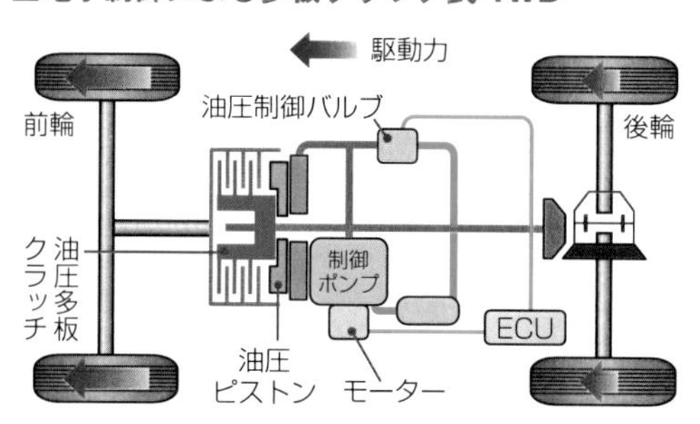

FF車をベースにした油圧多板クラッチによるパッシブ4WDシステムの例。後輪への動力伝達経路の途中に油圧多板クラッチが設けられている。電子制御によって油圧をコントロールし、走行状況に合わせて後輪へ適切な駆動力を配分するようになっている。

ホンダSH-AWDがもたらした旋回性能の画期的進化

自動車の「曲がる」性能については、単に速く走るためだけでなく、高いレベルの安全性を確保するために、さまざまな工夫がなされてきました。コーナリング時に発生する横方向の力によってサスペンションを制御し、タイヤの向きを最適にすることでグリップ力を最大限に生かす工夫もその1つです。ただ、この方法にも一定の限界があり、その壁を打ち破るための技術的な革新が模索されてきました。

2004年に、その限界を打ち破る新たな方法が登場しました。ホンダのSH-AWD（Super Handling All-Wheel-Drive）です。SH-AWDは、4輪の駆動力を自在に制御することでコーナリング性能を高めるシステムです。センターデフを持たず、後輪の左右輪の駆動力を電磁ソレノイドで駆動する湿式多板クラッチによって調整します。

例えば、コーナリング中の加速の際には外側後輪の接地荷重が増大します。そこで、その車輪に駆動力をより多く配分することでコーナーの内側に向かうヨーモーメント（車両を上から見たとき車体を回転させようとする力）を発生させて曲がりやすくします。後輪左右のトルクの差によって旋回性能を飛躍的に高め、よく曲がる安定した走りを可能にしたのです。

このSH-AWDの考え方は、その後も国内外の自動車メーカーによっていろいろな4輪の駆動力制御システムとして発展していきます。車両の状態や速度、路面状況など走行状態を検知することで、それに応じた駆動力の分配をきめ細かく制御することによって、より安全でより速い走りが実現されてきました。

なお、4輪の駆動力制御システムは電気自動車において非常に制御しやすく、しかもトルクレスポンスが良いため、高いレベルの走りが可能になるでしょう。さらに横滑り防止技術の高度化も期待されます。

第3章

サスペンション

タイヤを路面に正しく接地させるための装置がサスペンションです。種類も構成も自動車によってさまざまですが、目的は効率良く駆動力を路面に伝え、乗り心地を向上させ、車体を安定させて安全にカーブを曲がることです。

サスペンションの役割

- 「走る」「曲がる」「止まる」という自動車の基本運動のすべてにかかわる重要な機能を持つ。
- 車体と車輪をつなぐとともに、さまざまな走行条件で走りを安定させる。

●タイヤを正しく接地させて性能を発揮させる

サスペンション（**懸架装置**）は、路面の凹凸を吸収して乗り心地を良くし、カーブを曲がるときの**遠心力**を受け止めて、タイヤが正しく接地している状態を保つ役目があります。

サスペンションは、**コイルスプリング**（P.148参照）、**ショックアブソーバー**、**サスペンションアーム**などの部品で構成され、硬さや特性、取り回しや形状に、さまざまな特徴があります。

スプリングは路面からの衝撃を吸収し、乗り心地を良くします。ただし、スプリングは上下方向の動きには対応できますが、前後左右方向の動きは受け止め切れません。そこで、その動きを制限し、一定の範囲内で動くようにするのがサスペンションアームです。アームは車体と連結されるため、その位置を工夫することで横方向だけでなく前後方向の動きも制限でき、さらにその力を受け止めて支える機能も果たします。また、ショックアブソーバーは、スプリングの揺れを吸収して早く収めるために装備されています。スプリングもショックアブソーバーも、硬さなどの設定によってさまざまな特性が生まれます。

●独立式と固定式がある

車軸の左右がそれぞれ片方の車輪に動きの影響を与えないように、独立して動くようにしたシステムを**独立式サスペンション**、左右輪の車軸を固定した形（**リジッドアクスル**ともいいます）で支持するタイプを**固定式サスペンション**といいます。

左右独立で動いた方が、そのときどきの走行条件や路面状況に応じて、各輪のタイヤを正しく路面に接地させやすくなります。そのため、現在ではサスペンションの性能が高い独立式サスペンションが、主流になっています。

用語解説

サスペンションアーム

サスペンションアームとひと言でいっても、設置場所や受け持つ機能によって、形状、製造方法、取り付け方などが異なります。また重さも、サスペンション全体の性能に影響する要素です。

豆知識

バネ下重量

車体を持ち上げたとき、サスペンションにかかる重量のことをいいます。具体的には、タイヤ、ホイール、ブレーキ、ホイールハブ、サスペンション部品などが含まれます。これが軽いほど、路面の凹凸などに素早く反応できて追従性が高くなるため、乗り心地や操縦性も良くなります。逆に重いと、路面の凹凸を乗り越えたときに車輪がバタバタと暴れるように感じたり、動きが重たく感じたりします。

サスペンションの働き

<Mercedes-Benz>

サスペンションの役目はタイヤを常に路面に正しく（垂直に）接地させてタイヤ本来の性能を発揮させることと、路面からのショックを吸収して乗り心地を向上させること。自動車の走行性能や快適性を左右する重要な要素となるサスペンションは、スプリング、ショックアブソーバー、スタビライザー、多様な形式のサスペンションアームなど多くの部品で構成されている。

<Daimler>

上の写真は極端な例だが、タイヤを路面に接地させようとするサスペンションの働きがよく分かる。サスペンションアームによって前後左右の動きを受け止め、路面の大きな変化に対応している。

独立式と固定式サスペンション

■独立式（独立懸架方式）の動き

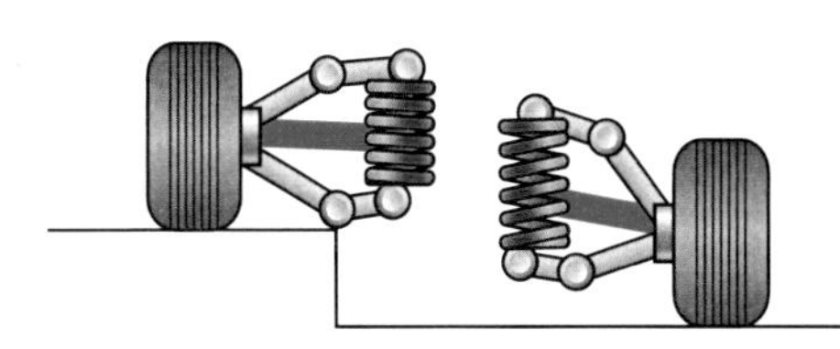

左右輪が分かれているため、お互いの動きに影響されることなく、それぞれの路面に対応して動くことができる。このため、車輪はそれぞれが正しく接地できる。

■固定式（固定車軸方式）の動き

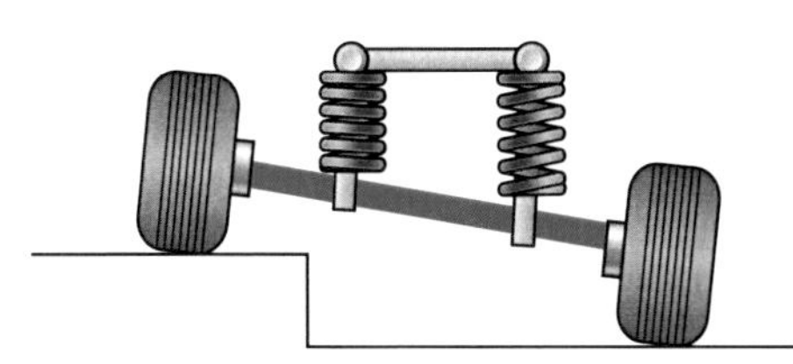

左右輪が路面の凹凸などで高さの違う路面に差しかかったとき、片側の車輪の動きがもう一方の車輪の影響を受け、どちらのタイヤも正しく接地しにくくなる。タイヤは地面に対して垂直に接地しているときに接地面積が最大になり、グリップ力が最も高くなる。

ダブルウィッシュボーン式サスペンション

- ●左右の車輪が別々に動く独立式サスペンションの1つ。
- ●上下2本のサスペンションアームで車軸とホイールハブを支持する。
- ●設計の自由度が高く、優れたサスペンション性能を期待できる。

●上下２本のアーム構成が構造上の特徴

ダブルウィッシュボーン式サスペンションは、タイヤが受ける外部からの衝撃に対して、左右の車輪が別々に動く独立式サスペンションの1つです。通常、２本のＶ字型（またはＡ字型）のサスペンションアーム（**アッパーアーム**と**ロアアーム**）を上下に配置し、**アップライト**と呼ばれるホイールハブやブレーキなどを組み込んだパーツを上下から挟むような構造になっています。**独立式サスペンション**は路面の凹凸などで外部から影響を受けたときに、左右の車輪がお互いに干渉せずにストロークするので、車軸式などの**固定式サスペンション**より乗り心地や操縦安定性の面では高いポテンシャルを持っています。

それに加え、ダブルウィッシュボーン式は上下２本のアームを備えているため、設計の自由度が高いという利点があります。

●設計上の自由度が高い性能を発揮させる

上下２本のサスペンションアームとボディー側の取り付けポイント、そしてアップライトは平行四辺形を形づくっています。この平行四辺形の形のおかげで、サスペンションが上下に動いても、タイヤは基本的に垂直方向に平行移動するだけで、常に垂直状態を保つことができます。タイヤは垂直状態のときが最も接地面積が広く、グリップ力が高くなります。

カーブを曲がっているときは車体が傾き、前輪の向きも変わるので、単純な平行四辺形ではタイヤが常に垂直になるわけではありません。しかし、上下２本のアームの長さやボディーへの取り付け位置などの設定次第でそれぞれの自動車の性格に合ったサスペンションを設計できるなど、調整範囲が広い点もダブルウィッシュボーン式のメリットです。

豆知識

ボールジョイント

ウィッシュボーン式サスペンションではアップライトと上下のサスペンションアームは、自由に動けるようにボールジョイントで連結されています。このボールジョイントとは先に玉のついた棒（ボールスタッドと呼ばれています）と、その球を受け止めるカップ状のソケットで接続されます。

用語解説

ダブルウィッシュボーン

ダブルウィッシュボーン式サスペンションの名称の由来となったウィッシュボーンとは鳥の鎖骨のことで、Ｖ字の形状をしています。鳥の鎖骨がウィッシュボーンと呼ばれるようになったのは、食事のときに残ったこの骨の両端を２人で引っ張り合い、骨が裂けたときに長い方の骨を持っていた人の願いが叶うという言い伝えからです。

ダブルウィッシュボーン式サスペンションの基本構造

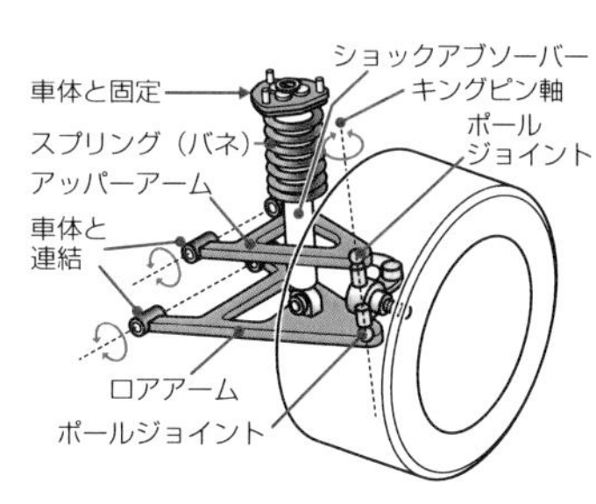

左のサス形状はアッパーアームとロアアームがホイールの中に入り込むタイプで、上下2つのアームの距離が短いのが特徴。ダブルウィッシュボーン式サスペンションは上下のアームの長さや角度を変えることで、車輪が上下動する際の動き（操縦特性に影響を与える）をコントロールできる。なお、スプリングとショックアブソーバーが一体となったレイアウトのほかに、それぞれが別々に取り付けられるタイプのものある。

車輪を取り付けるハブを固定してサスペンション側と連結する役目を持つハブキャリアの一部が、大きく上方に伸びてアッパーアームとリンクしたレイアウトのダブルウィッシュボーン式サスペンション。ハブキャリアとアッパーアームとの連結部分はボールジョイントになっていて、上下や左右に自由に動く。

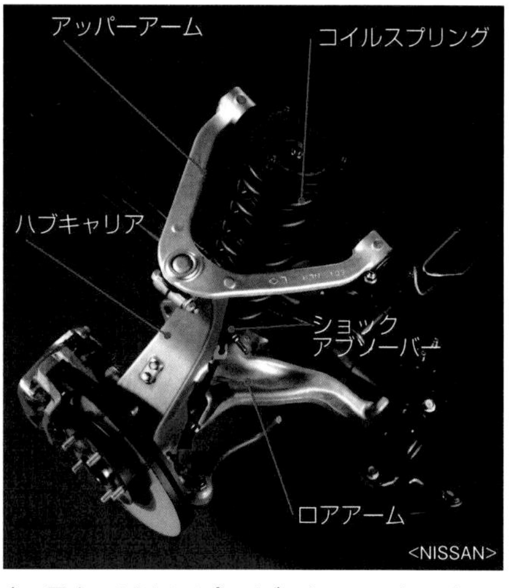

左の写真のようなタイプのダブルウィッシュボーン式サスペンションを上から見たところ。このようにアッパーアームの中央をショックアブソーバーやコイルスプリングが通る設計のものが多いが、アッパーアームの間を貫通しないタイプもある。性能面では優れたメリットを持つダブルウィッシュボーン式サスペンションだが、部品点数が多くなって生産コストがアップしたり、サスペンションの占めるスペースが大きいためエンジンルームやトランクルームの容積に影響を与えるというデメリットもある。

ストラット式サスペンション

- ●考案者の名前から「マクファーソン・ストラット」とも呼ばれる。
- ●ショックアブソーバーとコイルスプリングを組み合わせた構造。
- ●部品点数が少なくバネ下重量も軽い。

●シンプルな構造の独立式サスペンション

ストラット式サスペンションは、この形式を考案したアメリカ人エンジニアのアール・マクファーソンの名前にちなんで「マクファーソン・ストラット」と呼ばれることもあります。FF車のフロント側の独立式サスペンションとして使われる例が多い形式ですが、FF車のリヤ側のサスペンションとして採用されるケースもあります。

ストラット式サスペンションのストラットとは支柱という意味で、**ショックアブソーバー**と**コイルスプリング**を組み合わせたストラットがサスペンションの構造体となっています。ストラットの上端は**ゴムブッシュ**を介してボディーに取り付けられ、ストラットの下端は車輪が取り付けられるナックルに接続。ナックル下部はロアアームに連結されています。

●一体形式によるデメリットも

ストラット式サスペンションは、**ダブルウィッシュボーン式**の**アッパーアーム**をストラットに置き換えたような形ですが、構造上ダブルウィッシュボーン式などに比べるとサスペンション設計の自由度は低くなります。また、外部から荷重がかかるとストラットに対して（正面から見て）横向きの力が働きますが、この力がショックアブソーバーのスムーズな動きを妨げ、サスペンション性能を損ないます。しかし、技術が熟成するにつれ、それらの欠点は徐々に解消されてきました。

デメリットは、一体形式のためストラットに対するホイール面の角度が常に一定になってしまうことです。コーナリング時に車体の傾き（ロール）を伴ってホイール面も傾いてしまい、タイヤの外側面で主にグリップ力を得ることになってしまいます。

豆知識

オフセットスプリング

外力を受けてストラット式サスペンションが沈み込むとき、荷重はストラットの中心ではなく外側（車輪側）にずれた方向にかかり、ストラットには曲げ方向の力が働きます。ショックアブソーバーにも横向きの力がかかるのでスムーズな動きが阻害され、乗り心地や操縦性が悪化します。そこで、スプリングをストラットの中心線から外方向にオフセットすることで横力の影響を軽減しています。

CLOSE-UP

ストラットタワーバー

エンジンルーム内にあるストラット式サスペンションの取り付け部をつなぐバーのこと。サスペンション系の剛性と操縦性を高めるのが目的です。ストラット式を採用している車両で走行性能を重視するスポーツ車によく採用されています。

ストラット式サスペンションのしくみ

■FF車のフロント側ストラット式サスペンション

上下方向の力を受け止めるストラットタワーバーの中にショックアブソーバーが組み込まれ、その周囲にコイルスプリングがセットされている。タワーバーの上側は、サスペンションが受けた衝撃をそのまま伝えないように、ショックを吸収するゴムブッシュを介してボディー側に固定される。

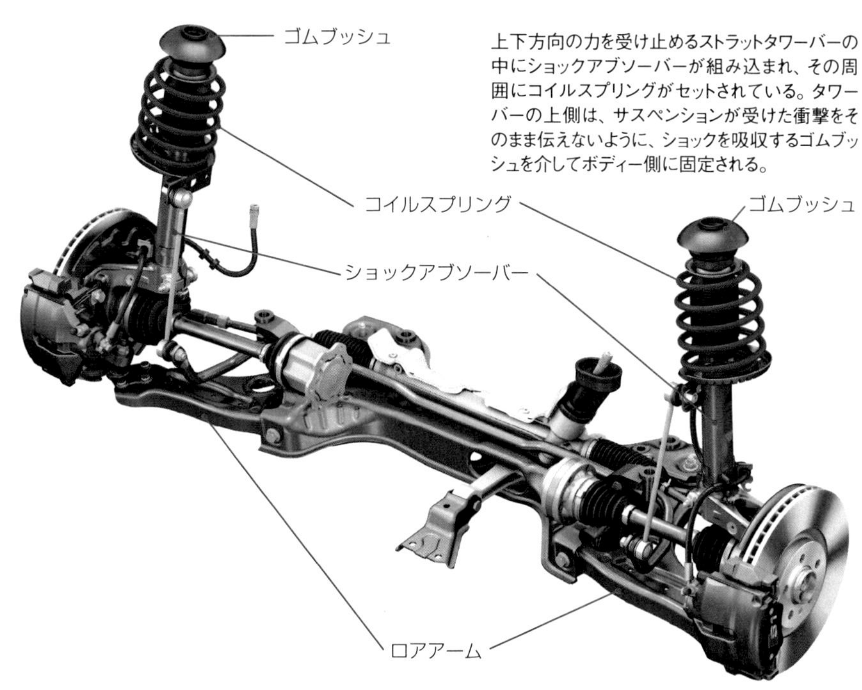

<Audi>

■シンプルな構造が特徴

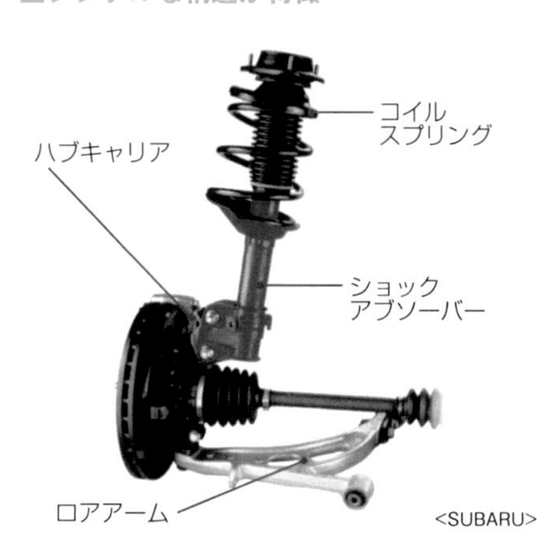

<SUBARU>

ストラット式サスペンションは構造が非常にシンプル。ただし、コーナリング時には路面の状態によってはストラットに対して横向きの（支柱を曲げようとする）力がかかる。それが抵抗となり、サスペンションの上下ストロークを阻害し、乗り心地を損なう傾向もある。

■トーションバースプリングを採用した例

<HONDA>

ストラット式ではタワーバーの周囲にコイルスプリングをセットするのが一般的だが、上図はロアアームの取り付け軸方向にトーションバースプリングを採用した例。トーションバースプリング（P.156参照）はねじれの反力を利用する。コイルスプリングよりスペースを取らない。

トーションビーム式サスペンション

- 左右輪が「ねじりバネ」でつながった半固定式懸架装置。
- 左右の車輪をつなぐトーションビームがスタビライザー効果を発揮。
- 低コストでスペース効率が良いため、軽自動車などで採用されている。

●安価でつくれて、しなやかに動く

トーションビーム式サスペンションは後輪に使われます。左右輪がつながっているものの車軸の動きに自由度があるため、**半固定式懸架装置**（**半独立式懸架装置**）に分類されます。

左右輪は**トーションビーム**（**クロスビーム**）と呼ばれる頑丈な梁（はり）で連結されており、その左右に**スプリング**と**ショックアブソーバー**が設置されます。前後方向の力を支える**トレーリングアーム**は、ボディー前方からトーションビームをつかむような形で接続しています。また横方向の力を支えるための**ラテラルロッド**と呼ばれるバー（棒）も備わります。

車輪が上下すると、トーションビーム自体がねじれることで、左右の車軸がある程度独立した形で自由に動けることや、トーションビームが**トーションバースプリング**（**ねじりバネ**）の役目をして**スタビライザー**（P.156参照）と同じ効果を生むため、コーナリング時に車体を安定させやすいというメリットがあります。また、低コストでつくれるうえ、スペース効率が良いため、軽自動車やコンパクトカー、ファミリーカーなどでも広く採用されます。

●バネ下重量が重くなるのが弱点

デメリットとしては、**バネ下重量**が重くなり、反応が鈍くなる、つまり、タイヤの路面追従性が良くないことと、**ホイールアライメント**の自由度が小さいことがあります。このため、スポーツカーや高級車などではあまり採用された例がありません。

なお、トーションビームがトレーリングアームのどの位置でつながるかによって、**アクスルビーム式**、**カップルドビーム式**、**ピボットビーム式**の３種類に区分されます。

用語解説

トレーリングアーム

車体下部と後輪をつなぐアームです。車体に追従（トレーリング）するように配置されるため、こう呼ばれます。

スタビライザー

左右のサスペンションをつなぐように配置されるトーションバースプリングの働きにより、サスペンションの動きを互いに反対側に伝えることで、車体を安定させます（P.156参照）。

トーションビーム式サスペンションの種類

■アクスルビーム式

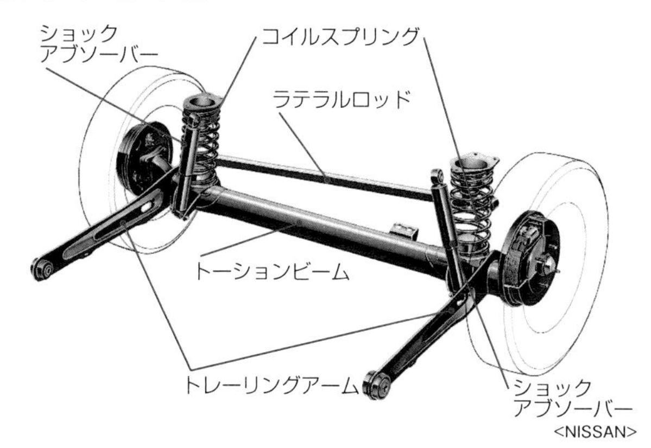

トーションビーム式サスペンションの基本形式。多くの場合、横方向の力に対応するためにラテラルロッドも装備される。

■カップルドビーム式

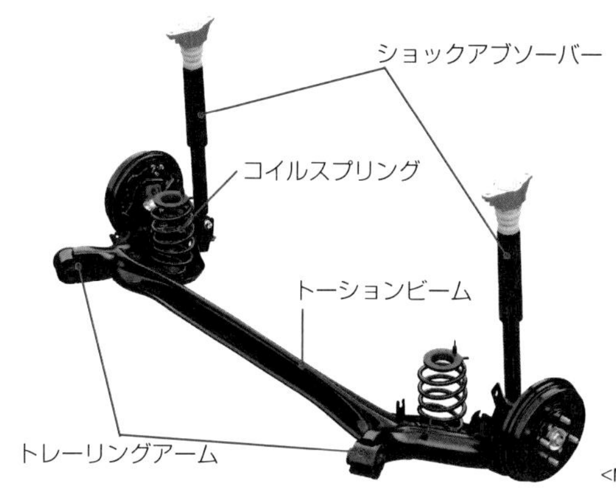

左右のトレーリングアームの中間辺りをトーションビームでつなぐ形式。トレーリングアーム式サスペンション（P.146参照）に近く、横方向の力を支えるのに有利とされる。

■ピボットビーム式

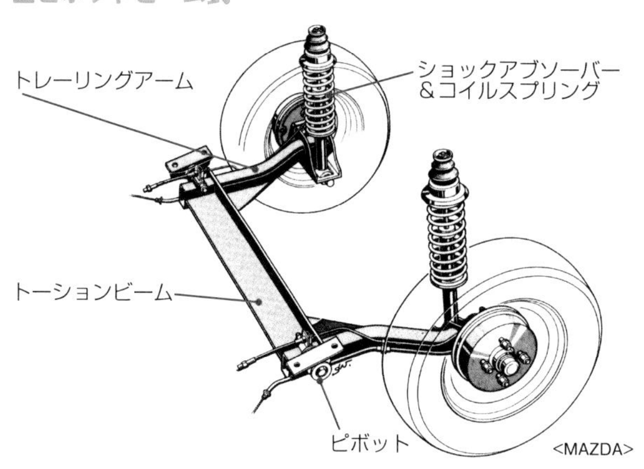

トレーリングアーム回転軸の支点（ピボット）付近にトーションビーム（ピボットビーム）を配した形式。トーションビームの位置がほかの形式よりもピボットに近いので、左右輪同士の干渉が少ない。

マルチリンク式サスペンション

●複数のリンクロッドで構成されているマルチリンク式サスペンション。
●リンクロッドの組み合わせなどの構造はメーカーごとに大きく違う。
●性能のポテンシャルは高いが、部品点数が多くコストもかかる。

●複数のリンクで構成される複雑な構造

マルチリンク式サスペンションとは、複数の**リンクロッド**（**連結棒**）で構成された独立式サスペンションです。基本的にはダブルウィッシュボーン式サスペンションやストラット式サスペンションのサスペンションアームを何本かのリンクロッドに分割して配置し、さらに車輪の向きを制御する**トーコントロールリンク**を追加するなど、ほかの形式に比べてかなり複雑な構造になっています。また、その形状やレイアウトはメーカーや自動車ごとによってさまざまです。

構造が複雑なマルチリンク式サスペンションはリヤ側サスペンションとして使われるのが一般的ですが、ステアリング系のスペースを確保できるような設計を施してフロント側のサスペンションに採用されている例もあります。

●設計の自由度が高く優れたサス性能を発揮

マルチリンク式サスペンションは各リンクロッドの長さや取り付け位置を工夫することで、サスペンションがストロークしたり外部からサスペンションに力がかかったりしたときの車輪の動きを、自由に設定することができます。

例えばコーナーで車体が傾きサスペンションが沈み込んでも、車輪が常に最適な状態（車輪の向きやタイヤ接地面の適正化）になるように設計することが可能で、優れたコーナーリング性能と操縦安定性能が期待できます。

このようにポテンシャルの高いマルチリンク式サスペンションですが、構造が複雑でコストもかかります。そのため、多少重量が増えたり価格が高くなったりしても、パフォーマンスを重視するタイプの自動車に採用されています。

豆知識

トー角、トーコントロールリンク

車輪を真上から見たときの、タイヤの向きをトー角といいます。左右のタイヤがハの字になっている状態がトーイン、その逆がトーアウトです(P.158参照)。走行状態によってはタイヤへの力で勝手に舵角が付くトー変化に対し、それを制御することをトーコントロール、それを目的とするリンクをトーコントロールリンクといいます。

CLOSE-UP

マルチリンク式サスペンションのゴムブッシュ

マルチリンク式サスペンションの各リンクを固定する部分に使用されるゴムブッシュは、ほかのサスペンション形式のものに比べて性能にかかわるウエートが大きくなっています。そのためゴムブッシュの劣化などに注意してメンテナンスを施す必要があります。

マルチリンク式サスペンションのしくみ

■リヤ用マルチリンク式サスペンションの構造

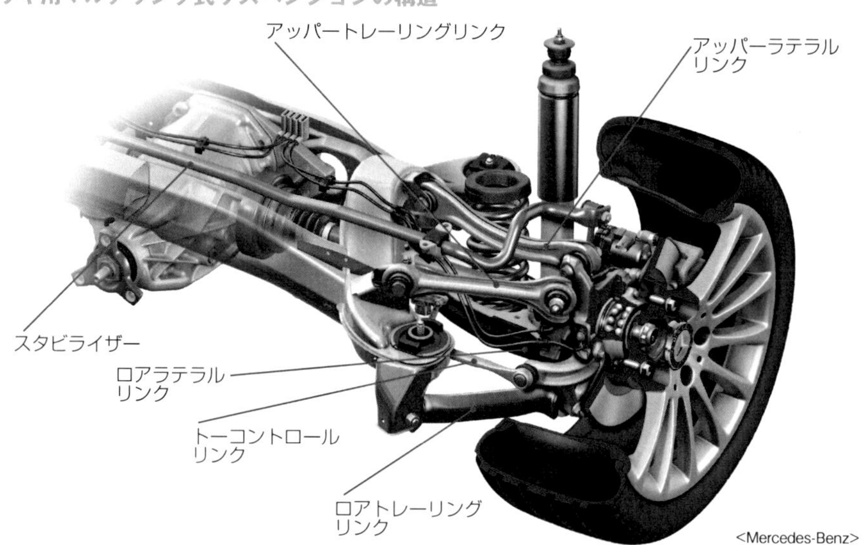

リヤ用マルチリンク式サスペンション構造の一例。図のサスペンションは独立した5本のリンクロッドによって構成され、サスペンションのストロークが、車体の傾きに対して、タイヤが常に高いグリップを発揮できるような位置にくるように巧妙に設計されている。ダブルウィッシュボーン式サスペンションのように高いポテンシャルを持ちつつ、サスペンションが占有するスペースが少なくて済むため、トランクスペースの確保にもメリットがある。

■フロント用マルチリンク式サスペンションの構造

エアサスペンション機構
アッパー側リンクロッド
ハブキャリア
ロア側リンクロッド
ドライブシャフト
<Audi>

4WD車のフロント側に採用されたマルチリンク式サスペンション。この図の採用例では、一見するとダブルウィッシュボーン式サスペンションのような形状だが、上方に長く伸びたハブキャリアには2本のリンクロッドが別々に連結されており、ロア側も複数のリンクロッドが別々に組み付けられている。なお、この車両は金属製のコイルバネを用いないエアスプリング（P.152参照）を採用している。

トレーリングアーム式サスペンション

- 独立式サスペンションとしては登場時期の早いクラシカルな形式。
- 車軸より前にボディーへの取り付け部がある。
- 取り付け部に後退角を付けた形式をセミトレーリングアーム式という。

●スイングアームの取り付け軸を車輪の前方に配置

トレーリングアーム式サスペンションは独立式サスペンションの１つで、比較的クラシカルな形式です。「トレーリング」とは「引きずる」という意味ですが、サスペンションアームの車体側への取り付け軸が車輪より前方にあり、サスペンションアームが車輪を引きずる格好になるため、こう呼ばれています。サスペンションアームは取り付け軸を中心に車輪とともに上下にスイングします。**コイルスプリング**と**ショックアブソーバー**はサスペンションアームかナックルアームに取り付けられます。

トレーリング式はサスペンションアームの車体側への取り付け軸が左右の車輪の回転軸を結んだ線と平行ですが、取り付け軸の内側の方が後方にずれている形式を**セミトレーリングアーム式サスペンション**と呼んでいます。

●加減速時の車体の姿勢変化が大きい

トレーリングアーム式サスペンションでは、車輪が上下してもタイヤの**トー**や**キャンバー**（ともにP.158参照）に変化はありません。しかし不整路での**ピッチング**や制動時の**ノーズダイブ**、加速時の**スカット**など、車体の姿勢変化が起きやすく、乗り心地の点ではマイナス面があります。また、カーブなどで車体が傾いたときにタイヤ接地面の変化が起きやすいのも操縦安定性には好ましくありません。

セミトレーリングアーム式サスペンションは、カーブで外側車輪が沈み込んだときにトーがイン側に変化するので、トレーリングアーム式に比べて操縦安定性の面では優れています。しかし基本性能のポテンシャルの問題で、最近はトーションビーム式やマルチリンク式などの新しい方式に世代交代しています。

用語解説

ピッチング
左右方向の軸を中心にして前後へ回転する動き、前方と後方が反対方向に揺れ動く運動をいいます。車両の運動でも同様の表現をします。

ノーズダイブ
制動時に車両の重心位置に慣性力が作用し、車体前部が沈み込む現象をいいます。相対的に車体後部は浮き気味になってしまいます。

スカット
駆動時に、車両の重心位置に慣性力が作用し、車体後部が沈み込む現象をいいます。相対的に車体前部は浮き気味（ノーズリフト）になってしまいます。

セミトレーリングアーム式サスペンションの構造

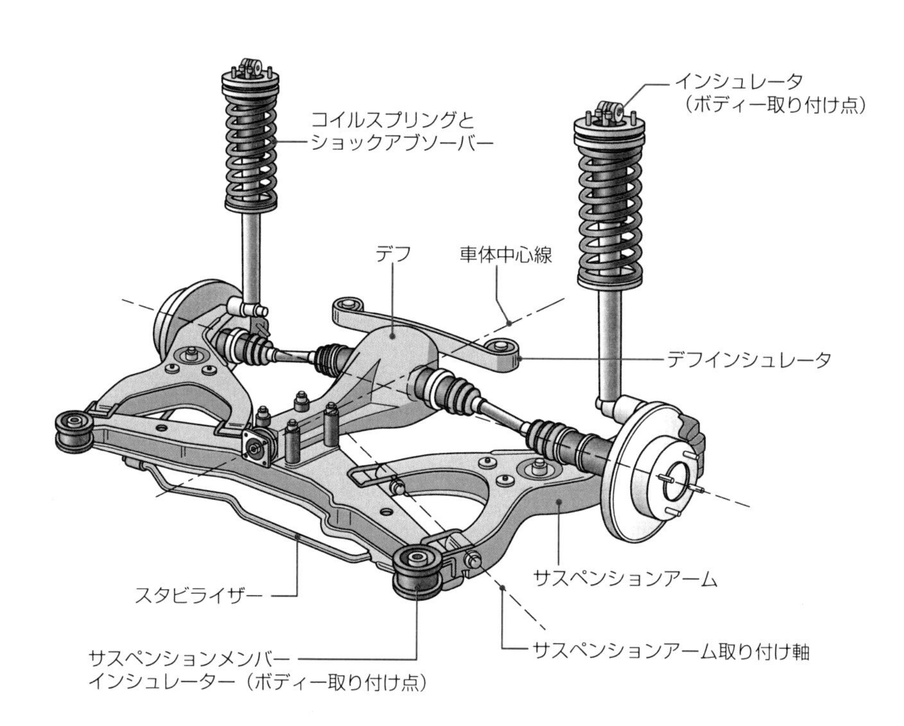

FR車のリヤに採用されているセミトレーリングアーム式サスペンションの図。セミトレーリングアームの車体側（この図ではサスペンションメンバー）への取り付け部にあるサスペンションアーム取り付け軸（回転軸）が左右の車輪の回転軸を結んだ線に対して斜めに設計されている。これによってトレーリングアーム式と異なり、カーブ通過時に車体が傾き、車輪が沈み込んだときにトー角が内側に向くことで車体が安定する（遠心力に対抗するタイヤのグリップ力が高まる）。ただし、激しい旋回で強い遠心力が働くとアームの位置が変化してトー角が外側に向く傾向があり、後輪のグリップが減少して車体の挙動が不安定になる場合もある。

CAR COLUMN

一時代を築いたセミトレーリングアーム式サスペンション

セミトレーリングアーム式サスペンションは、現在の後輪マルチリンク式サスペンションの前に一時代を築いたサスペンションです。1980年代後半は、高性能を実現したセミトレーリングアーム式サスペンションにも、車両開発段階で種々の操縦安定性能の限界が見えてきた時代でした。種々の限界とは、例えばコーナリング限界で、車体後部の浮き上がるジャッキアップ現象を伴ったり、過渡的なグリップの失い方が急激であったり、車体がロールしたときに車体後部が持ち上がるいわゆる“対角線ロール”の問題があったり――といったことなどです。また、コーナリング中の制動時の後輪トーアウトによる旋回のスピン方向の巻き込み現象（タックイン現象）の課題も生じました。こういった現象の解析を行なった結果、マルチリンク式サスペンションの開発が必要であることが分かったのです。

コイルスプリング

●バネ鋼をらせん状に成形したものがコイルスプリング。
●材質や線材の太さ、巻き径や形状によって特性は大きく変化する。
●乗り心地や操縦安定性などの設定自由度が高い。

●多様な特性のコイルスプリング

コイルスプリングとは、弾性があり強靱な性質を持ったバネ鋼の線材をらせん状に巻いて成形したものをいい、乗用車用のスプリングとして広く採用されています。

コイルスプリングは、線材の太さや巻き径、長さや巻き方のパターンを変えることにより、さまざまな特性のスプリングをつくることができます。例えば、中央部が太鼓状に膨らんでいるドラムスプリングでは、中央部ではバネの直径が大きく両端では小さい形になっていますが、荷重のかかった当初は柔らかく、次第に剛性感が増してくる特性を持たせることができます。また、鉄線自体の太さが場所によって変化するもの（**不等線径スプリング**）、巻き方の間隔（ピッチ）が異なるもの（**不等ピッチスプリング**）などもあります。

●スプリングの強さと走行性能の関係

装着するコイルスプリングを硬くすると、基本的にはコーナリング時の安定感が高まります。半面、路面の凹凸による衝撃が伝わりやすくなり、乗り心地は悪化します。さらに、コーナリング速度が高くなるとタイヤ接地面の変化も大きくなりがちで、そうなると車体の挙動変化も激しくなる傾向があります。

また、コイルスプリングを全長が短いものに替えると、車高を下げる（**ローダウン**）ことができます。ただし、短いスプリングはストローク量が小さいので、ローダウンする際はバネ定数の高いものに変更し、サスペンションが**底突き**（P.152参照）しないようにする必要があります。さらに、高めたバネ定数に対応した減衰力の高いショックアブソーバーを装着するなどサスペンションのバランスも考慮する必要があります。

豆知識

ドレスアップ用のアフターパーツ

自動車メーカーではないものの、関連企業やモータースポーツ関連会社などから販売される部品をアフターパーツといいます。外観のドレスアップを目的とするものから、走行性能を左右する機能パーツまでさまざまなものがあります。

ローダウン

サーキットを走るための車両には走行性能を上げるためのさまざまな工夫が凝らされています。その1つに車高を下げるローダウンがあります。車高を調節できるショックアブソーバー（ダンパー）＆スプリングのセットなどが販売されています。

コイルスプリングの種類

■材質、巻き径、巻き方で変わるスプリング特性

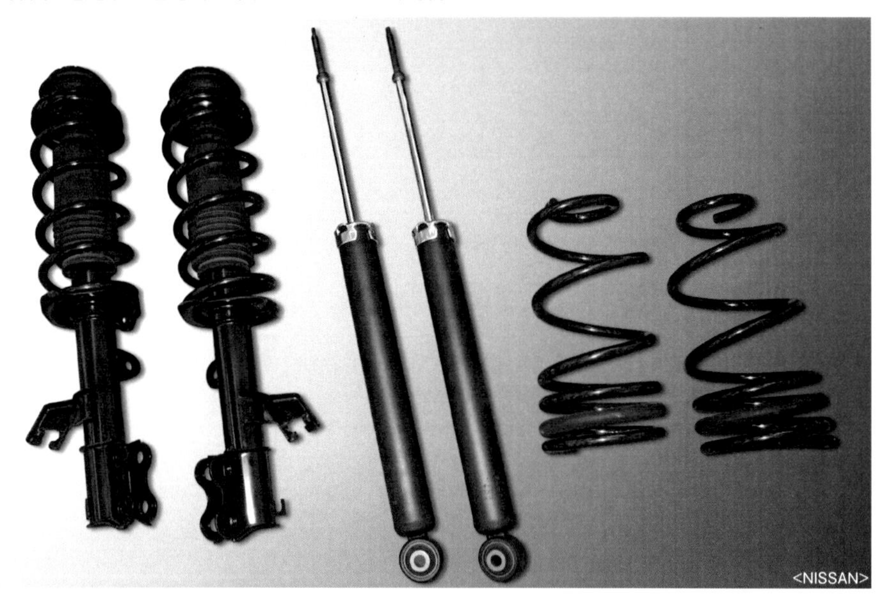
<NISSAN>

右端2個のコイルスプリングを左端2本のそれと比べると、鉄線自体の太さが場所によって異なり、巻き方の間隔（ピッチ）も異なっているのが分かる。自動車に合わせてさまざまな特性のスプリングがつくられる。

■さまざまな形状のコイルスプリング

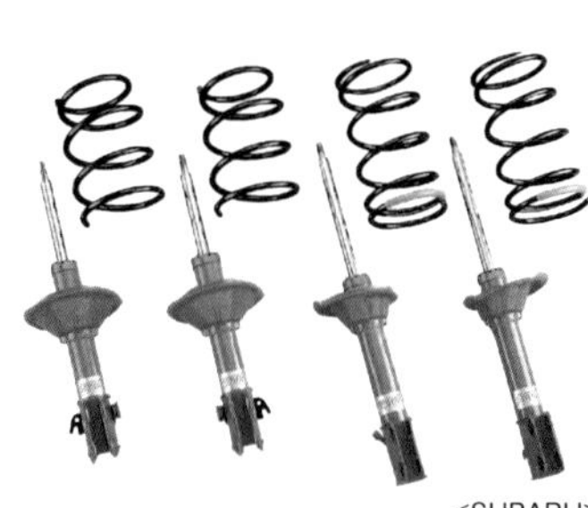
<SUBARU>

<SUBARU>

<SUBARU>

<SUBARU>

コイルスプリングは同じ材質でも、コイルの太さ、巻き数、ピッチ（巻きの間隔）、巻き径などによって特性が変わる。自動車の使用目的によってバネに求められる特性は異なるが、一般的には乗り心地が良いようにソフトでありながら、カーブなどでは安定感が得られる強いスプリングが求められる。そのため、スプリングの途中で巻きの間隔が異なる不等ピッチコイルや、途中から線径を変えたテーパーコイルなど、バネの硬さが途中で変わる非線形特性を持つコイルスプリングが広く採用されている。

リーフスプリング

●構造がシンプルで頑丈なため、耐荷重の大きさが要求されるトラックやバスなどの商用車では一般的なサスペンション形式。
●後輪の車軸が2つある大型貨物車両はトラニオン式を採用。

●ショックの吸収と車軸の位置決めを兼ねる

板バネとも呼ばれる**リーフスプリング**は、細長い板状の鋼材でわずかに湾曲しており、力を受けると湾曲部分が変形し、その反力がバネとして作用します。車体の進行方向と平行に配置され、車両の重さに応じて何枚かを重ねて使用されます。また、片側は車体との間にさらに**シャックル**という長辺方向の伸びを吸収する部品を介して車体に固定されます。

リーフスプリングはバネの働きと同時に固定式サスペンションの一部として車軸を支持し、車軸の前後および左右方向の位置決めをします。コイルスプリングに比べて上下ストロークの幅が取りづらいこともあって、乗り心地の面では劣ります。また、操縦安定性の面でもほかの形式に比べて劣るため、現在では乗用車用として採用される例はほとんどありません。

●耐荷重が大きいため大型商用車向き

しかし、リーフスプリングを用いたサスペンションは構造がシンプルで安価、また大きな荷重に耐えられるという特性を持っているため、トラックやバスなどの商用車では定番のサスペンションとして、前輪と後輪のどちらにも広く採用されています。

なお、後ろの車軸が２本ある大型トラックなどでは、**トラニオン式**と呼ばれるリーフスプリング式サスペンションが採用されています。これはリーフスプリングの中央をフレームに装着されたトラニオン軸に連結し（トラニオン軸を中心に回転可能）、各車軸はトルクロッドで位置決めされリーフスプリングの両端に結合された構造になっています。こうすることで車体が前後に傾いたとしても前後２本の車軸のどちら側の車輪にも均等に駆動力がかかるようにしています。

豆知識

ワインドアップ

リーフスプリングを採用する後輪駆動車では、急発進をしようとして大きな駆動力をかけたり、急ブレーキで大きな制動力を後輪にかけたりすると、アクスルハウジングに回転方向の異なる反力が生じ、リーフスプリングがたわみます。これは車両を横から見たときに、リーフスプリングが波打つように変形する現象で、ワインドアップと呼ばれます。

CLOSE-UP

ワインドアップを防ぐトルクロッド

ワインドアップ現象が発生すると車体に不自然な上下振動が生じます。それを防ぐためにリーフスプリングに取り付けられるのがトルクロッドと呼ばれる緩衝用補強部材です。

リーフスプリング式サスペンションの構造

■リヤサスペンションにリーフスプリングを採用したレイアウト

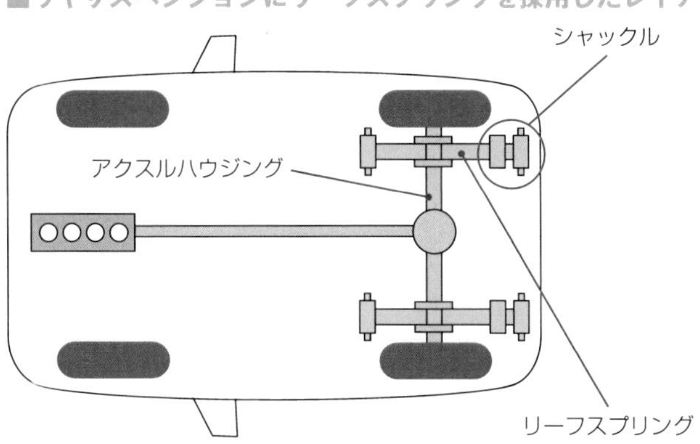

リーフスプリングを用いたリヤサスペンションでは、駆動輪のドライブシャフトはアクスルハウジングという鋼製の管の中を通っている。アクスルハウジングはリーフスプリングに金具で固定されている。リーフスプリングは車両の進行方向および横方向の剛性があるので、車輪の位置決めの役割も持つ。

■シャックルを介したフレームへの取り付け例

<MITSUBISHI FUSO>

左の写真はリーフスプリングを用いたトラックのリヤサスペンション。荷重が大きい車両はリーフスプリングの数を増やして対応する。リーフスプリングは荷重がかかるとたわんで前後方向の長さが変化するが、それを吸収するシャックルを介してフレームに取り付けられる。

トラニオン式サスペンションの構造

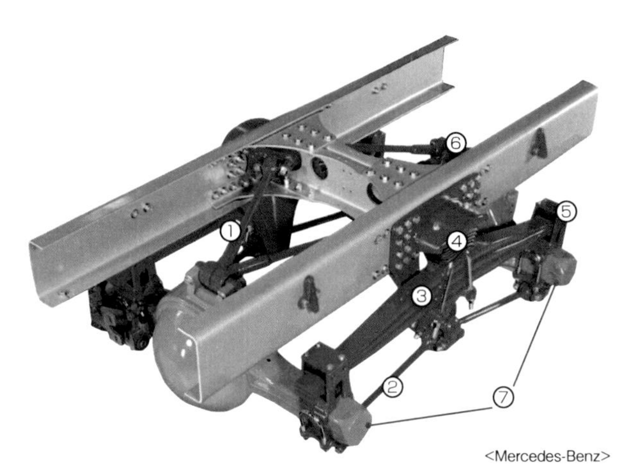

<Mercedes-Benz>

トラニオン式サスペンション各部の名称

①Ｖロッド
②トルクロッド
③リーフスプリング（倒立配置）
④センターピボット
⑤ゴム緩衝装置
⑥ゴム制御ロッドジョイント
⑦車軸

１組のスプリングで２本の車軸を支えるので構造がシンプル。上下２本のトルクロッドと車軸とシャシーで四角いリンク構造ができ、車軸が上下しても取り付け角度の変化が少ないのが特徴。トラックに採用されるが、頑丈にするため重量が増えるというデメリットもある。

エアスプリング（空気バネ）

●積載重量の多いバスや大型バスに多く使われている。
●空気圧と油圧を組み合わせて電子制御するタイプのものは、乗用車にも採用されていることがある。

●空気圧がスプリングの役目を果たす

エアスプリングとは、一般の金属バネとは異なり、気体である空気を利用します。具体的には、丈夫なゴム風船のようなバッグに高圧ポンプで空気を送り込み、圧縮された空気の反発力をスプリングとして使用します。

金属バネの場合、乗り心地を良くするために**バネレート**を下げる（バネを柔らかくする）と、乗車人数や荷物などの増加によって車両重量が増え、バネが縮み切ってしまう（**底突き**する）恐れがあります。その場合、バネとして適切に機能しなくなります。バネを柔らかくするには限界があるのです。それに対して空気（気体）は荷重がかかっても底突きすることはなく（空気はなくならないので）、車両重量が増えるにしたがってバネレートが上がっていくという特性があるのです。

●気体特有のバネレートを活用する

そのような特性から、構造は複雑でコストもかかりますが、積載重量の多い大型車の中でも乗り心地を重視するバスを中心にエアスプリングが広く採用されています。エアスプリングは空気の量を調整することで車高を変化させることができるので、バスの場合は乗降性にも寄与します。

また、大型車だけでなく、一般の乗用車でも金属バネにない滑らかな乗り心地と車高調整機能を使ったフラットな乗り心地を求めてエアスプリングを採用している例があります。ハイレベルな快適性と操安性を目指して電子制御によってショックアブソーバーとも連携させた形式、油圧と組み合わせてショックアブソーバーの機能を持った**ハイドロニューマチック・サスペンション**などがあります。

豆知識

路線バスの姿勢制御

路線バスには、乗客が乗り降りするとき車体が傾いて、道路との段差を小さくするものがあります。エアスプリングの片側だけ圧縮空気を抜いて、車体を傾けているのです。通常はレベリングバルブと呼ばれるエアバルブによって車体は水平に保たれています。

CLOSE-UP

空気バネの特性

「一定の温度の下では、圧力と体積は反比例する」というボイルの法則があります。バネに空気を採用した場合、荷物を積むと、空気バネが圧縮されて内部空気の体積が減少し、圧力が上がってバネ定数が高くなります。しかし、金属バネのようにボトム（底突き）することはありません。荷物を下ろすとバネはまた元の柔らかさに戻ります。そんな特性から空気バネは積載重量の変化が大きいバスや大型トラックに採用されています。

エアスプリングとショックアブソーバー

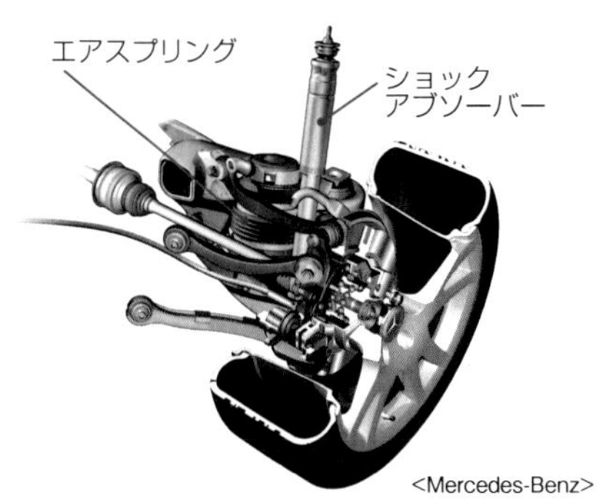

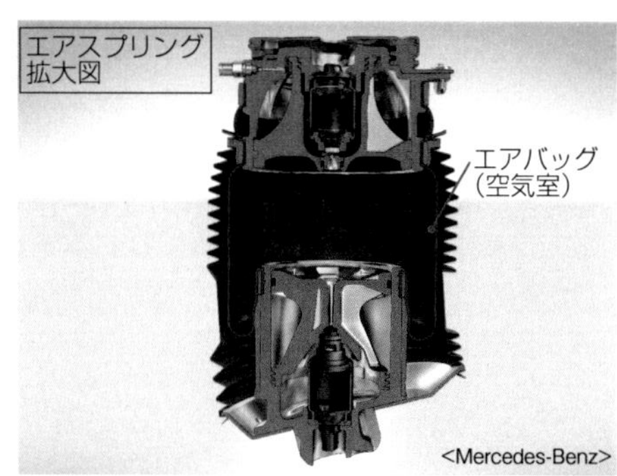

左図は金属バネ（コイルスプリング）の代わりにエアスプリングを装備したリヤサスペンションの一例。エアスプリングはエアポンプでエアバッグ（右図）の内部に高圧の空気を送り込み、空気（気体）の反発力をバネとして利用する。

大型トラックのエアスプリング

4バッグエアスプリングと呼ばれるタイプで、各車軸を4個のエアバッグが受け持っている。車軸はVロッドとトルクロッドが支持し、ショックアブソーバーとも連結している。車高調整も可能。

ハイドロニューマチック・サスペンション

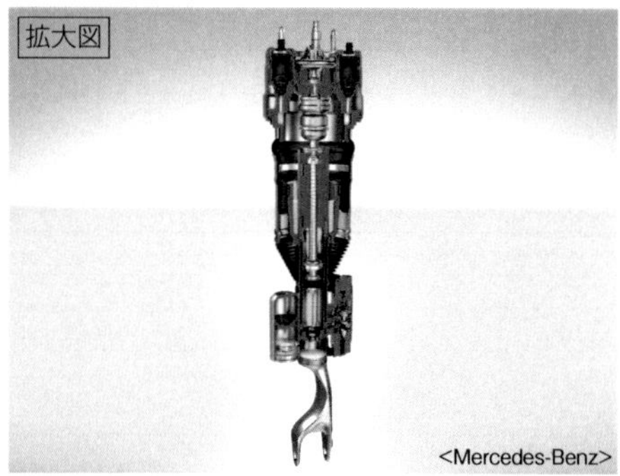

エアバッグ（空気室）と油圧シリンダーが一体に組み合わされている。乗用車の場合はどちらかというと乗り心地を重視する場合に採用されることが多いが、近年は状況に応じて特性を素早く変える高度な制御も可能になっている。

ショックアブソーバー

- ショックアブソーバーは車体の揺れを減衰させる役目を持つ。
- 自動車の性格に合わせて減衰力の特性が設定される。
- スプリングと組み合わせることにより機能を発揮する。

●車体の動きを穏やかに収束させる

スプリングは路面からのショックを吸収してくれる重要なパーツですが、一度伸縮するとその動きはなかなか止まりません。しかし、それでは車体が安定しないので、スプリングの動きを素早く収束して(**減衰効果**)、車体を安定させる必要があります。この働きをするのが**ショックアブソーバー**です。

ショックアブソーバー(**ダンパー**と呼ばれることもあります)は、粘性の高い特殊なオイルで満たされたシリンダーとその中で動くピストン、**ピストンロッド**、**オイルシール**などで構成され、内部にはオイルが通る小さな穴(**オリフィス**)とオイルの流れを制御するバルブが設けられています。粘性の高いオイルがオリフィスを通るときに生じる抵抗を利用して減衰効果を発揮するのがショックアブソーバーの作動原理です。

●オリフィスの設定で変わる減衰力特性

ショックアブソーバーには、構造的に分類すると**複筒式**と**単筒式**があり、オイルの流れる方向が一部異なりますが、基本的な原理は同じです。例えばサスペンションが沈み込む(スプリングが縮む)と、ピストンロッドが押し込まれます。すると、中のオイルはピストンに押され、オリフィスを通って移動しますが、穴が小さいので抵抗が生じ、それが減衰力になります。つぎに、スプリングが元に戻ろうとしてショックアブソーバーのピストンを引き上げますが、そのときもオイルの移動が行なわれ、押し込まれたときと同じように減衰力が発生します。

なお、ピストンロッドが押し込まれた際にその体積分だけオイルの行き場がなくなりますが、複筒式は外側の筒にオイルが移動、単筒式では内部のガス室が圧縮されることで吸収します。

用語解説

ピストンロッド
ピストンを支える棒のことです。車体側または車輪側に取り付けられます。ピストンロッドを上にして取り付ける場合を「正立」、下にして取り付ける場合を「倒立」といいます。

オイルシール
シリンダー内のオイルがピストンロッドの周辺から漏れるのを防ぐ役割をします。ピストンロッドの動きをガイドするアッパーガイドという部品と一体になって機能します。

豆知識

減衰力特性と操縦安定性

ショックアブソーバーは車両の挙動にも大きく関係します。縮み側と伸び側で減衰力特性を変えることもできますが、その設定によって、例えばカーブに進入したときの車体のロールの出方やコーナリング特性などの操縦安定性が変わってきます。もちろん、スプリングとのマッチングも重要になってきます。

ショックアブソーバーの種類と内部構造

■単筒式ショックアブソーバーの作動原理

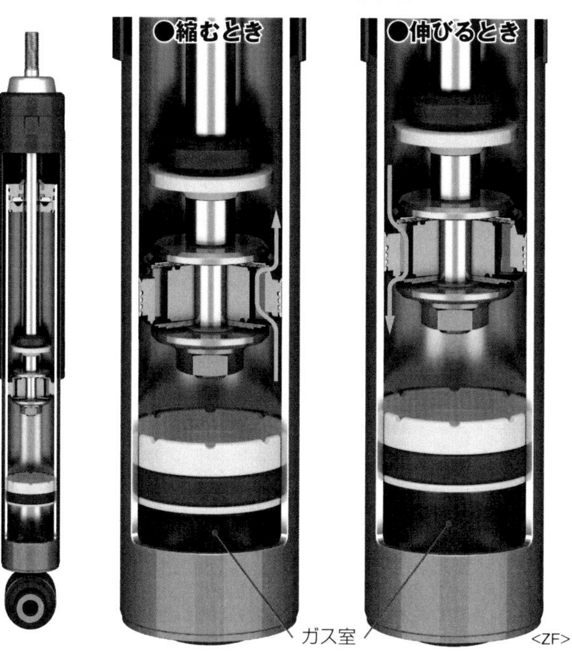

➡ 縮むときのオイルの流れ
➡ 伸びるときのオイルの流れ

筒の内部に高圧の気体を充塡したガス室が設けられている（隔壁が設けられオイルとガスは接触しない）。ピストンには、下降時に減衰力を発揮するオリフィスと、上昇時に減衰力を発揮するオリフィスが別々に設けられている。ピストンロッドの進入による体積増加分は、ガス室の気体が圧縮されることで吸収される。単筒式は複筒式に比べ冷却性が良いことに加え、ガスとオイルが完全に分離されているので、キャビテーション（オイル内に気泡が発生すること）が起きにくく性能低下が少ない。減衰力特性も大きく取れる。ただし高い加工精度が必要で、コストは高くなる。

■複筒式ショックアブソーバーの作動原理

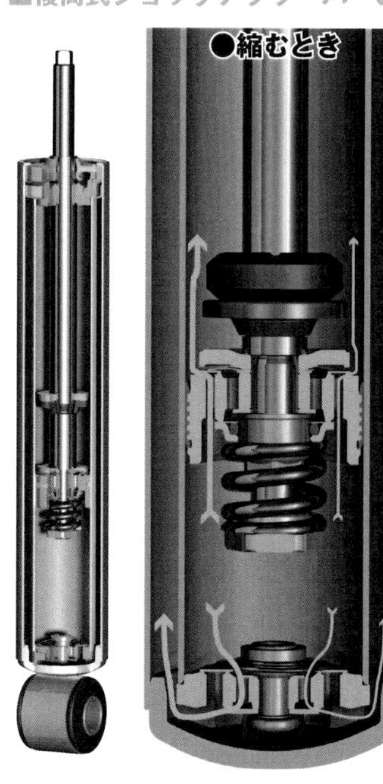

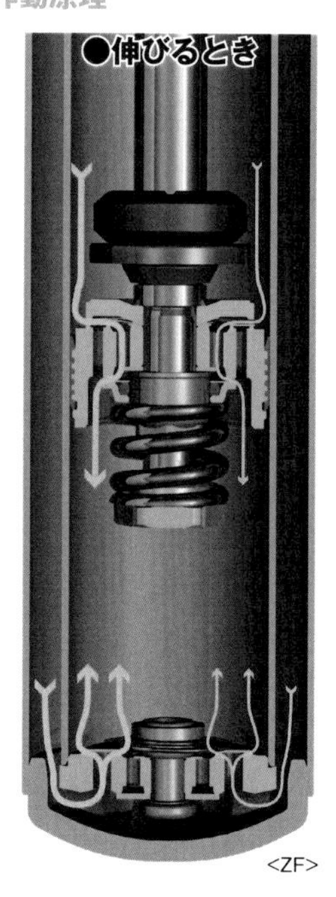

➡ 縮むときのオイルの流れ
➡ 伸びるときのオイルの流れ

内側と外側の二重構造の筒になっている。ピストンが下降するとピストンに設けられたオリフィスから内部のオイルがピストン上部に移動。しかし、内側の筒の中に入り込んだピストンロッドの体積分だけオイルの行き場がなくなる。その分のオイルは内側の筒の底にあるオリフィスから外側の筒に移動（外側の筒の上部には低圧の不活性ガスが封入されている）。複筒式はオイルとガスが接しているため、ピストンが激しい動きを繰り返すとオイル内に気泡が発生し（キャビテーション）、ショックアブソーバーとしての性能が低下しやすい。

スタビライザー

POINT
- 左右のサスペンションをつなぎ、車体の挙動を安定させる。
- 独立懸架方式のサスペンションシステムで必要とされる。
- トーションバースプリングタイプが最も普及している。

●押さえつける役目のスタビライザー

スタビライザーとは、一般には揺れを減少させて安定させる装置や機能のことをいいますが、自動車では左右のサスペンション（アーム）をつなぎ、カーブなどで車体が傾いたときに、その傾きを抑えることで車体の挙動を安定させる部品のことを指します。略して「スタビ」と呼んだり、**アンチロールバー**と呼んだりすることもあります。

スタビライザーを取り付ける必要があるのは独立懸架方式のサスペンションシステムを採用している場合で、左右輪が固定されている**固定車軸方式**（**リジッドサスペンション**）では多くの場合、スタビライザーを必要としません。

●ねじりバネの反力を利用する

多くの場合、スタビライザーには**トーションバースプリング**（**ねじりバネ**）が採用されています。車輪が路面に応じて動くとき、左右輪が同時に同じ方向に上下する場合は、スタビライザーは働きません。左右輪が上下逆の動きをするとき、片方の車輪が受けた路面からの衝撃を抑えて左右両輪で受け持つ形になり、車体の揺れを抑える効果が生まれます。

同様にカーブを曲がるとき、カーブの外側ではサスペンションが沈み込み、内側は伸びる状態となります。結果的に車体は大きく傾きますが、このとき力を受けたスタビライザーがねじられるため、その反力で車体の傾きを抑えようとする効果が生まれます。車体が傾くことを**ロール**といいますが、これを防ぐということから、アンチロールバーとも呼ばれるのです。

なお、フロントサスペンションでは、エンジン部品との干渉を防ぐために形が左右対称になっていないものも見られます。

用語解説

ロール

車両に発生する動きの1つで、進行方向を軸にして右または左に回転する（傾く）ことをいいます。クルマによってその軸の高さ（ロールセンターといいます）や、ロールする速さ、姿勢などが異なり、それによって運転者に与える感覚も異なります。カーブで車両に作用する遠心力によってロールは起こります。サスペンションが柔らかいほどロールしやすくなります。

スタビライザーの構造と装着

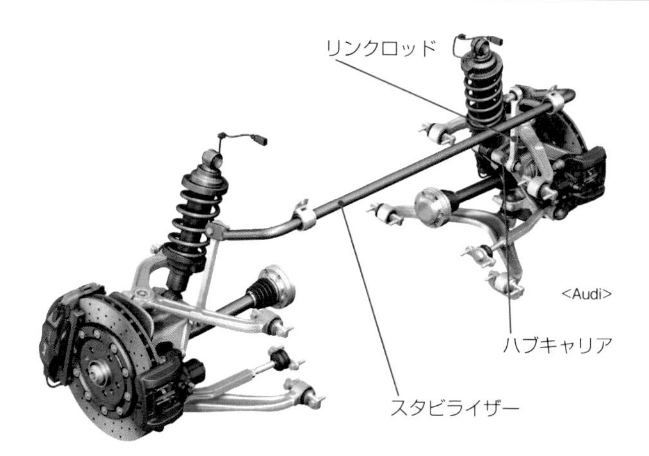

スポーツカーのリヤサスペンションに装着されたスタビライザー。スペース的に余裕があるので比較的上方に配置されている。スタビライザーの両端はリンクロッドを介して車輪側のハブキャリアに連結されている。

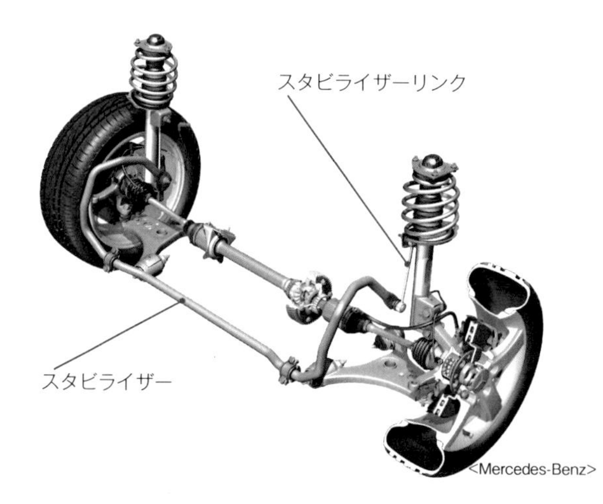

4WD車のストラット式フロントサスペンションにスタビライザーが装着された例。スタビライザーの両端は最終的にストラットの中央付近に連結されている。左右のサスペンションのストローク量の差がスタビライザーをねじり、その反力がロールを抑える働きをする。

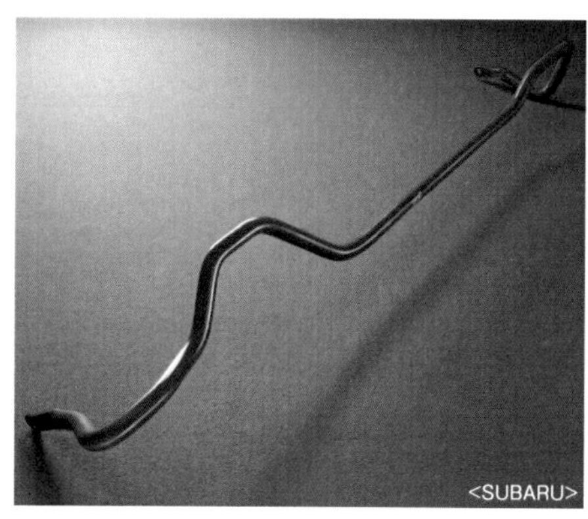

スタビライザーは直径（太さ）や長さ、材質によって特性が変化する。求める性能に適した設計が施される。

ボディーの下に取り付けられるスタビライザーは、フロアやほかのパーツと干渉しないような形状が求められる。

ホイールアライメント

●ホイールアライメントは車輪の向きや角度のことで、セッティングによって自動車の直進性、安定性、操舵感が大きく変化する。
●キャンバー、トー、キャスターの3つの要素がある。

●ホイールアライメントの重要性

ホイールアライメントとは、車輪を車体に組み付けたときの車輪の向きや角度などのことで、「**キャンバー**」「**トー**」「**キャスター**」の3つの要素があります。

まず、自動車を正面から見たときの車輪の垂直方向の傾きを**キャンバー角**といいます。車輪が外側に傾いていたら**ポジティブキャンバー**、逆に車体の内側に傾いていたら**ネガティブキャンバー**と表現します。左右輪ともネガティブキャンバーなら正面から見て２つの車輪は末広がりの「ハの字」になります。

次に**トー角**は、ハンドルを直進状態にしたときに進行方向と車輪の向きがなす角度のこと。自動車を上から見て、車輪の先端が外側に向かって広がっている状態を**トーアウト**、その反対を**トーイン**と表現します。左右輪ともトーインなら上から見て車輪は進行方向側がすぼまった「ハの字」になります。

●操縦安定性や操舵フィーリングに深く関与

3つめの**キャスター角**は、自動車を横から見て、舵を切るときに回転の中心になる軸である**キングピン**の傾きをいいます。これは操舵する前輪に対してだけの値です。

ホイールアライメントの各要素はサスペンション機構とともに、自動車の直進性、旋回性、ハンドルを切った後の復元力、操舵力などに大きく関係しています。キャンバーやトーは角度ゼロ、つまり車輪が真正面に向き垂直に立っている状態が良いように思われますが、実際にはサスペンションの沈み込みやストロークも考慮した適切なセッティングが必要になります。キャスター角も直進性、操舵力、復元力に関与するため、自動車の特性に合った設計が施されます。

用語解説

キングピン軸

ハンドルを切ると前輪が向きを変えますが、その前輪が回転する際の中心軸のことをキングピン軸といいます。キングピンというパーツが存在する場合もありますが、実際にパーツとしてのキングピンがなくても、回転軸となる上下の支点をつなげたラインをキングピン軸と呼びます。

豆知識

スクラブ半径

自動車を側面から見たときの傾きをキャスター角というのに対し、正面から見たときのキングピン軸の傾きをキングピン角といいますが、このときのタイヤの接地面の中心とキングピン軸の地面との交点の距離を、スクラブ半径と呼びます。自動車が加速・減速する際にスクラブ半径の違いによりタイヤが地面から受ける力のかかり方が異なり、操縦安定性に差が生じます。

ホイールアライメントの3つの要素

■キャンバー角

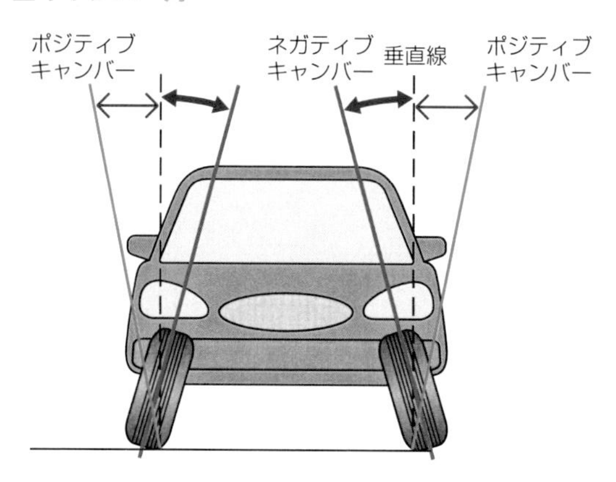

自動車を正面から見て、垂直線から車輪がどれだけ傾いているかを表すのがキャンバー角。車輪の上部が車体の中心に傾いている状態をネガティブキャンバー、外側に傾いている状態をポジティブキャンバーという。キャンバー角を付けるとタイヤの接地面が変形し、車輪が傾いた方向にグリップ力が発生する(キャンバースラスト)。そのため、レーシングカーなどでは強めのネガティブキャンバーに設定しコーナリング性能を高めている。一般車でもスポーツタイプの車両ではネガティブキャンバーに設定しているものもあるが、あまり角度を付け過ぎるとタイヤの偏摩耗の原因になる。走行中はサスペンションのストロークによってキャンバー角が変化することもある。

■トー角

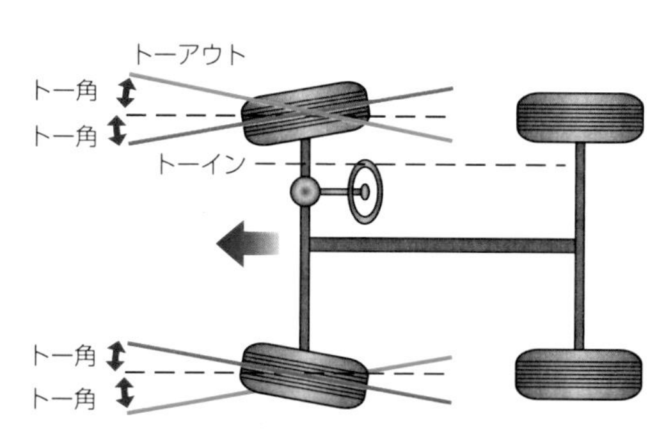

自動車を上から見て、直進状態で進行方向と車輪の向きがなす角度をトー角という。図のように車輪が進行方向より内側を向いている場合はトーイン、反対に外側を向いている場合はトーアウトと表現される。トー角はキャンバー角ともリンクして設定され、直進性に大きく関与する。また、トー角はハンドル操作のフィーリングにも影響を与える。ホイールアライメントの重要な要素として、車検時のチェックポイントにもなっている。

■キャスター角

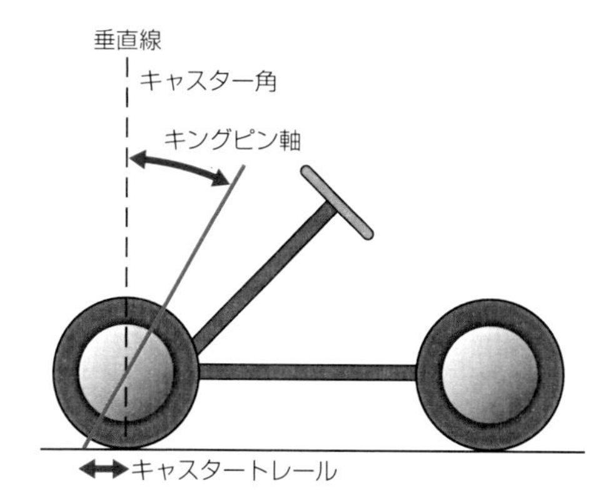

操舵のために前輪が向きを変える際に回転の中心となる操舵軸をキングピン軸という。自動車を側面から見て、そのキングピン軸の傾きをキャスター角といい、キングピン軸の延長線と地面が交差する点とタイヤの接地面の中心との距離をキャスタートレールという。キャスター角の設定値は直進性や旋回時のハンドルの復元力（直進状態に戻ろうとする力）、操舵力（ハンドル操作の重さ）に影響する。また、旋回時はキャスター角によりキャンバー角が変化し、旋回力を高める方向に働く。

column

マルチリンク式サスペンションによるコーナリング性能の向上

近年の乗用車に採用されるサスペンションは、マルチリンク式サスペンションが主流になってきています。後輪にマルチリンク式サスペンションが採用される以前は、セミトレーリングアーム式サスペンションが採用されるのが主流でしたが、これには種々の問題（P.147参照）がありました。その問題を克服して登場したのがマルチリンク式サスペンションでした。

マルチリンク式サスペンションに代表されるように、リンクブッシュのたわみによってステア角（車体の前後方向の向きに対して車輪が傾く角度）を変化させるのは、4WS（P.180参照）などのようにアクティブ（能動的）にステア角をコントロールすることとは異なり、コーナリング時に発生する横力やブレーキ時に発生する前後力を利用して、パッシブ（受動的）にステア角をコントロールするものです。すなわち、現在のサスペンションではアームなどの可動部分にあるブッシュというゴム部品が、サスペンションの能力を高めるために重要な役割を果たしているのです。

ダブルウィッシュボーン式サスペンションと比べても、マルチリンク式サスペンションには良い点があります。それは、コーナリング時に積極的にタイヤに加わる横力に応じて車輪のトー角をコントロールできることです。あたかも4輪操舵のようなコントロールができ、さらにコーナリング中に行なうブレーキングの際に、後輪の外輪がトーインとなって、積極的に横力を発揮して車両の安定性を高めてくれるのです。

なお、FF車の後輪のサスペンションには、トランクルームの必要なスペースを確保するために有利な構造のトーションビーム式サスペンション、あるいはその性能を高めたマルチリンクビーム式サスペンションなどが用いられています。

第4章

操舵系

ステアリング、ホイール、タイヤ

自動車を思い通りに操縦するために最も重要なステアリング装置と、自動車が地面に接する唯一の部品であるタイヤとホイール。安全性に直接つながると同時に、ドライバーの運転感覚にも大きく影響する要素です。

ステアリングの役割

- ドライバーの意思通りに自動車の進行方向を変える。
- ステアリングの回転運動を直線運動に変換して車輪を曲げる。
- ステアリングレシオとは、ハンドルを回す角度と車輪の曲がる角度の比。

●ドライバーの意思を安全かつ快適に反映する

ドライバーの意思通りに、自動車の進行方向を変える機能を担うのが**ステアリングシステム**です。

運転席で**ステアリングホイール（ハンドル）**を回すと、**ステアリングシャフト**が回転します。ステアリングシャフトは**ステアリングギヤボックス**まで一直線に接続できることは少ないため、分割したシャフトを**ユニバーサルジョイント**でつなぎ、角度を変えて回転を伝えます。ステアリングの回転運動は、ステアリングギヤボックスで直線運動に変換されます。変換するのは、**ラック&ピニオン式**または**リサーキュレーティングボール（ボール・ナット）式**と呼ばれる装置です（P.164参照）。

●より快適な操作のための工夫

ハンドルの操作量（回す角度）と車輪の曲がる角度（舵角）との比を**ステアリングレシオ（ステアリングギヤ比）**といいます。例えば、低速で車庫入れをする場合は大きくハンドルを切ることが多いので、ギヤ比を小さくして、わずかなハンドル操作で素早く操舵したいところです。しかし、高速道路などで、わずかな操作で大きく操舵してしまうと危険です。そうした相反する状況に対応するために、車速などの状況に応じてギヤ比を変化させる機能を備える自動車もあります。また、ステアリングギヤボックスでは回転力が増幅されるしくみになっていますが、それでも不足するパワーを補うために、**パワーステアリングシステム（パワーアシスト）**が備わっています。電動式と油圧式があり、電動式にもいくつかの方式があります。そうした機構によって生まれた直線運動は、**タイロッド**によって車輪を取り付けるハブキャリアと呼ばれる操作部に伝えられます。

用語解説

タイロッド

ステアリングの動きを前輪に伝え、前輪の方向を変えるロッド（金属製の棒）のこと。一端がステアリングギヤボックス方向、もう一端が前輪を保持するハブキャリアから伸びるナックルアームにつながっている。ナックルアームを押したり引いたりすることで前輪の向きを変える。

豆知識

ステアリングの調整機能

ドライバーの運転姿勢にステアリングホイールの位置を合わせる機構として、ハンドルの高さを調整するチルトステアリング、前後位置（ドライバーとの距離）を調節するテレスコピックステアリングと呼ばれる機能を持つ車種もあります。

ハンドルの回転運動を直線運動に変える

■ステアリング系の全体図

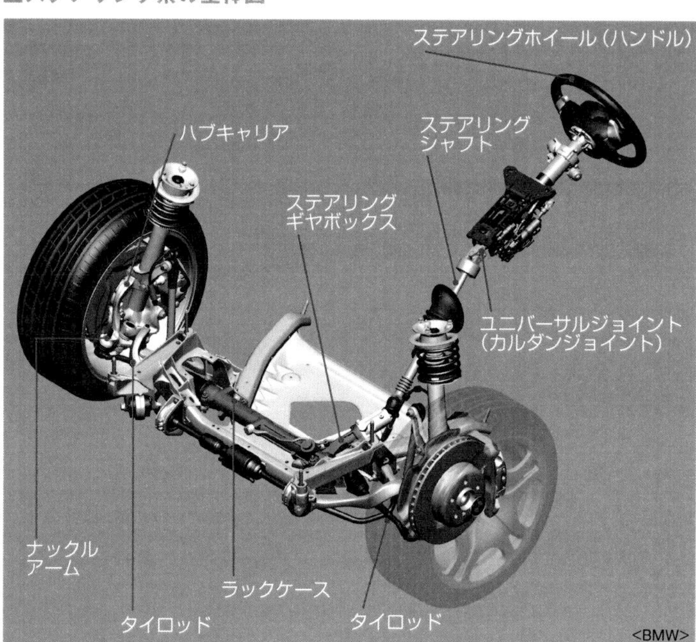

ステアリングホイール（ハンドル）の回転はステアリングシャフトを回し、ユニバーサルジョイント（カルダンジョイント）で角度を変えてステアリングボックスに至り、そこで直線運動に変換される。この図はラック&ピニオン式。回転力の不足を補うためにパワーステアリングシステムが装備されている。この図は油圧式でラックケース内のシリンダーを油圧で駆動してアシストしている。その直線運動はタイロッドによってハブキャリアに伝えられる。

■タイロッドとハブ周り

ハブの周辺を拡大したもの。左ハンドル車でラックアシスト（P.166参照）の電動パワーアシストを備えている。ハブキャリアの形状はサスペンションの形式によって異なる。

ステアリング装置の種類

- ●ラック&ピニオン式とリサーキュレーティングボール式の2方式がある。
- ●レスポンスの良さと正確性がドライバーの運転感覚に影響する。
- ●現在はラック&ピニオン式が主流になっている。

●ダイレクト感があるラック&ピニオン式

ステアリング機構では、ハンドル操作の回転運動を、操舵輪の向きを変えるための左右方向の動きに変換する必要がありますが、その働きをするのが**ステアリングギヤボックス**です。

ステアリングギヤボックスの形式で現在主流になっているのは**ラック&ピニオン式**です。このタイプはステアリングシャフトとつながったピニオンギヤと、**ステアリングラック**と呼ばれる片面に歯が刻まれた板状のギヤで構成されています。ラック&ピニオン式では、ピニオンギヤとラックギヤが噛み合わされ、ピニオンギヤが回転することによってラックギヤが横方向に移動。その動きを**タイロッド**を介して伝え、前輪の向きを変えます。その特徴は構造がシンプルでレスポンスが良く、路面からの情報がステアリングに伝わりやすいなどといった点です。

●滑らかなリサーキュレーティングボール式

ステアリングギヤボックスのもう1つの形式が**リサーキュレーティングボール式**(以下、RB式)です。RB式のギヤボックスでは、ステアリングシャフトに直結する(らせん状に溝が切られた)ウオームシャフトが回転すると、ナットの間に並んだ鉄のボールが溝の中を動きます。それによってナットがシャフト方向に移動するしくみです。ナットの外側には歯が刻んであり、その動きを別のシャフト(セクターギヤ)が受け、さらにリンク機構を介して前輪を操舵します。

RB式は動きが滑らかで、ハンドルが路面から受ける反力が小さいのが特徴です。しかし、レスポンスの問題や構造が複雑でスペース効率が悪いなどの理由で、現在は採用例が少なくなっています。

豆知識

レーシングカーのステアリング

F1などのレーシングカーも、ラック&ピニオン式を採用しています。レーシングカーのステアリングホイールにはほとんど「遊び」がありません。またステアリングホイールは、もはやホイールとは名ばかりで実際には丸くないものもあるばかりか、インジケーターやボタンが並ぶ計器板も兼ねたボードというべき形状をしているものもあります。

ラック&ピニオン式ステアリングの構造

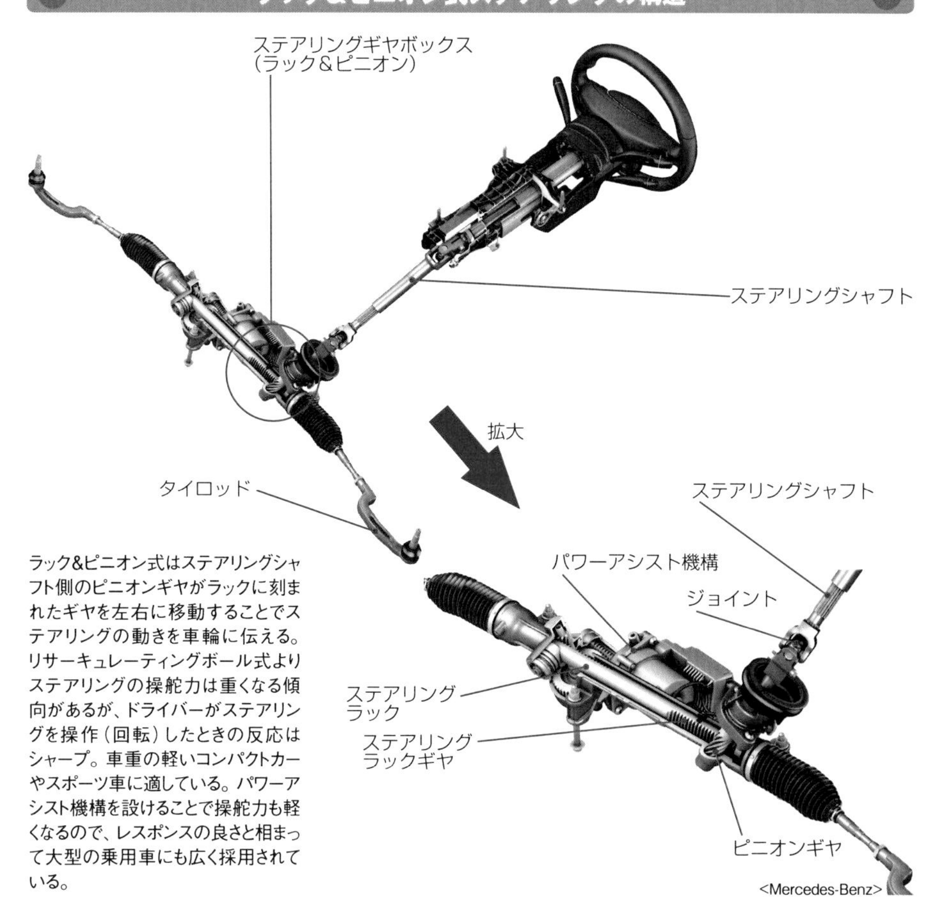

ラック&ピニオン式はステアリングシャフト側のピニオンギヤがラックに刻まれたギヤを左右に移動することでステアリングの動きを車輪に伝える。リサーキュレーティングボール式よりステアリングの操舵力は重くなる傾向があるが、ドライバーがステアリングを操作(回転)したときの反応はシャープ。車重の軽いコンパクトカーやスポーツ車に適している。パワーアシスト機構を設けることで操舵力も軽くなるので、レスポンスの良さと相まって大型の乗用車にも広く採用されている。

<Mercedes-Benz>

リサーキュレーティングボール式ステアリングの構造

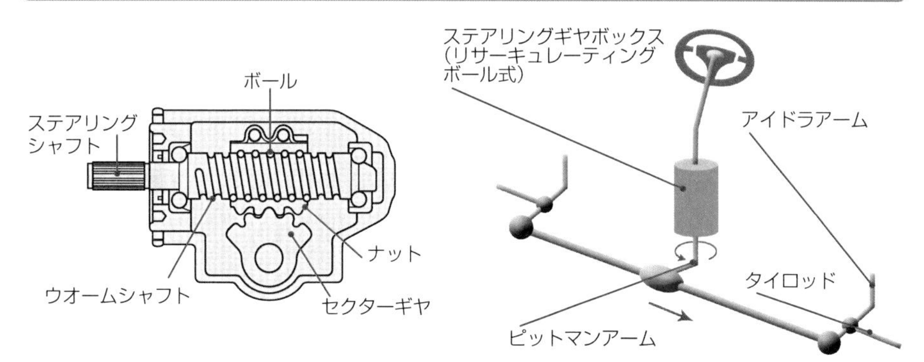

ウオームシャフトとナットの溝の間にボールベアリングが入っており、そのボール(金属球)が循環するように移動するのでリサーキュレーティング(循環)ボール式と呼ばれる。

ステアリングギヤボックスの動きを受けてピットマンアームが左右に回転。その動きがアイドラアームを経てタイロッドに伝わり、前輪の向きを変える。

電動アシストステアリング

●電気モーターのアシストによってステアリングの抵抗感を低減。
●トルクセンサーがドライバーのステアリング操舵量を感知。
●アシスト用電気モーターの設置場所によって特性が変わる。

●シンプルで効率のよい電動アシスト式

電動アシストステアリングは、モーターによってドライバーがステアリングホイールを回す力をアシスト（補助）します。**ステアリングシャフト**には**トルクセンサー**が取り付けられ、ドライバーのステアリング操作量や操作状況を感知します。その情報を専用の**ECU**が処理し、電気モーターのアシストを制御するのです。電動アシスト式の**パワーステアリング**は構造が比較的シンプルでパワーロスも少ないことから、現在では多くの車両に採用されています。

電動アシストステアリングは、ステアリング系のどこにモーターを取りつけるかによっていくつかの種類があり、それぞれ特性が異なります。

●小型車に多いコラムアシスト式

ステアリングホイールに近いコラム付近にモーターと駆動用ギヤボックスを取り付ける方式は**コラムアシスト**と呼ばれます。ステアリングシャフトに負担がかかるのでアシスト量は抑えられますが、操舵力をあまり必要とせず、またエンジンルームに設置する余裕がないコンパクトカーに広く採用されています。

また、ステアリングギヤボックスのピニオンギヤ付近にモーターを取りつけるのが**ピニオンアシスト式**です。ステアリングシャフトに負担はかかりませんが、ピニオンギヤには大きな力がかかるので、アシスト量にもある程度限界があります。

ラックアシスト式はステアリングボックスのラックギヤの動きを直接モーターでアシストします。そのほか、ステアリングギヤボックスとは別にアシスト専用のギヤユニットを設けた**デュアルピニオン式**など、いくつかのタイプがあります。

豆知識

車速感応式パワステ

車速によってパワーステアリングの操舵力アシスト量が変化するシステム。低速では軽く操作できますが、速度が高まるにしたがってアシスト量を減らすことで安定感のある操舵フィーリングを実現しています。

可変ステアリングレシオ

ハンドルの回転角と操舵輪の回転角度の比率をステアリングギヤレシオといいますが、この比率を変更することで、車庫入れなど低速のときはハンドルの動きに対して前輪が大きく切れて操作を楽にし、高速走行時にはレシオを下げて過敏な反応を防ぎ操作感を向上させることができます。

電動アシストステアリングの構造

■コラムアシスト式

インストルメントパネル内のステアリングシャフト脇に電動アシストのためのモーターとギヤボックスを取り付ける方式。ステアリングシャフトへの負担が大きいので、アシスト量に制約がある。

■ピニオンアシスト式

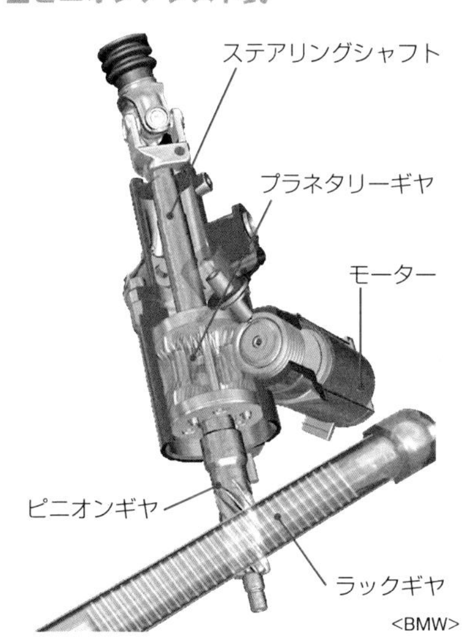

ラック&ピニオン式の、ギヤボックスのピニオンギヤ部分にアシスト機構を装着した方式。コラムアシスト式に比べてステアリングシャフトに対する負担は少ない。なお、図の装置はモーターの回転を減速してギヤに伝えるが、その機構にプラネタリーギヤを用い、車速に応じてステアリングのギヤレシオも変わるしくみを採用している。

■デュアルピニオンアシスト式

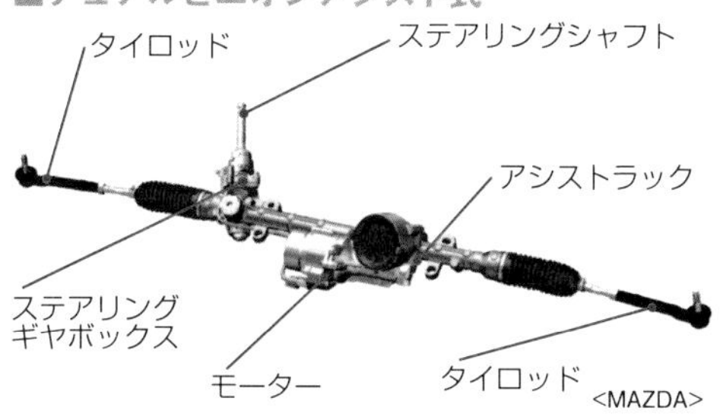

ラック&ピニオン式のステアリングギヤボックスで、ステアリングシャフトから回転を受ける部分とは別に、モーターで駆動されるピニオンギヤを持つタイプ。ステアリングシャフトや本来のステアリングギヤボックスに負担がかからないので、アシスト量の自由度が高い。

■ハーモニックドライブ

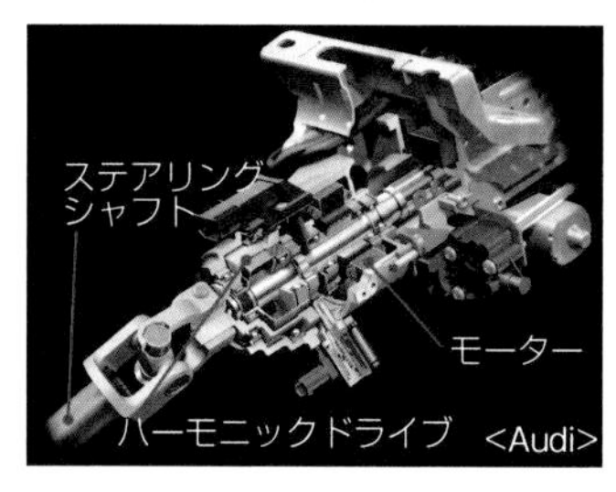

ステアリングレシオやアシスト量を可変にするシステムの一例。正確な作動制御が可能なハーモニックドライブというメカニズムと電気モーターを組み合わせたタイプ。

油圧アシストステアリング

●エンジンで駆動される油圧ポンプの圧力で操舵力をアシストする。
●滑らかな作動を得られる半面、油圧ポンプの駆動によるパワーロスや部品点数が多くコストがかかるため、採用例は減少している。

●複雑でスペースが必要なシステム

油圧によってドライバーのステアリングホイールの操舵力をアシストするのが**油圧アシストステアリング**で、パワーステアリング専用の**オイルポンプ**とオイル、**リザーバータンク**が備えられています（駆動力はエンジンから取ります）。以前は乗用車にもこのシステムが多く採用されていましたが、採用されるにはエンジンのパワーに余力が必要です。また、専用のオイルポンプや**オイルタンク**、場合によっては**オイルクーラー**なども搭載しなければならず、全体的に複雑でスペースを取り重量が増します。そのため、簡単な構造で軽量な電動アシストが実用化されると、たちまち入れ替わってしまいました。

ただし、エンジンパワーに余裕のある一部の乗用車のほか、大型のトラックなどでは今でも主流となっています。

●電動式と油圧式の合体方式もある

油圧アシストステアリングは、ステアリングシャフトの途中に短い**トーションバースプリング**（**ねじりバネ**）と2つのオイルバルブを組み合わせた**パワーステアリングユニット**が取り付けられています。ステアリングを左右に動かすとトーションバースプリングがねじれることで、右または左のオイルバルブが開き、操舵をアシストするように油圧が働くしくみです。

ステアリングを回しているときだけ油圧アシストが効果を発揮しますが、オイルポンプでは油圧が常につくられているため、直進中でもエンジンのパワーを消費してしまいます。またエンジンが動いていないと、油圧をつくり出すことができないので、アイドリングストップ中は使えません。このため、オイルポンプを電気モーターで、必要なときだけ駆動する方式もあります。

豆知識

電動油圧アシスト

油圧アシストは油圧ポンプをエンジンの力で駆動しているため、停車中にエンジンが止まるアイドリングストップやハイブリッド車のEVモード、さらには電気自動車では機能しませんが、電動油圧アシスト式（または電動アシスト式）なら油圧アシストを使えます。

CLOSE-UP

操舵フィーリング

ステアリングのアシスト機構は、操舵力を軽減することが目的ですが、同時にドライバーにハンドルを通じて路面からの情報も伝えています。ハンドルを切ったときに路面からどのような反力（手応え）があるのか、タイヤのグリップ状況はどうかなど、ドライバーは多くの情報を得ています。情報伝達の面では油圧アシスト式が優れているといわれますが、電動アシスト式も制御技術の進歩により、操舵フィーリングが向上してきています。

油圧アシストステアリングの種類と構造

■油圧アシストステアリングの構造

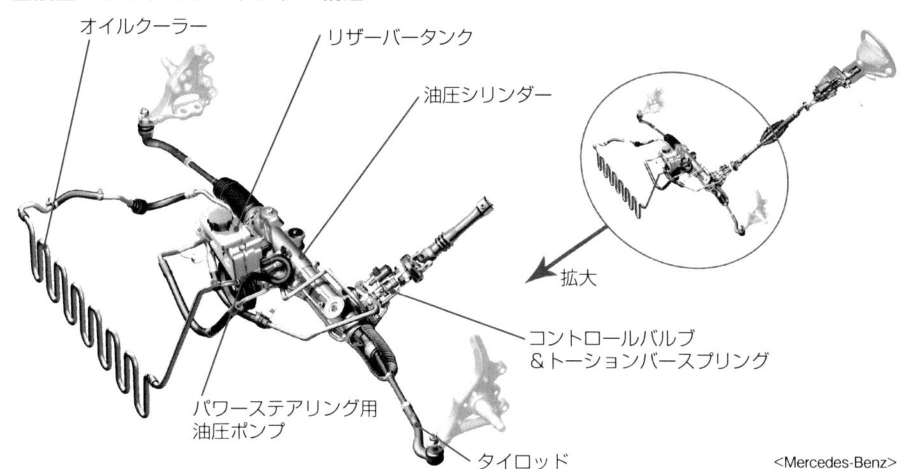

<Mercedes-Benz>

油圧アシストステアリングはステアリングシャフトにトーションバースプリングとオイルのコントロールバルブが設置されている。ハンドルを左右に回すとトーションバースプリングがねじれることでオイルバルブが開き、操舵をアシストするように油圧が発生する。オイルポンプはエンジンの力で動かしているが、アシストが必要ないときでも油圧は常時つくられるため、エンジンパワーを消費する。

■電動油圧式電子制御アシストステアリングのしくみ

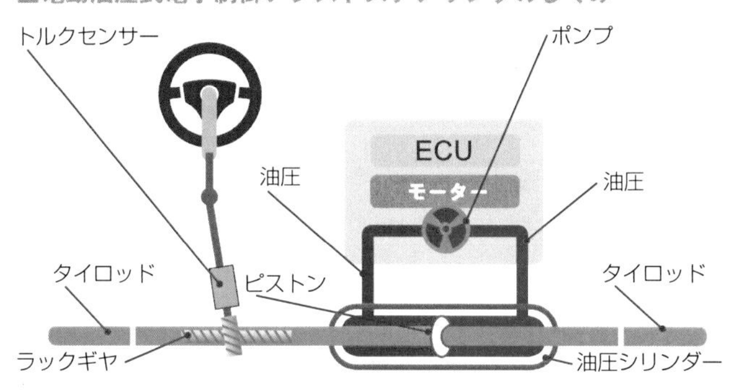

油圧の発生をモーターで行なう電動油圧式の電子制御アシスト機構。ステアリングギヤボックスのラックギヤの端は図のように油圧シリンダーの中まで続いている。ステアリングシャフトにはトルクセンサーが設けられ、操舵力を感知するとその情報をECUに送る。ECUはそのときの車速なども計算し、右または左の回路に適正な油圧をかけてラックギヤの動きをアシストする。

■油圧シリンダーの構造

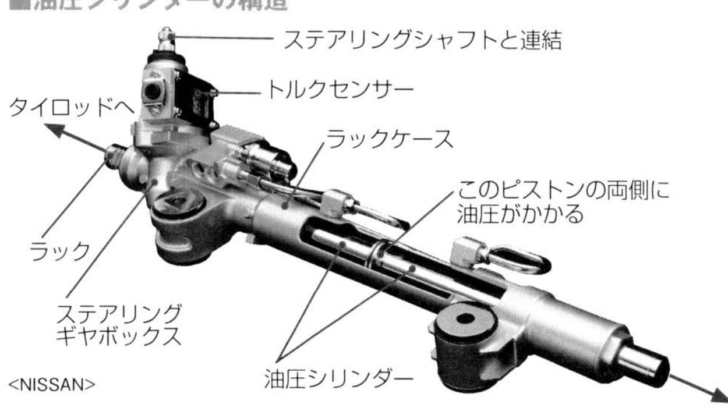

<NISSAN>

左図はこのページの一番上の図の、油圧シリンダー周辺の詳細図。油圧シリンダーの中に仕切りのようなピストンがあり、この両側に油圧がかかる。ハンドルを右に切るとラックは正面から見て左に移動する。そのときECUからの指示でピストンの右側のシリンダーに油圧をかけピストンを左に動かすことで操舵力をアシストする。

ホイールとタイヤの役割

- 「走る」「曲がる」「止まる」という自動車の基本運動すべてにかかわる重要な機能を持つ。
- 自動車が路面と接する唯一の部品がタイヤ、それを支えるのがホイール。

●軽さと強さが求められるホイール

ホイールは、ドライブシャフトからの駆動力をハブとともに受け止め、タイヤと一体になって回転します。より軽く、しかし強度も求められるため、さまざまなつくり方、素材、形状が研究されています。とくに、**アルミホイール**は軽いため燃費に貢献することもあって、現在では主流になっています。

●つくり方で特性が演出されるタイヤ

自動車は**タイヤ**がないと走れません。タイヤは自動車が路面と接する唯一の部品です。

タイヤが路面に駆動力を伝え始めると自動車が動き始めますが、このとき前後方向の力がかかります。また、カーブを曲がるときにハンドルを切ると、タイヤにかかる**遠心力**に反して**求心力**（旋回するための力）が発生し、進行方向に向かって横方向の力がかかります。そして、止まるときには**制動力**を発揮し、前後方向の力がかかります。これらの制動力は、路面とタイヤの摩擦力から生み出される**グリップ力**から成り立っています。このグリップ力が高ければ、ブレーキをかけたときに短い距離で止まることができます。

また、タイヤは停車しているときは車両の全重量を支え、上下方向の力がかかっています。同時に、走行中には路面からの衝撃も受け止め、空気バネの役割も果たし、これも上下方向の力がかかります。なお、タイヤ自体は、基本的に**コンパウンド**といわれるゴムでできています。一口にゴムといっても、そこにはさまざまな溶剤などが配合されています。その配合なども部位によってつくり分けられています。また、強度やしなやかさなどを確保するために、樹脂や金属の部材も使われています。

用語解説

コンパウンド

タイヤを形成するゴム質のこと。天然ゴム、合成ゴム、補強剤であるカーボンブラック(タイヤの色の由来)、オイルなどさまざまなものが含まれます。また、タイヤ全体のコンパウンドは均一ではなく、部位の特性に応じた配合でつくられます。

豆知識

タイヤの適正空気圧

タイヤは空気をたくさん入れた方(空気圧を高くした方)が耐荷重が増え、転がり抵抗は減るので、燃費はよくなります。ただし、接地面積が減少してグリップが落ちたり偏摩耗の原因にもなるほか、乗り心地も損なわれます。逆に空気圧が低すぎると燃費が悪くなり、さらに高速走行時にはタイヤの変形・発熱が激しくなりタイヤがバーストする危険もあります。車両によってタイヤの適正空気圧が決められているので、点検の際には空気圧の確認も重要です。

タイヤの4つの機能

①**曲がる・真っすぐ走る**＝カーブでは曲がり、直線路では直進を維持する。
②**走る・止まる**＝駆動力や制動力を路面に伝える。
③**荷重を支える**＝車体重量、乗員、荷物などの重さを支える。
④**衝撃を吸収する**＝路面の凹凸による衝撃を吸収して乗り心地を確保する。

<ZF>

コーナリング時のタイヤに働く力

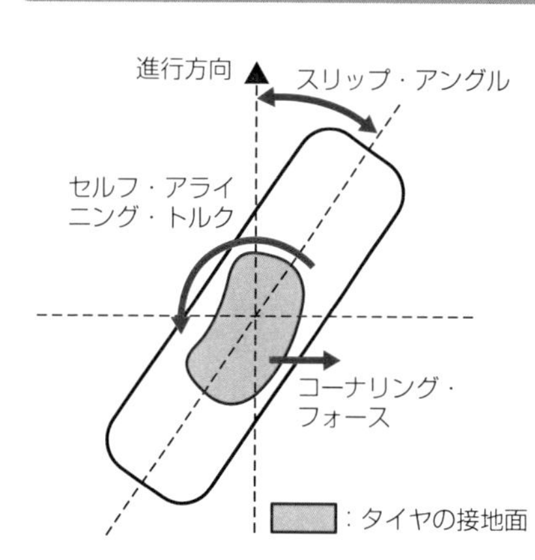

上の図はコーナリング中のタイヤを真上から見た場合の模式図。タイヤが路面から受ける力によって接地面の形状が変化する。ハンドルを切って前輪が向きを変えるとスリップアングルが生じ、それによって発生するコーナリングフォース（進行方向に直行する横向きの力）が車両の進む方向を変化させる。

●コーナリング・フォース
ハンドルを切ると、カーブの外に向かう力を感じる。これが遠心力で、それに反発する力を求心力という。カーブを曲がるためにはタイヤが路面をグリップして生み出す求心力が、遠心力よりも大きい必要がある。このグリップする力をコーナリング・フォースという。タイヤの摩擦力によって自動車の進行方向と直角に働く。

●スリップ・アングル
曲がっているときに、自動車はわずかに横滑りしているため、タイヤの向きと進行方向はずれている。この角度をスリップ・アングル（横滑り角）という。

●セルフ・アライニング・トルク
曲がるときにタイヤの接地面はゆがみ、コーナリング・フォースが働くのは接地面の後ろ寄りになる。このズレを元に戻そうとする力がタイヤの向きを直進方向に引き戻す力として作用する。これがセルフ・アライニング・トルク。

●コーナリング・パワー
スリップ・アングルが大きくなると一定の角度まではコーナリング・フォースも大きくなる。その増える割合をコーナリング・パワーという。

ホイールの素材

POINT
- ホイールの素材には軽さと強さが求められる。
- 一般的な乗用車にはアルミホイールやスチールホイールが使われる。
- レース用では超軽量のマグネシウムホイールも使われる。

●軽くてデザイン性のあるアルミホイール

軽さと強さを要求されるホイールの主な種類には、**アルミホイール**や**スチールホイール**、**マグネシウムホイール**があります。

まず、軽くてデザイン性のあるアルミホイールは、装着したときに**バネ下重量**を軽くできるのが特徴です。バネ下重量が軽いとバネ下の固有振動数が高くなり、サスペンションの路面に対する追従性が良くなるため、操縦性や乗り心地が向上します。また、軽量化は燃費にも貢献します。製造方法は、溶(と)かしたアルミを鋳型に流し込んでつくる**鋳造**と、熱したアルミの塊を押しつぶしてつくる**鍛造**があります。鋳造より鍛造の方が、また加工精度やデザイン性が高いものほど高価になります。

●耐久性のあるスチールホイール

スチールホイールは、バネ下重量がアルミホイールよりも重くなりますが、素材自体はしなやかさと耐久性に優れています。このため、舗装された道を走行する程度であればアルミホイールと遜色(そんしょく)ない乗り心地です。スチールホイールは、厚さ5ミリほどの鉄板を大きなプレス機で曲げてつくられます。乗用車用のスチールホイールは**リム**とディスクを溶接して1つのホイールとしています。ただし、デザイン性に乏しいため、乗用車では樹脂製のホイールキャップを取り付けるのが一般的です。

●超軽量のマグネシウムホイール

カーレースなどではアルミより軽いマグネシウム合金を使ったマグネシウムホイールが採用されることがあります。**ドレスアップ**を目的として乗用車に取り付けることもありますが、耐久性が低いため、あまり一般的とはいえません。

用語解説

リム、ディスク
ホイールのタイヤと直接触れ合って装着する部分をリム、ホイールをボルトでハブと締結する円盤状の部分をディスクといいます。

ホイールキャップ
スチールホイールに装着することでファッション性を高めます。ボルトまわりを中心に狭い範囲をカバーするものと、ホイール全体をカバーするタイプがあります。現在は樹脂製が多くなっています。ホイールカバーとも呼ばれます。

鍛造
鍛造とは金属を加工する際にハンマーなどで打撃・加圧することで成型する方式。金属を何度もたたく過程で金属の結晶を整え、内部の細かな気泡などを圧着させるため、ほかの成形法に比べて強度の高い製品をつくることができます。ただし、コストは高くなります。

ホイールの主な素材

■アルミホイール

<YOKOHAMA>

<YOKOHAMA>

鋳造

溶けたアルミを鋳型に流し込んで成型しているのが鋳造。デザインの自由度が高く、さまざまな意匠が可能だが、強度を保つため鍛造よりも重くなりがち。

鍛造

高温のアルミに圧力をかけてたたき出して成型するのが鍛造。強度に優れ、鋳造に比べてより軽量化が可能だが、製造コストが高い。

■スチールホイール

<HONDA>

<MAZDA>

<HONDA>

スチールホイールでもデザイン性の高いタイプが増えている。左の写真はホイールキャップがディスク部中央に設置されている。中央の写真は全体がスチール製でキャップは付かない。右の写真は全体が覆われるフルホイールキャップ。

■マグネシウムホイール

<BBS>

マグネシウム合金を使った鍛造ホイールはアルミニウムよりも軽量（比重で3分の2）で、比強度（単位重量当たりの強度）にも優れているといわれるが、製造過程での加工が難しいといわれている。

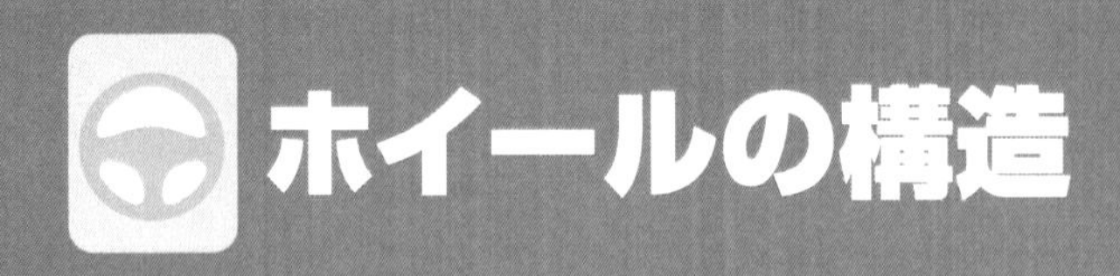

ホイールの構造

●アルミホイールはつくり方によってワンピース、ツーピース、スリーピースの3種類がある。
●デザイン性の高いスチールホイールも登場している。

●軽量かつ装飾性が高いアルミホイール

軽量化とデザイン性アップのため、乗用車ではアルミホイールを採用するケースが増えてきましたが、乗用車の**アルミホイール**には、全体が一体としてつくられている**ワンピースタイプ**、**リム**と**ディスク**が分けてつくられる**ツーピースタイプ**、さらにリムが外側と内側に分けてつくられる**スリーピースタイプ**があります。

ワンピースタイプは、製造が簡単でコストが抑えられるため、手軽な価格になるのが特徴です。ツーピースタイプには、リムとディスクを溶接したものと、ボルトとナットで固定したものがあります。後者は、ディスクの位置を調節することができるため、**オフセット量**を自動車に合わせることが可能です。スリーピースタイプはディスクを挟んで外側リムと内側リムをボルトとナットで固定します。それぞれを別の素材でつくることもできるため、高い装飾性を演出することも可能です。しかし部品が増えるとコストがかかるため、高価になります。

●衝撃を吸収するスチールホイール

スチールホイールは、柔軟で衝撃を吸収するため、街乗り程度であれば、乗り心地はアルミホイールと遜色ありません。

乗用車のスチールホイールは、リムの部分とディスクの部分をそれぞれ**プレス加工**でつくり、最後に溶接して一体化します。リムは板材を丸めてつくられる場合と、鉄のパイプからつくられる場合があります。最近では、スチールホイールでもデザイン性を考えて造形されたものが多くなり、デザイン性の高いホイールキャップの採用もあって、一見するとアルミホイールのように見えるものもあります。

豆知識

ホイールの規格

標準装備のホイールをデザイン性の高いアルミホイールに変更したいと思ったときに、どんなホイールでも装着できるというわけではありません。ホイールには右のページにあるようにさまざまなサイズや形状の規格があります。自動車メーカーは、ある一定の規格のホイール装着を前提に車両の設計を行ないます。したがって、メーカーがその車両で指定した規格以外のホイールだと、物理的に装着できなかったり、装着できてもサスペンションとのマッチングが悪くなったりすることがあります。

アルミホイールの構造と各部の名称

■アルミホイールのタイプ

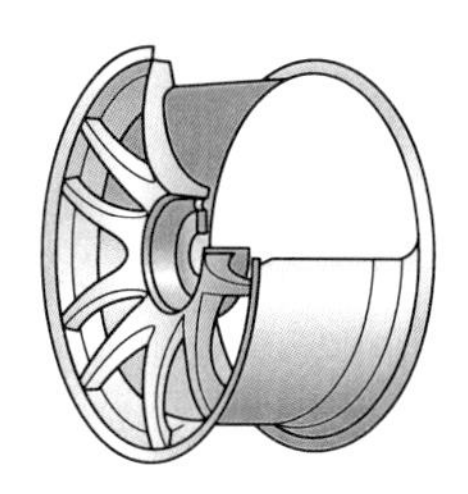

●ツーピース

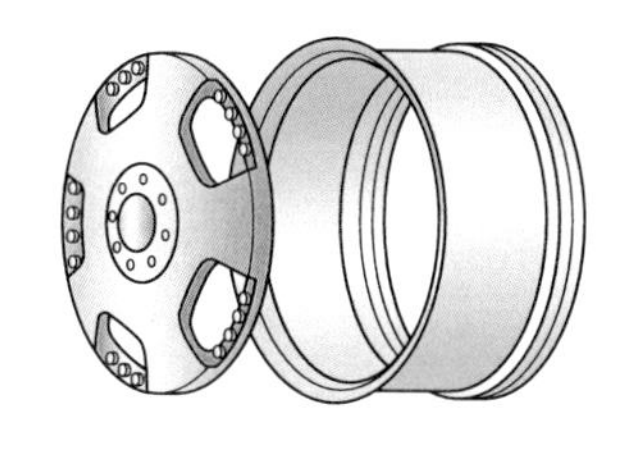

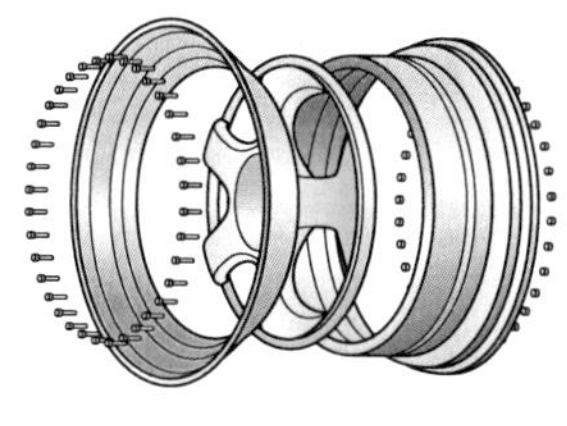

リムとディスクが一体でつくられたものをワンピースホイール、リムとディスクが別々につくられたものをツーピースホイール、リムをインナー側とアウター側に分け、ディスクを挟んで結合したものをスリーピースと呼ぶ。

■各部の名称

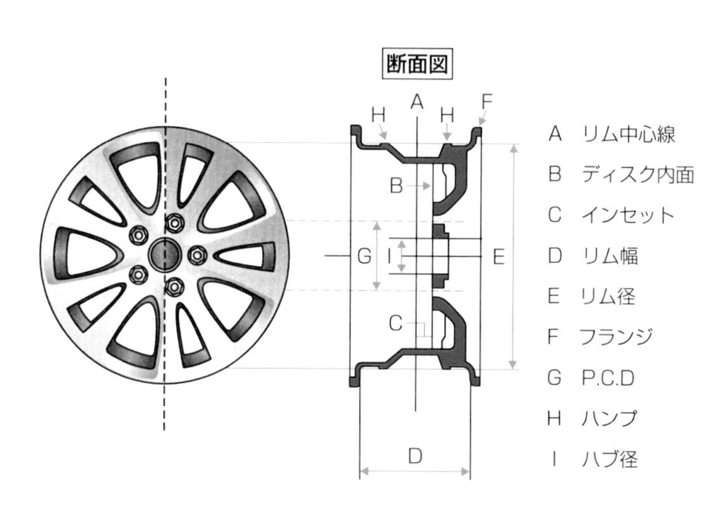

ホイールの各部サイズ、形状は規格に則して製作されている。ホイールを固定するボルトの穴は4個または5個で、その穴の中心を通る円の直径をP.C.D（Pitch Circle Diameter）と呼び、いくつかの規格がある。フランジはホイールの外周部のことで高さや厚みが規格で決まっている。ハンプは外力によりタイヤの縁がホイール内側に落ち込まないようにする突起形状のこと。

■サイズ表記

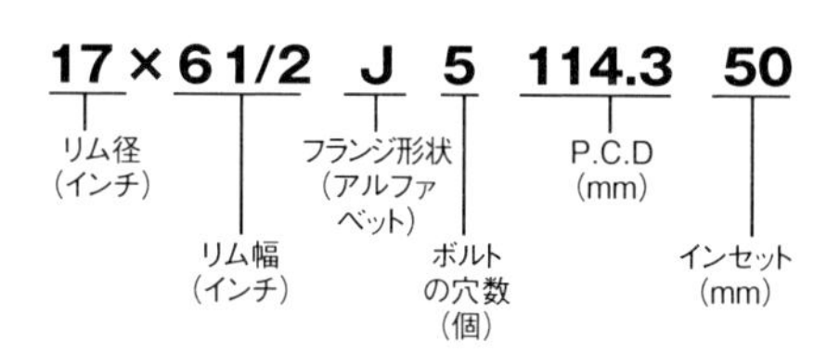

- ●17…リムの直径をインチで表示したもの。
- ●61/2…リム幅をインチで示したもの。6.5とも表示される。
- ●J…フランジの形を示すもので、JJ、B、Kなどがある。
- ●5…ボルトの穴の数。
- ●114.3…P.C.Dの単位はミリメートル。
- ●50…インセット量をミリメートル単位で表示している。

■インセットとアウトセット

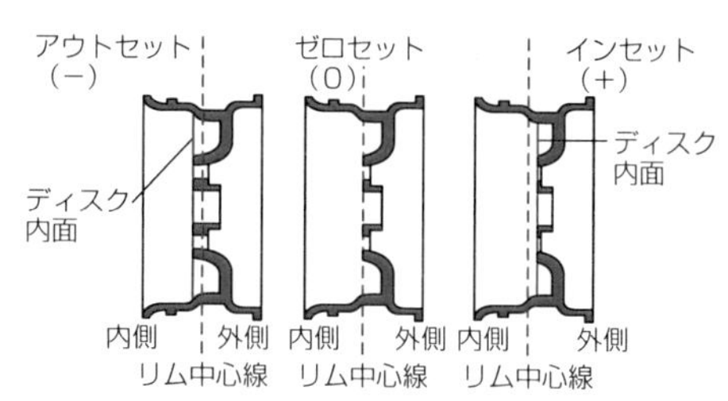

ホイールの重要なスペックには、上図のようにリム中心線とディスク内面との距離を表すインセット（またはアウトセット）値がある。車両によって適合する値があるので、ホイールを換える場合は注意しなければならない。

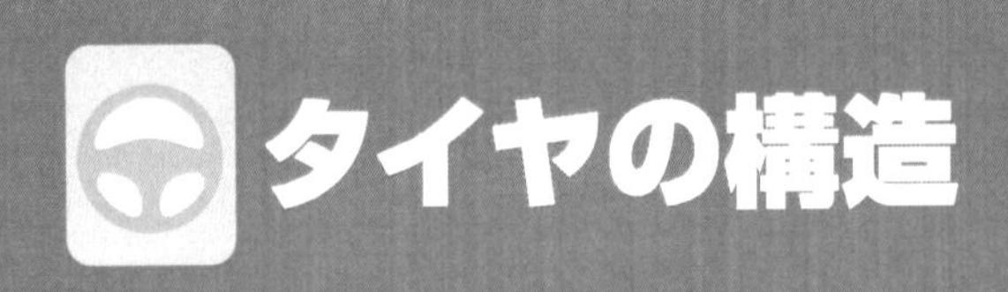

タイヤの構造

●タイヤの種類には大きく分けてラジアルタイヤとバイアスタイヤがある。
●パンクしても走ることができるランフラットタイヤの登場で、スペアタイヤが不要になり、車重の低減やラゲッジスペースの向上などが図れる。

●ラジアルタイヤとバイアスタイヤ

タイヤは構造的に**ラジアルタイヤ**と**バイアスタイヤ**に大別できます。乗用車はほとんどがラジアルタイヤを採用、バイアスタイヤは大型トラックやバスに多く使われています。

ラジアルタイヤは、タイヤの骨格部分となる**カーカス部**にポリエステルなどの合成繊維を用いた補強材（大型トラック用にはスチールも採用）が、車輪の中心から見て放射状に配置されています。カーカスの上にはスチールや**アラミド繊維**のベルトがタイヤの外周を締めつけて**トレッド部**の基盤を形成しています。ラジアルタイヤは高速耐久性、コーナーでのグリップ力に優れ、タイヤの変形が少ないため**転がり抵抗**が少ない（燃費がいい）などの特徴があり、ほぼすべての乗用車がラジアルタイヤを採用しています。

●普及しつつあるランフラットタイヤ

一方、バイアスタイヤはカーカス部の構成部材に主にナイロンを用い、繊維を斜めに配置したものを交互に重ねて配置しています。そのためラジアルタイヤに比べて**サイドウォール部**などが丈夫です。またタイヤ自体が変形しやすいのでコーナリング性能などの面では不利ですが、乗り心地の面では有利です。

ラジアルタイヤのサイドウォール部を強化して、タイヤ内部の空気圧が下がってしまった場合でも、一定の速度内であれば一定の距離を安全に走行できる**ランフラットタイヤ**というものも登場しています。コストと乗り心地の面ではノーマルタイヤに比べて不利な点はありますが、このタイヤを装着するとスペアタイヤが必要なくなるため、重量軽減やトランクスペースの拡大というメリットがあります。

用語解説

アラミド繊維

合成繊維の一種で、強度や摩耗に非常に強いことが特徴。通常のはさみでは切れないほど強靭。タイヤの構造材のほか、航空機の補強材や耐震補強の建材にも用いられるほか、軽くて強靭な特性から防弾チョッキにも使用されています。

ランフラットタイヤ

ISO（国際標準化機構）の技術基準によると、空気圧がゼロの状態でも時速80kmで80kmの距離を走行できるとされています。例えば高速道路でパンクしても安全に修理できるところまで走行できるのです。

豆知識

タイヤの発明

1845年にスコットランドのR.W.トムソンが空気入りのタイヤを発明、1878年に自転車に装着されました。実用化は1888年にスコットランドのJ.B.ダンロップによって成されました。

タイヤ種類と構造

■ラジアルタイヤの構造

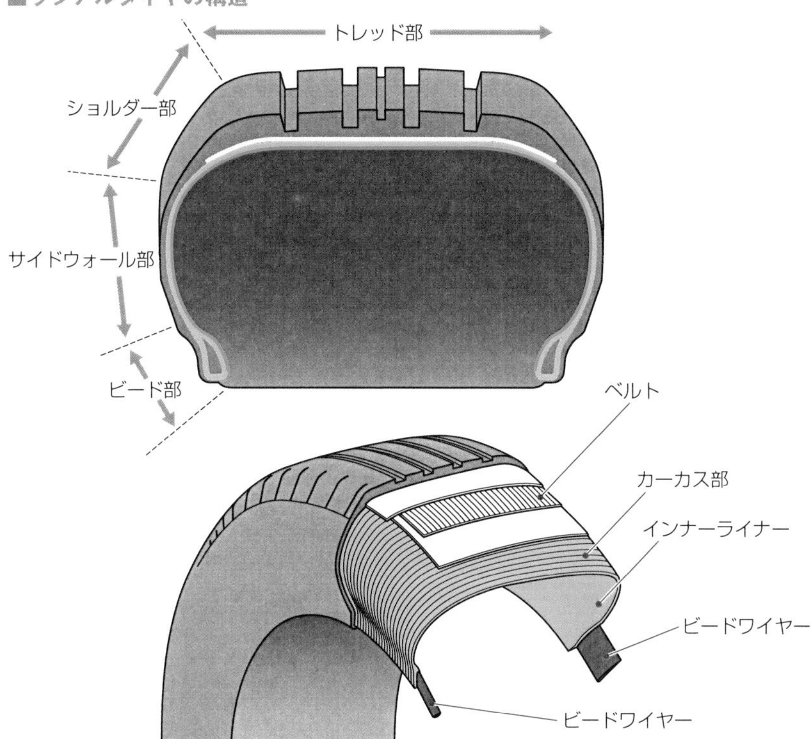

路面と接してグリップ力を発揮するのがトレッド部で、表面には排水などの目的で溝が刻まれている。サイドウォール部は柔軟な構造で路面からのショックを吸収、ビード部はタイヤをホイールのリムに固定させる役割を持つ。カーカスはタイヤの骨格ともいえる部分でカーカスコードと呼ばれる合成繊維の層で構成されている。

●ラジアルタイヤ／バイアスタイヤ

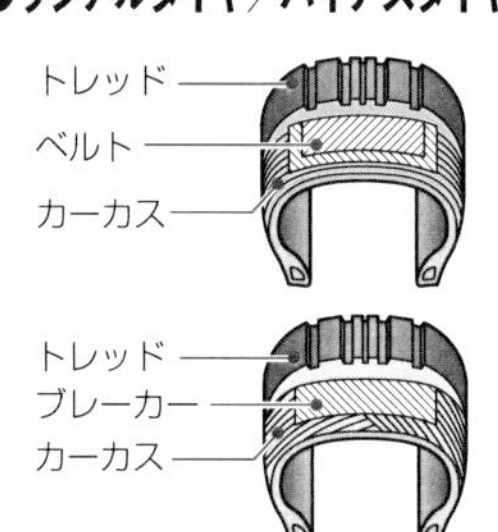

カーカスコードの繊維の方向が、タイヤを横から見て放射状に配置されているのがラジアルタイヤ（上）、斜め方向に互い違いに重ねて配置されたものがバイアスタイヤ（下）。

●ランフラットタイヤ

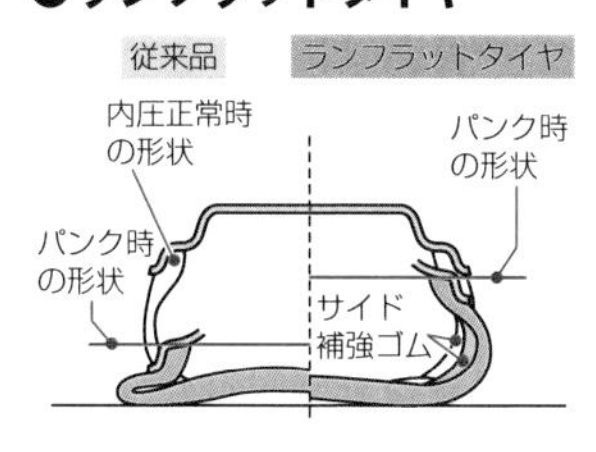

サイドウォール部を補強することで、タイヤがパンクしても走れるようになっている。一定の速度で一定の距離（例えば速度80km/hで距離80km）を走ることができる。乗り心地もゴム質や放熱性の工夫によって改良されている。

●チューブレスタイヤ

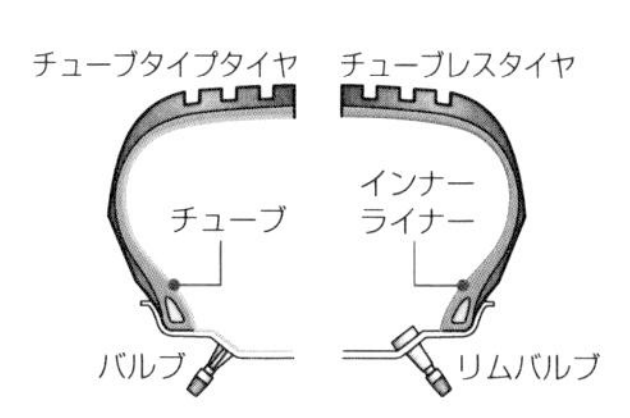

チューブレスタイヤはチューブの代わりにインナーライナーというゴムシートで空気漏れを防ぐ。釘などを踏んでも急激に空気が抜けないことや放熱性がいい半面、ビード部やホイールのリム部の変形で空気漏れすることがあり、取り扱いに注意が必要。

偏平率／インチアップ

- タイヤ断面の幅と高さの比率を偏平率という。
- 偏平率が低いとタイヤの剛性が高まり、スポーツ走行向きになる。
- 偏平率が高いとショックの吸収が良く、乗り心地は向上する。

●偏平率が示すタイヤの性格

タイヤを見ると、**サイドウォール部**に数字が並んでいる部分があります。例えば「155/65R14 75S」といった具合です。数字が示すものは右ページの通りですが、この数字から大体のタイヤの形状をイメージできます。このうち、**偏平率**（**アスペクトレシオ**ともいいます）は、タイヤの断面の高さと幅の比率を示します。上の例でいえば「65」がそれで、偏平率が65%だということを示すものです。

この数字が大きくなるほどタイヤの断面は太く丸く見え、横から見たときにタイヤの黒い面積が大きくなります。一般的に乗り心地は良くなる傾向にあります。逆に数字が小さくなると、タイヤは平べったくなり、路面からの**衝撃吸収性**は悪くなりますが、コーナリング中にかかる横方向の力に対して変形しづらくなり、**グリップ力**が高まります。

●インチアップは外径を変えない

タイヤの外径はそのままでホイール径を大きくする**インチアップ**が、**ドレスアップ**や**チューニング**方法として人気です。

インチアップすることで、タイヤの偏平率が低くなるため、剛性は上がりスポーツ走行に有利になります。また、とくに横から見たときにタイヤが薄いため、ホイールが大きく見えるようになります。さらに、大型の（大容量の）ブレーキを取り付けることもできるようになります。偏平率を下げてインチアップすると、同時に幅の広いタイヤを装着することもできるため、正面から見たときのクルマの安定感も増します。ただし、単にタイヤの径を大きくしてしまうと、コンピューターが計算する車速とのズレが出てしまうので、注意が必要です。

CLOSE-UP

偏平率の示すタイヤの特性

偏平率だけで特性が決まるわけではありませんが、あくまで一般的に30～60%がスポーツ走行重視のタイヤ、65～82%が乗り心地や経済性重視のタイヤといわれています。

豆知識

ロードインデックス

タイヤの規格でロードインデックス(LI)と呼ばれるものがあります。これは、規定の条件下でタイヤ1本が支えることのできる最大負荷能力を示す数値です。例えば、LIが70なら335kg、80なら450kgというようになっています。タイヤを交換する際には、サイズとともに、重量のあるものを積載する車両の場合はとくに、ロードインデックスにも注意する必要があります。

タイヤの各部を表す名称とスペック表示

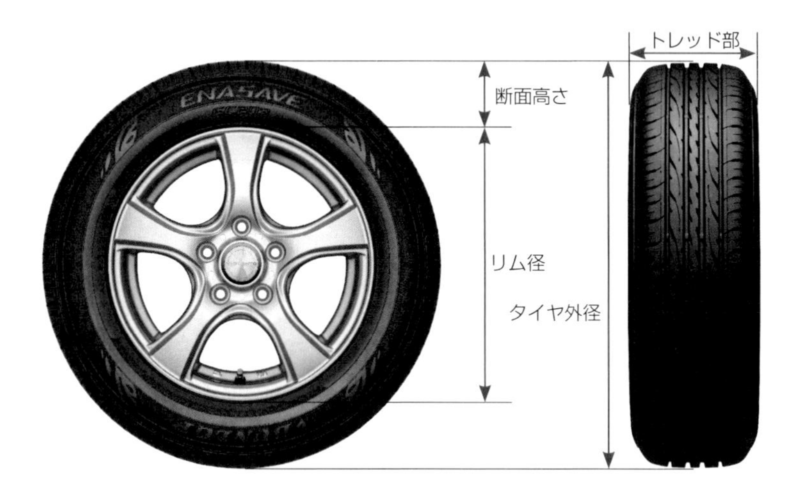

<DUNLOP>

<DUNLOP>

a… タイヤの断面幅をミリメートル単位で表す
b… タイヤの断面高さ÷断面幅をパーセンテージで表した偏平率を表す
c… ラジアル構造であることを示す
d… リム径をインチで表す
e… ロードインデックス（タイヤ1本が支えることができる最大負荷）だが、数字は重さではなく指数。75の場合は387kgの負荷能力を示す
f… 速度記号（スピードレンジ）。そのタイヤが規定の条件下で走れる最高速を示す。写真のSは180km/hを示す

タイヤ側面のへこんだ部分に刻まれる。製造年が2000年以降は、下4桁の数字で製造年と週が示されている。写真の場合は最初の2桁の数字10が週（第10週）を、次の2桁13は西暦2013年を意味する。

■インチアップ

●外径をほぼ一定にしたときのタイヤサイズの例

14inch

15inch

16inch

17inch

<DUNLOP>

インチアップに際しては、車体と接触しないことやボディーからはみ出さないこと、タイヤの外径は同じにすること、そして空気の容量を確保するためにロードインデックスを同等以上にする必要がある。

相性のよい4輪操舵技術と電気自動車が生む未来

通常、車両の向きを変える操舵は前輪で行なっていますが、後輪でも行なうのが4輪操舵（4WS＝4-Wheel Steering）と呼ばれるシステムです。4輪操舵は小回りが効くようになるだけではなく、前後輪を同じ方向に操舵することでコーナリング時の安定性を高めることも可能です。

4輪操舵システムの中でも旋回時に生じる横方向の力を利用してサスペンションが変位することで車輪の向きを変えるものをパッシブ（受動的）コントロール、車輪の向きを油圧やメカニカルな方式で設定通りに動かすものをアクティブ（積極的）コントロールと呼んだりします。

4WSは一定の速度域までの走行安定性に大きく寄与しますが、さらに高い速度域や過酷な条件下でも走行安定性を確保するために開発されたのがダイナミック・ヨー・コントロールシステムです。4WSが車輪の向きだけを制御するのに対して、このダイナミック・ヨー・コントロールシステムはハンドル角、速度、制動力、旋回Gをはじめとする車両の情報を判断し、各車輪の駆動力や制動力を制御し、安定性を高めてドライバーの操作に忠実に車両を動かすシステムです。

一方、電気自動車の時代を迎え、新しい制御技術も幕を開けています。とくに“インホイールモーター”の採用で、すべての車輪の向きや駆動力をたやすく制御することが可能になり、さらにサスペンションのアライメント（車輪の位置決めとなる各部の角度など）まで制御できるようになります。電気自動車で各車輪の駆動力制御を組み合わせると、ヨーモーメント（車両を上から見たときの車体を回転させる力）を従来以上に正確に制御することができます。また、“インホイールモーター”の4WSではその場で車両を回転させることも可能になるので、方向変換や車庫入れ、縦列駐車などの自由度が増して街中での利便性も向上します。

4輪操舵技術と電気自動車のマッチングは自動車の運動性能を飛躍的に向上させる可能性を持っています。

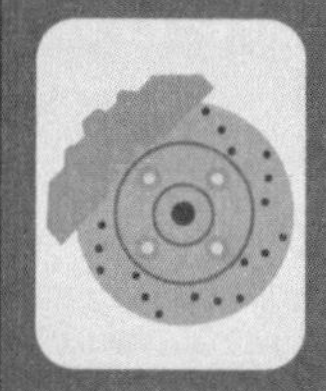

第5章

ブレーキ／安全装備

いくら高速で走ることができても、止まることができなければ自動車に価値はありません。ブレーキはその意味で最大の安全装置といえます。また車体や室内には、そのほかにも安全のためのさまざまな装置が用意されています。

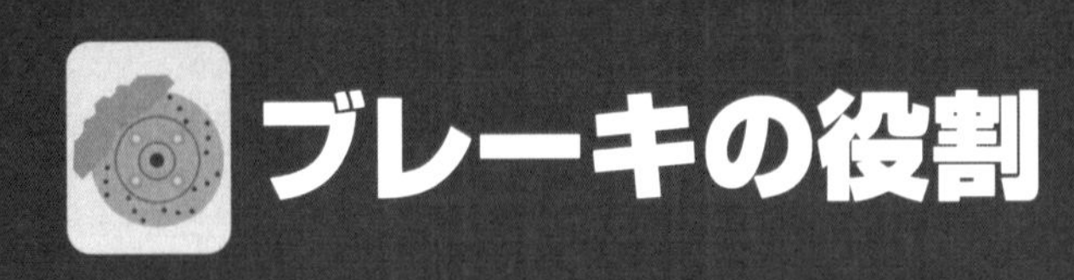

ブレーキの役割

POINT

- 「走る」「曲がる」「止まる」という自動車の基本運動のうち、「止まる」という機能の中心的役割を担うのがブレーキ装置。
- 運動エネルギーを熱エネルギーなどに変えて制動する装置。

●フットブレーキとパーキングブレーキの2系統

ブレーキには、減速し停止させるための**フットブレーキ系統**と、停止している状態を維持する（動かなくする）**パーキングブレーキ系統**があります。とくにフットブレーキ系統は、「走る」「曲がる」「止まる」という自動車の基本運動のうちの「止まる」という重要な役目を担っています。

自動車は、エンジンを動力源として走ります。エンジンは熱エネルギーを運動エネルギーに変換する装置です。一方ブレーキは、動いている自動車を減速し停車させるために、運動エネルギーを熱エネルギーに変えて外気に発散します。なお、ハイブリッド車や電気自動車の場合は、運動エネルギーを電気に変えて回収する**回生ブレーキ**も使います（P.190参照）。

●タイヤをロックさせないブレーキがABS

フットブレーキは、足で踏んだペダルの動きを**倍力装置**と**油圧**によって車輪のブレーキ本体に伝えます。ペダルの動きをセンサーで感知し、電気信号でブレーキ装置を作動させる**バイ・ワイヤー方式**もあります。実際に制動するブレーキ本体としては、**ディスクブレーキ**（P.184参照）と**ドラムブレーキ**（P.186参照）があります。また、滑りやすい路面などでは、ブレーキを踏むとタイヤが**ロック**（P.196参照）することがあります。こうなるとブレーキが効かず、ハンドルを切っても曲がれません。それを解消するのが、タイヤをロックさせない**ABS**（Anti-lock Brake System＝**アンチロック・ブレーキ・システム**）です。

一方、パーキングブレーキ系統は、停止しているクルマをその位置から動かさないようにする機能を担っています。操作は**手動式**と足で作動させる**足踏み式**があります。

用語解説

バイ・ワイヤー方式
動きを電気信号に変換して伝え、それをもう一度機械的な動きに変換する方法です。ブレーキでいえば、ブレーキペダルを踏むと、その動きをセンサーで検知し、電気信号としてブレーキ本体に送ります。そして再び機械的な操作でアクチュエーターが本体を作動させます。油圧配管などが不要になりますが、実際には多くの場合、緊急用として油圧系統も装備されています。

ABS
例えば急ブレーキをかけてタイヤがロックしてしまうと、ブレーキもハンドル操作も路面に届かず、制御ができなくなってしまいます。そこで細かく制動力を制御してタイヤがロックするのを防ぐのがABSです（P.196参照）。

ブレーキシステムの全体図

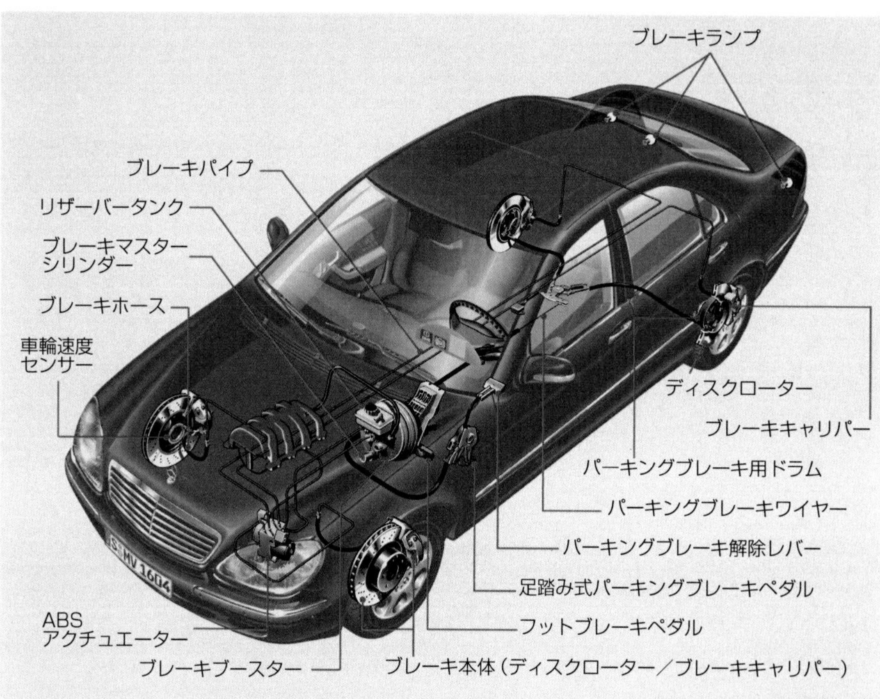

<Mercedes-Benz>

ブレーキパイプ配管

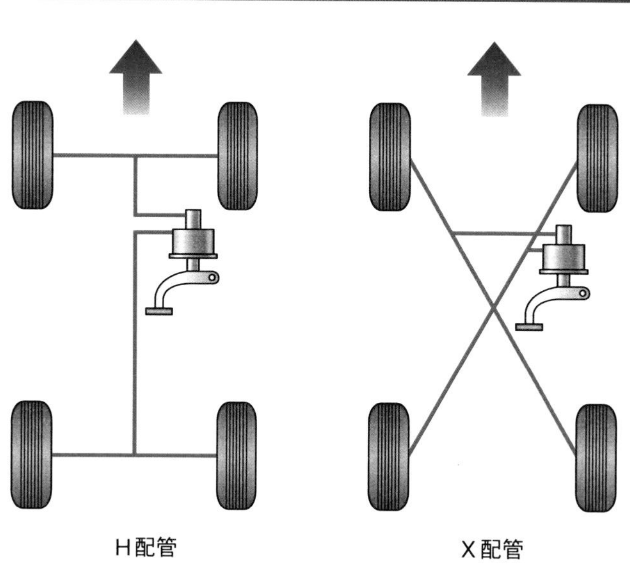

油圧で作動するブレーキの配管が1回路ですべての車輪をカバーしていると、どこかで油圧漏れがあると全部のブレーキが効かなくなってしまう。そのため、万一に備えてブレーキパイプの配管は二重になっている。

H配管（前後配管）

前2輪と後ろ2輪のグループに分けて分配する。左右のアンバランスは生じないが、前輪ほどの効果が期待できない後輪だけの制動になる可能性がある。

X配管

左前輪と右後輪、右前輪と左後輪の2系統に分配する。どちらかの系統がダメになった場合、制動は交差する前後輪で受け持つ。左右のバランスは崩れるが、前輪と後輪を制動させることができる。

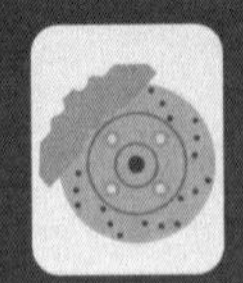

ディスクブレーキ

●車輪と一緒に回転するディスクローターを、摩擦材であるブレーキパッドで両側から挟んで制動する方式がディスクブレーキ。
●ブレーキキャリパーにはフローティング型と対向型がある。

●回転するディスクをパッドで挟んで制動

フットブレーキ系で実際に制動を行なうブレーキ本体の1つが、**ディスクブレーキ**です。車輪とともに回転する**ディスクローター**と呼ばれる金属の円盤と、その回転を止める役目を果たす**ブレーキキャリパー**という部品から構成されています。

ディスクローターは中央部が凸型になっていて、その内側に**ホイールハブ**が収まり、車輪と一体で回ります。周囲のディスク部は、**ソリッドディスク**と呼ばれる1枚のものと、2枚を重ねて、そのすき間に放射状の穴を設けて空気の通路とすることで放熱効果を高めた**ベンチレーテッドディスク**があります。後輪より前輪の方がブレーキの負担が大きいため、乗用車では前輪にベンチレーテッドディスクを採用する例が多数あります。

●油圧ピストンでブレーキパッドを押す

ディスクローターの回転を止めるために、それを挟む摩擦材が**ブレーキパッド**です。ブレーキパッドは**シリンダー**とともにブレーキキャリパーに組み込まれており、ブレーキを踏むと油圧でブレーキパッドがディスク部に押しつけられます。

このブレーキキャリパーは2タイプあります。1つは**フローティングキャリパー**（片押し型）です。シリンダーは1つで、油圧がかかると内側のブレーキパッドを押し出してブレーキパッドをディスク部に当てた後、キャリパーが反対向きに移動して外側のブレーキパッドをディスク部に押しつけて挟みます。

もう1つの**対向ピストンキャリパー**は、ピストンが固定されたキャリパーの内側と外側からブレーキパッドをディスク部に押しつけて挟みます。ピストンの数は通常2つですが、高性能化のためパッド面積を拡大する場合は数を増やします。

豆知識

電車にも採用されるディスクブレーキ

ディスクブレーキは自動車だけでなく、電車や新幹線でも使われています。車輪が露出しているので、その様子が確認できます。

ディスクブレーキの構造（全体図）

■ディスクブレーキの構成パーツ

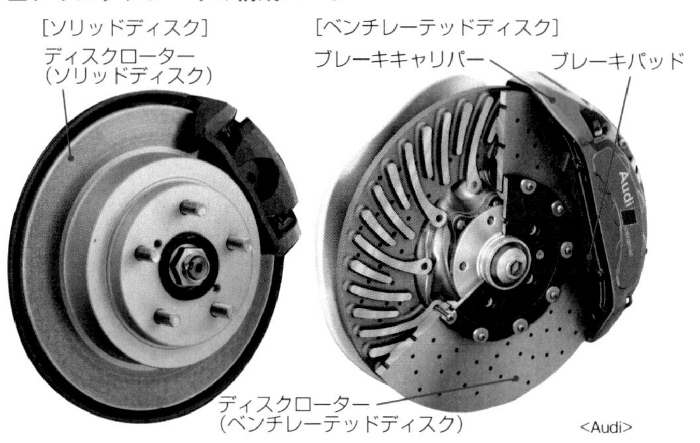

車輪とともに回転する金属製ディスクローターに両側からブレーキパッドを押しつけることで制動するのがディスクブレーキのしくみ。ブレーキペダルを踏むとブレーキキャリパーにあるピストンに油圧がかかりブレーキパッドをディスクローター側に押し出す。ディスクローターには1枚の円盤を使用したソリッドディスクのほか、2枚の円盤を組み合わせて中空構造とし、フェード現象などが起きにくいように放熱性を高めたベンチレーテッドディスクもある。

■フローティングキャリパーの作動

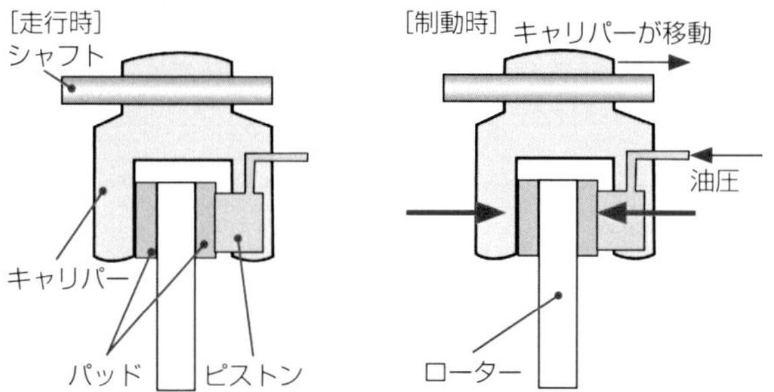

ブレーキを車両のフロント側から見た断面図。ピストンは1つで、ブレーキキャリパーは左右方向にスライドできるようになっている。ピストンがブレーキパッドを押してディスクローターに当たると、ブレーキキャリパーがスライドして反対側のブレーキパッドもローターに押しつけられる。

■対向ピストンキャリパーの作動

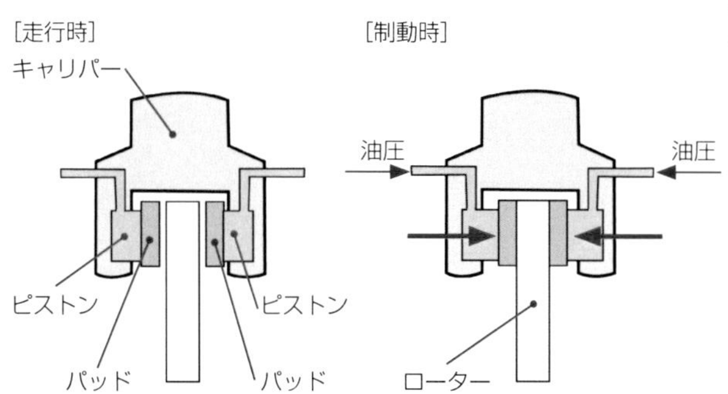

ディスクローターの両側にピストンを持つタイプ。構造が複雑でコストも高くなるが、剛性が高く、ブレーキパッドをディスクローターに均等に押しつけることができるため、安定したブレーキ性能が得られる。

■ブレーキパッド

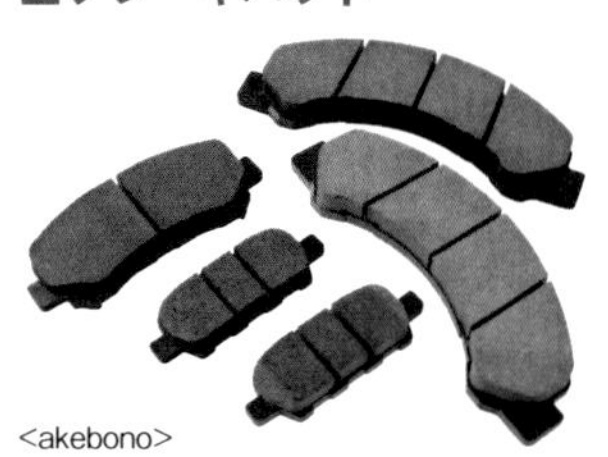

<akebono>

摩擦材であるブレーキパッドは、金属や特殊材質の繊維などを樹脂とともに成型したもの。材質の配合などによって、対フェード性、制動時のフィーリングなどが変わってくる。同じ材質でもパッド面積が大きくなればブレーキ性能は高まるのでスポーツ車などは大型のブレーキパッドを採用する例があるが、広い面積を均等に押すためにブレーキキャリパー内のピストンの数を増やすことがある。

ドラムブレーキ

POINT

●ホイールハブ&車輪とともに回転するブレーキドラムの内周面に、ブレーキシューを押し当てて、その摩擦力で制動力を発揮する。
●自己倍力作用で高い制動力を持つが、放熱性や排水性が弱点。

●ドラムとブレーキシューの摩擦で制動

ドラムブレーキは、車輪とともに回る円筒形のブレーキドラムの内側にある**ブレーキシュー**をドラムの内側の面に押しつけて車輪の制動を行なうシステムです。

ドラム内には通常２つのブレーキシューが配置されていますが、どちらも回転するドラムの内側に密着するように円弧状の形をしており、ドラムとの接触面には**ブレーキライニング**と呼ばれる摩擦材が取り付けられています。

ブレーキペダルを踏むと油圧によってドラムブレーキ内の**ホイールシリンダー**のピストンが伸びてブレーキシューの一端を押します。すると、もう一方の端を支点にしてブレーキシューがドラムに押しつけられ、その際の摩擦によって車輪の回転が抑えられ、制動力を発揮します。

●制動力が強まる自己倍力作用

ブレーキシューの配置で、ブレーキドラムの回転方向から見て前方に支点があり、ホイールシリンダーによる可動部分が後方にあるものを**リーディングシュー**といいます。ブレーキドラムの回転によってシューがさらに押しつけられて自己倍力作用が働くため、強い制動力を発揮します。一方、**トレーリングシュー**は、支点とホイールシリンダーの配置が逆になっています。前進時にリーディングシューのような自己倍力作用はありませんが、後退時の制動にも安定した効き具合を発揮します。

ディスクブレーキに比べてドラムブレーキは構成部品がドラム内に収まっているため、放熱性が悪く、フェード現象が起こりやすいという弱点があります。また、いったんドラム内に水が浸入すると排水されにくく、制動力が低下します。

用語解説

フェード現象

下りの坂道や高速走行などでブレーキを酷使すると、ブレーキシューの摩擦材(ブレーキライニング)とドラムの接触面が摩擦で高温になり摩擦係数が低下してブレーキの効きが悪くなる現象。摩擦材に使用されている樹脂が過熱され分解・気化し、発生したガスがドラムとブレーキシューの接触を妨げてしまうのが原因。また、フェード現象を起こすと摩擦材の表面の特性が変わってしまいブレーキの効きに影響を及ぼすことがあります。ディスクブレーキは放熱性が良いので、ドラムブレーキに比べるとフェード現象は発生しにくくなっています。

豆知識

制動力の大小

ドラムブレーキとディスクブレーキでは、同じ大きさの場合、制動力はドラムブレーキの方が大きいといわれています。

ドラムブレーキの構造

■リーディング&トレーリング式ドラムブレーキの構成パーツ

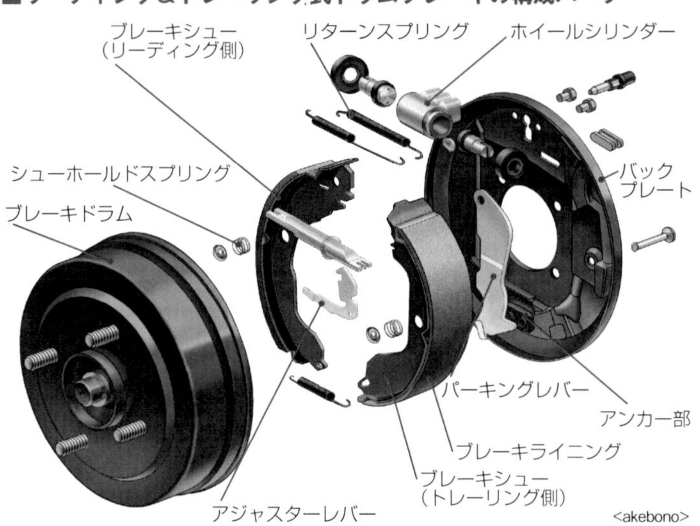

<akebono>

リーディング&トレーディングタイプのドラムブレーキの分解図。ブレーキドラムはホイールハブに取り付けられ、車輪と一緒に回転。ブレーキペダルを踏むと油圧によってホイールシリンダーに圧力がかかり、ピストンが押し出されブレーキシューがドラムの内面に押しつけられる。ブレーキペダルを離すと、リターンスプリングによってブレーキシューがドラムから離れる。後輪用ドラムブレーキには車内のレバー操作でワイヤーを使ってブレーキシューを作動させるパーキングブレーキの機能も組み込まれている。

ドラムブレーキの種類と作動のしくみ

■リーディング&トレーリング式ドラムブレーキ

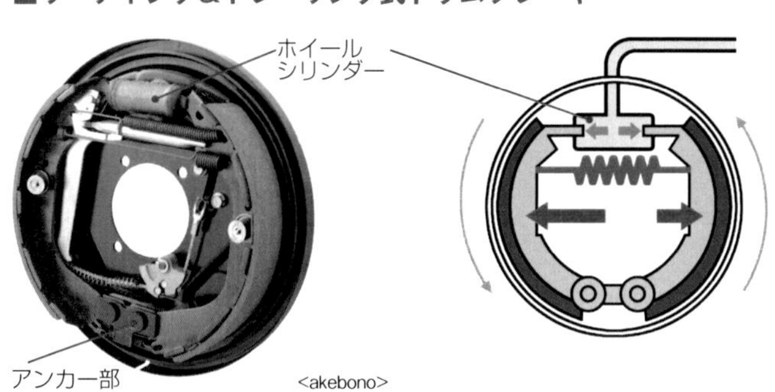

<akebono>

1つのドラムの中にリーディングシューとトレーリングシューを組み合わせた形式。ホイールシリンダーは1つだがピストンが左右1本ずつあり、それぞれが左右のブレーキシューを押す。前進時と後退時の制動力の差が出ないので安定したブレーキ性能が得られる。そのため、乗用車のリヤブレーキに採用される例が多い。

■ツーリーディング式ドラムブレーキ

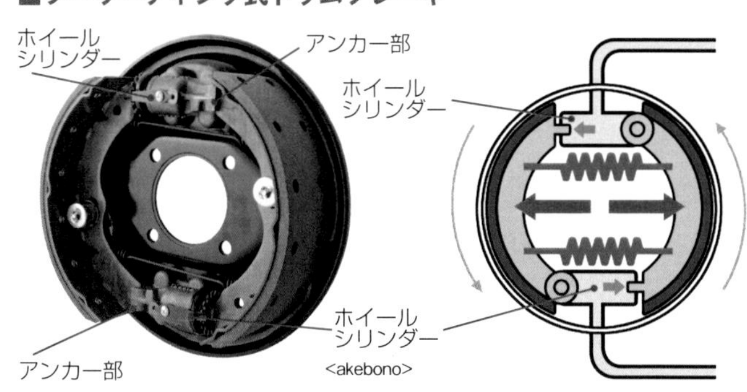

<akebono>

自己倍力作用を発揮するリーディングシューを2つ組み込んだタイプ。ホイールシリンダーは構造上2つ必要になる。前進時には強力なブレーキ性能を発揮する。ただし、強力なだけに制動力の調整が難しいという傾向もある。積載重量が大きく強い制動力を必要とされる商用車に使用される。前輪側に採用される例が多い。

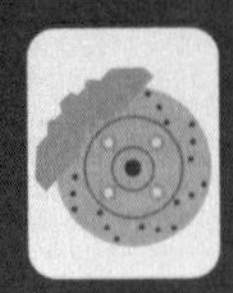ブレーキの駆動方式

- ブレーキペダルを踏む力は段階的にその力を補助する装置を経て、ブレーキ本体を作動させる。
- ブレーキの駆動方式は油圧式と空気圧式に大きく分けられる。

●ブレーキブースターはエンジンの負圧を利用

自動車のブレーキは、ドライバーが足でブレーキペダルを踏むことで作動しますが、自動車は相当な重量があるため、その速度を落としたり停止させたりするには、かなりの力が必要になります。そのため、ブレーキシステムにはドライバーがブレーキペダルを踏む力をアシストする装置が組み込まれています。

ブレーキペダルを踏んだときの動きは、まず**ブレーキブースター**（**倍力装置**）に伝わります。この装置は一般にエンジンが空気を吸い込むときの負圧を利用して（**真空式**）、ペダルからの力を増大して、次に控える**マスターシリンダー**に伝えます。

一般の乗用車はブレーキの作動に**油圧**を利用していますが、その油圧を発生させるのがマスターシリンダーです。

●発生した油圧をブレーキ本体まで伝達

ブレーキブースターからの力でマスターシリンダーのピストンを押しますが、マスターシリンダーと各車輪のブレーキの間は**ブレーキフルード**と呼ばれる沸点の高いオイルを満たしたパイプでつながっているので、ピストンが動くことによって生じた油圧がパイプを伝わりブレーキを作動します。このとき、パスカルの原理によって入力以上の力がブレーキ側に伝わります。

なお、大きな制動力を必要とする大型トラックやバスなどでは**エアコンプレッサー**を搭載し、高圧タンクに蓄えた圧縮空気を使ってブレーキを作動させる**エアブレーキ**が採用されています。小型・中型貨物車では、エアブレーキよりコントロールが容易ということで、圧縮空気でマスターシリンダーを作動させる**AHO**（**Air Over Hydraulic＝空気油圧複合式**）が広く採用されています。

用語解説

ペーパーロック

ブレーキ本体の熱がブレーキフルードに伝わり、高温になって沸騰すると、気泡ができてしまいます。あるいはブレーキフルードやブレーキシステムに入り込んだ水が沸騰するとやはり気泡ができてしまいます。気泡ができると油圧を吸収してしまい、ブレーキが効きづらくなります。これがペーパーロックという現象です。

豆知識

パスカルの原理

密閉した容器内の流体のどこかに圧力がかかると、流体内のすべての点で同じ圧力がかかるという原理です。ブレーキの場合、例えばキャリパーピストンやブレーキシリンダーの面積をマスターシリンダーのピストンの面積の2倍にしたとすると、そこにかかる油圧も2倍になります。小さな力を大きな力に換えられるのです。

真空式ブレーキブースター（倍力装置）

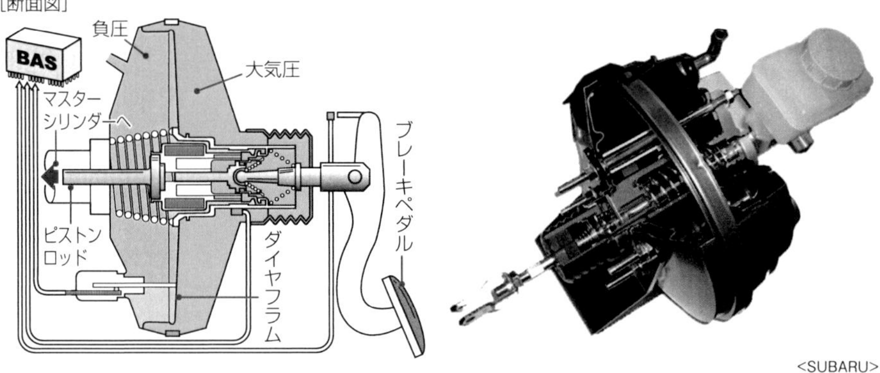

<SUBARU>

真空式ブレーキブースターは円筒形の容器がダイヤフラムという中央部が左右に移動できる隔膜で2室に分けられている。片方はブレーキペダルに、もう片方はマスターシリンダーにつながっていて、後者はエンジンの吸気系を利用して大気圧より低い気圧（負圧）になっている。ブレーキを踏むとペダル側の部屋に大気が流れ込み、気圧の差によってマスターシリンダーも押される。エンジンを持たない電気自動車などでは、電動ポンプで負圧をつくり出す。

ブレーキ作動伝達方式の違い

■油圧式

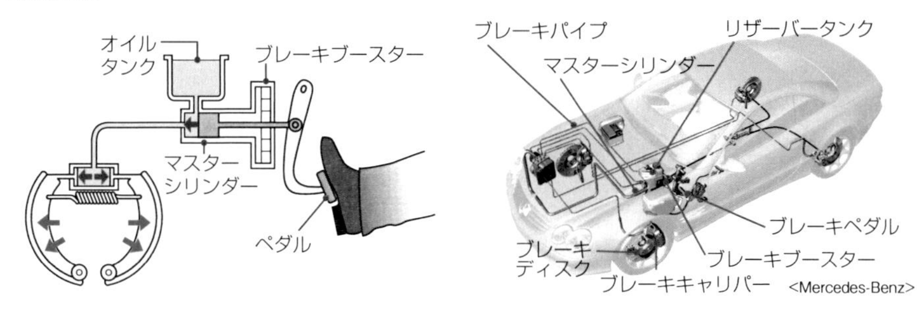

<Mercedes-Benz>

ブレーキペダルを踏んだ力はブレーキブースターで増大されマスターシリンダーに伝わる。マスターシリンダーとブレーキ本体との間はオイルが満たされた配管でつながっており、マスターシリンダーで発生した油圧がブレーキ側に伝達される。

■空気圧式

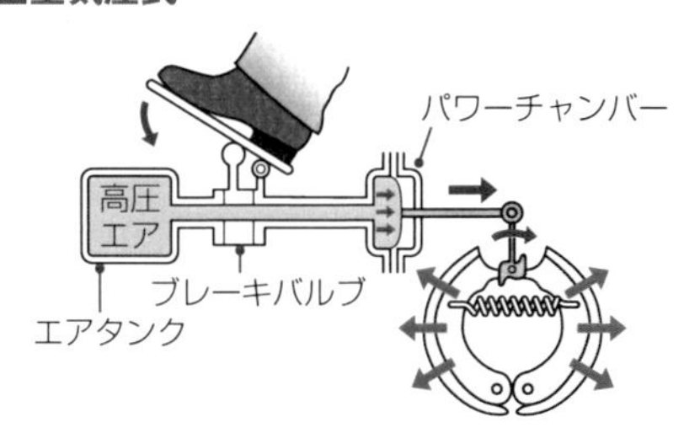

エアコンプレッサーによる高圧の空気でブレーキをかける。ブレーキペダルを踏むとバルブが開き、ブレーキが作動する。軽く踏むだけで強制動が可能。大型車に多く採用されている。

■空気油圧複合式

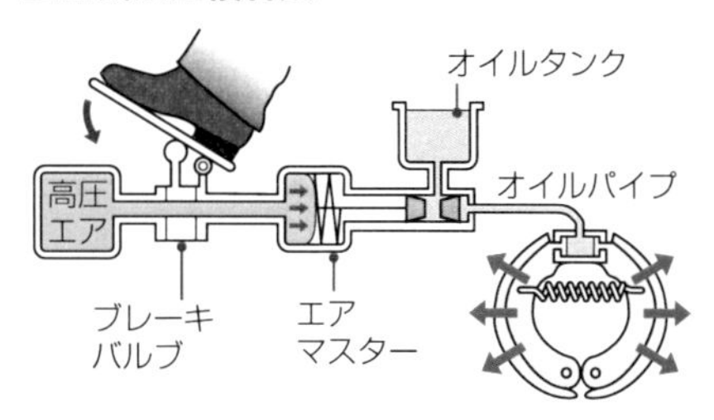

レスポンスが良いという理由から、空気圧によってマスターシリンダーを作動させ、ブレーキ自体は油圧で作動する空気油圧複合式が中小型トラックなどで多く採用されている。

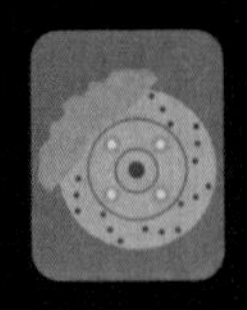

回生ブレーキ／リターダー

●モーターの軸を回転させると、電気が生み出される（回生）と同時に、発生する回転抵抗をブレーキとして利用できる。
●トラックなどではプロペラシャフトに電気的な負荷を与えて減速する。

●モーターを使って減速する回生ブレーキ

モーターは電気を通すと回転しますが、逆に、モーターに外から力を加えて回転させると電気が発生します。これを発電作用といいます。モーターを外から回すときは発電に見合うだけの回転抵抗がありますが、その抵抗を自動車の制動力に使うのがハイブリッド車や電気自動車に採用されている**回生ブレーキ**と呼ばれるシステムです。

実際には、減速したいときに車輪の回転エネルギーを駆動用に使われているモーターに伝え、その際に生じるモーターの回転抵抗で車両を減速させるというしくみです。減速時には通常のフットブレーキも併用されますが、モーターで発電された電力はバッテリーに蓄えられ、駆動時に使用されます。

●メインブレーキを補助するリターダー

中型から大型のトラックやバスには、**リターダー**と呼ばれる補助ブレーキを搭載しているものがあります。下り坂でフットブレーキをかけ続けるとブレーキ部品の過熱や消耗を起こしますが、リターダーでその負担を軽くすることができます。

リターダーはプロペラシャフトに負荷を与えることで減速します。負荷は、液体の抵抗力を利用する**流体式**、渦電流による磁場を抵抗として使う**永久磁石式**と**電磁式**などの方法で発生させます。例えば電磁式の場合、トランスミッション後端に固定された電磁石の周りを、プロペラシャフトに取り付けられたドラムが回転し、電磁石に電気を流すとドラムとの間に渦電流が起き、それが回転抵抗となってブレーキの役割をします。

電力を回収する回生ブレーキとは異なりますが、電気を使ったブレーキという意味では共通しているといえます。

豆知識

渦電流ブレーキ

磁場が変化する(動く)と、磁石に挟まれた金属に渦状の誘導電流が発生します。その電流によって元の磁場の向きを邪魔する方向に新しい磁場ができます。結果として、それが抵抗となり、ブレーキとして利用できます。渦電流ブレーキは電車などにも使われています。

エンジンリターダー

ディーゼルエンジンを搭載するトラックなどでは、電気ではなく、エンジン本体の制御でブレーキ効果を得るシステムもあります。エンジンの圧縮行程で燃料噴射をせずに排気バルブを開き、圧縮空気をいったん抜いて閉じます。すると膨張行程で燃焼室の圧力が下がって抵抗となり、クランクシャフトの回転にブレーキ効果を与えます。

電気で減速するしくみ

■回生ブレーキ

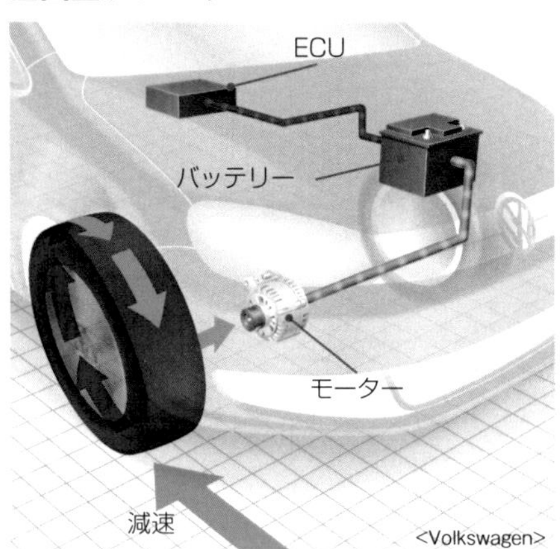

減速時には回生ブレーキが作動してモーターからバッテリーに電力が送られ蓄えられる。蓄えられた電力は次にモーターを動かすときなどに使われ、エンジンの動力による発電が不要になるため、負荷が減ることで燃費の向上に寄与する。頻繁に発進と停止を繰り返す路線バスに搭載されることも多くなっている。

■永久磁石式リターダー

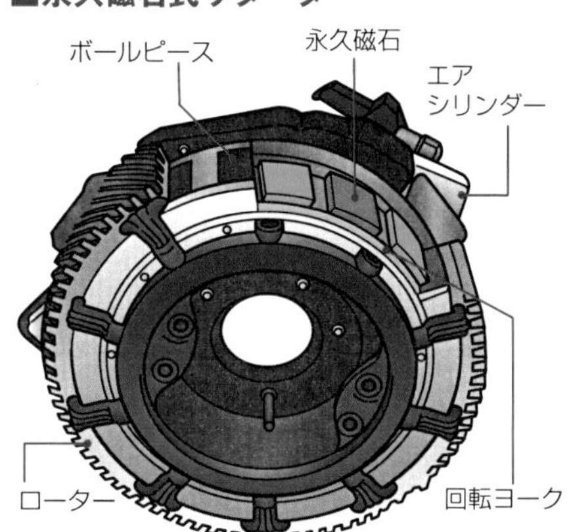

永久磁石を並べたステーター（ミッション側に固定）と、それを覆う鉄製のローター（プロペラシャフトに固定）で構成される。リターダーを作動させるときはエアシリンダーによって回転ヨークを回し、磁石とポールピースの位置をずらす。するとローター側に渦電流が発生、それが永久磁石と反応しローターの回転を抑える力（ブレーキ力）として作用する。

■回生協調ブレーキ

●電動型制御ブレーキ

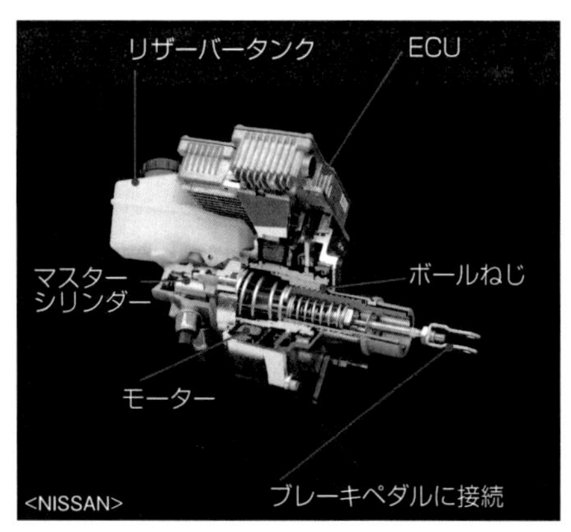

フーガ・ハイブリッドに搭載されている回生協調ブレーキ。ブレーキペダルを踏んだときに、回生ブレーキの作動を優先させつつ、必要に応じて通常のブレーキ（摩擦式）も協調して必要な制動力を発揮することでエネルギー回収の効率を上げる。車両の動き、バッテリーの充電状況、モーターの状態をモニターし、回生ブレーキと通常のブレーキの割合を最適になるように調整している。油圧式の通常ブレーキの作動は、ブレーキブースターに組み込まれた電動モーターが電子制御システムによりピストンロッドを動かして油圧を調整し、制御される。

●電子サーボブレーキ

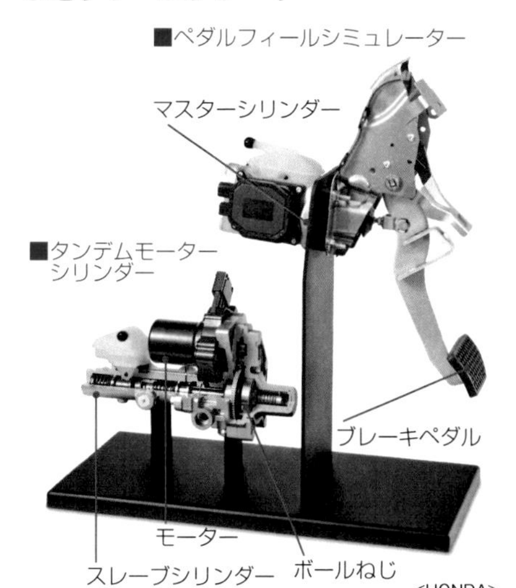

電気自動車フィットEVに搭載されるシステム。ペダルを踏むと、センサーが検知した信号をタンデムモーターシリンダーのモーターに送り、モーターが回転してスレーブシリンダーを駆動する。その油圧をブレーキ本体に送る。最も効率よく回生することを狙ったもの。

駐車ブレーキ

●駐車ブレーキ系統は車輪のブレーキを機械的に作動させ、自動車を動かないようにする装置。
●パーキングブレーキ、サイドブレーキ、ハンドブレーキとも呼ばれる。

●手動式と足踏み式

駐車ブレーキは、駐車中の自動車が勝手に動かないように車輪にブレーキをかけておく装置です。運転席の脇に駐車ブレーキの操作レバーがあるタイプは**ハンドブレーキ**、または**サイドブレーキ**と呼ばれています。足で操作する**足踏み式**は、ブレーキペダルの横に駐車ブレーキ用のペダルがあります。これらのレバーやペダルには**ラチェット機構**が備わっており、簡単には解除されないしくみになっています。

駐車ブレーキ用のレバーやペダルを作動させると、その動きはロッド（棒）やワイヤーで後輪のブレーキ本体に伝えられます。後輪がドラムブレーキの場合はフットブレーキと同様に**ブレーキシュー**を押し広げる部品が組み込まれていて、**ワイヤーケーブル**で引っ張るようになっています。

●電動式パーキングブレーキ

後輪が**ディスクブレーキ**の場合、本来は油圧で動かす**キャリパーピストン**をワイヤーで動かすために複雑な機構が採用されていましたが、最近ではディスクブレーキの**ハット部分**（**ホイールハブ**）に小型のドラムブレーキを内蔵する**ドラム・イン・ディスク**というシステムを採用するのが一般的です。

高級車を中心に電動駐車ブレーキの普及が進んでいます。これまでドライバーが手動で行なっていた作業が電動化され、駐車ブレーキの操作がスイッチだけで可能になっています。操作が簡便になるだけでなく、力の弱い女性でも稼働できるというメリットもあります。また、電子化も進み、坂道の停止・発進で自動的に駐車ブレーキがオン・オフになって運転をサポートするしくみをはじめ、安全で便利な機能が拡大しています。

CLOSE-UP

センターブレーキ

プロペラシャフトに小型のドラムブレーキを取り付けたものがセンターブレーキ式です。小型・中型トラックに採用されています。

豆知識

大型車のマキシ式ブレーキ

ダンプトラックなどを後ろからのぞくと、後輪のすぐ内側に小さな太鼓のような形をした部品を見ることができます。それがマキシ式と呼ばれるブレーキユニットです。

電子制御パーキングブレーキ

電子制御によって高度な機能を持つことが可能になります。最新の追従式クルーズコントロールでは前走車の停車や再発進にも対応しますが、そこでも電子制御化された電動パーキングブレーキが活躍しています。盗難装置と連動して稼働するものは、高い予防効果を発揮します。

駐車ブレーキのしくみと種類

■駐車ブレーキのシステム

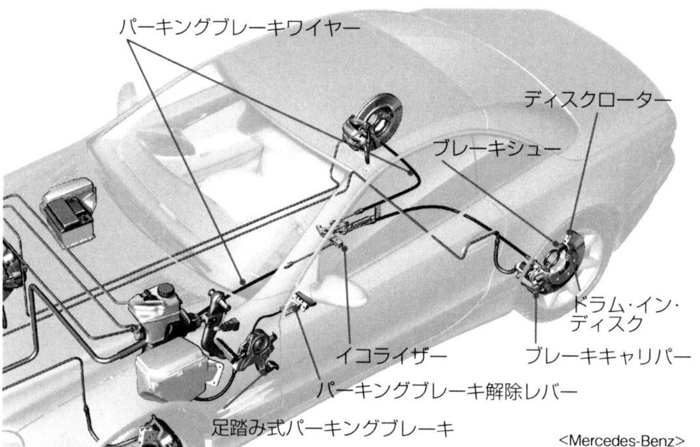

図の自動車の場合は、足踏み式パーキングブレーキを踏むとワイヤーケーブルが引かれ、リヤブレーキに取り付けられたパーキングブレーキ機構によってブレーキシューがドラム内側に密着する形式。解除する場合は、インストルメントパネル下のレバーを手前に引く。足踏みペダルのみ、または手で引き上げるレバーのみで作動させるものが多く採用されている。なお、イコライザーというのは、左右の駐車ブレーキの効きを均等にする装置。

足踏み式のパーキングブレーキは、一度踏み込むとブレーキがかかり、さらに深く踏み込むと解除される。リリースレバータイプもある。

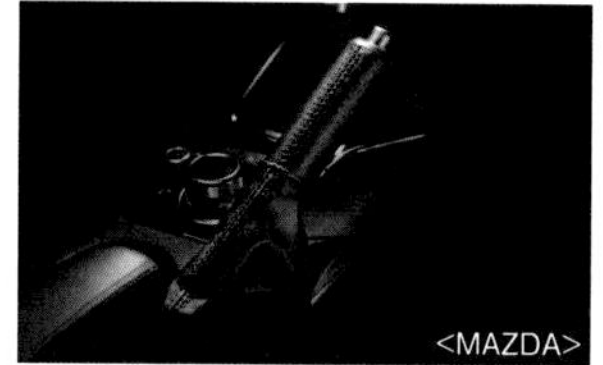

最も一般的な、手で操作するタイプ。引き上げるとブレーキがかかり、ボタンを押しながら緩めると解除される。

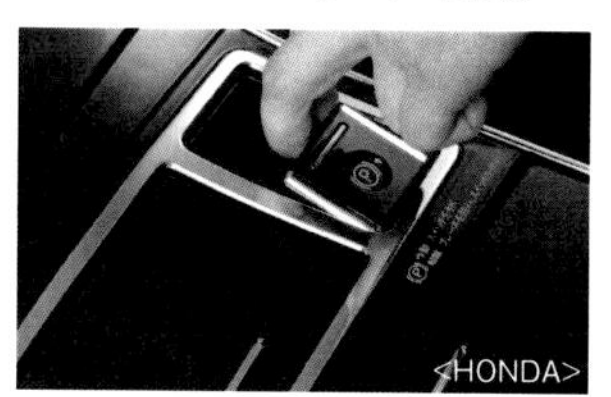

電動パーキングブレーキの操作スイッチは運転席脇のセンターコンソール、またはダッシュボードに設置されるケースが多い。

■ドラム・イン・ディスクのパーキングブレーキ

ディスクローター中央のハット部をドラムとして使用するもので、内部にブレーキシューなどのドラムブレーキ用パーツを設置。コンパクトで効率的な装置となる。

■電動パーキングブレーキ

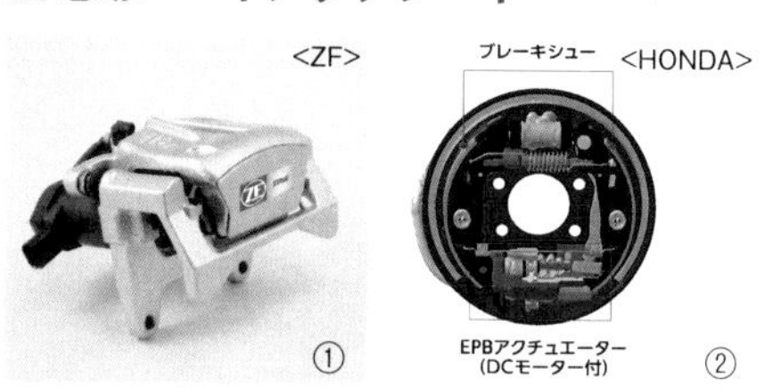

電動パーキングブレーキはドライバーが自分の手や足で操作していた作業を電動で行なってくれる。左の①はディスクブレーキのキャリパーにモーターを組み込んで、ブレーキパッドを作動させるタイプ。右の②はドラムブレーキにモーターを組み込んで作動させるタイプ。

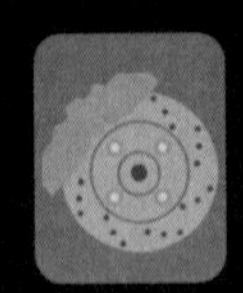

アクティブセーフティーとパッシブセーフティー

●安全思想に基づいた技術は自動車全体に投入されている。
●「事故を未然に防ぐ技術（アクティブセーフティー）」と「事故が起きたとき被害を軽減する技術（パッシブセーフティー）」に大別できる。

●正しく認知し、判断し、操作するために

運転するという行為は、誰であっても「認知すること」「判断すること」「操作すること」の3つのプロセスで成り立っています。ドライバーがこれらのプロセスをミスすることなく、正しく確実に行なえるように支援することが、安全対策であり、安全装備の役割なのです。この考え方は、各メーカーに共通した自動車の安全に対するもので、具体的な装備に反映したときの技術のアプローチ方法に違いがあっても、最終的な目的は同じであると考えていいでしょう。

●アクティブセーフティーとパッシブセーフティー

安全技術には2種類あります。事故を未然に防ぐための**アクティブセーフティー**と、事故が起こったときに乗員を守り、被害を軽減する**パッシブセーフティー**です。

人間はミスをします。ミスによっては、重大な事態（事故）を引き起こすことがあります。重大な事態（事故）を防ぐためには、ミスをしないようにすることが第一ですが、万一、ミスをして事故が起こったとしても、その被害をより少なく軽いものにするのが安全技術です。

自動車は車両全体がこれらの考え方を基につくられています。ある意味、当たり前に思えるような基本的な装備も、実は安全を支える役目を果たしているのです。

そのような視点から自動車を見ていくと、安全であることは快適なことでもある、というのが分かります。自動車の成り立ちとして、安全性と快適性は切り離せない面があるのです。

これまで説明してきたあらゆるしくみが安全性と快適性にかかわっていることを確認したうえで、細かく見ていきましょう。

豆知識

NCAP（ニュー・カー・アセスメント・プログラム）

事故を起こしても乗員の命を守ってくれる安全な自動車に乗りたいという、ユーザーの自動車選びに役立つ情報を、提供するために行なわれている公的な衝突実験のこと。正面衝突、オフセット衝突、側面衝突など実際の衝突を想定したテストが、販売されている各車両で行なわれています。

CLOSE-UP

NCAP実施団体

公的テストであるNCAPは世界の各団体で行なわれています。アメリカではNHTSA（米国運輸省道路交通安全局）、ヨーロッパでは消費者団体などで構成されるユーロNCAPコンソーシアム、日本では独立行政法人・自動車事故対策機構が実施しています。テストの実施内容は、それぞれの団体で多少の違いがあります。

アクティブセーフティーを実現する装備

■ABS ／ TCS

<Mercedes-Benz>

ブレーキ時の車輪のロックを防ぐABSや発進・加速時の車輪の空転を防ぐTCSの働きで車両の動きを安定させる。

■横滑り防止装置

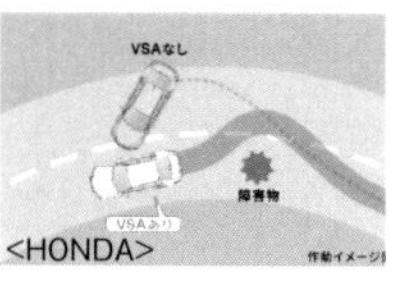

<HONDA>

制動力、駆動力、エンジン出力、ATなどを統合制御することで車両の安定性を図る。

■ブレーキアシスト

<Volkswagen>

ブレーキの踏力を支援したり、衝突の危険を検知したりして自動的にブレーキをかける。

■クルーズコントロール／衝突予測警報

<SUBARU>

全速度域で前方の車両を追尾し、減速や加速を制御するほか、前車が停止したら自車も停止することで、衝突を防止する。

パッシブセーフティーを実現する装備

■アクティブエンジンフード

<TOYOTA>

衝突時にボンネットを浮かせて歩行者の被害軽減を図る。

■ウインドーガラス

<HONDA>

割れ方の特性に合ったガラスを各ウインドーに使い分けている。

■SRSエアバッグ

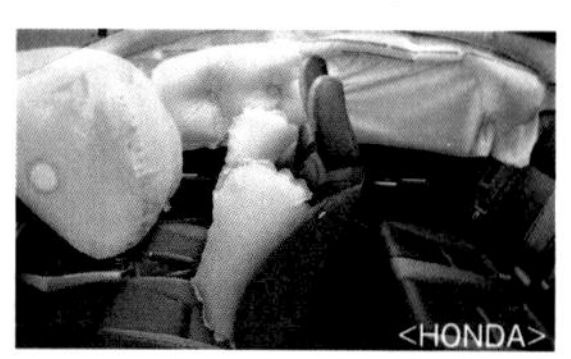
<HONDA>

シートベルトの装着を前提として衝突時に乗員が受ける衝撃を軽減する。

■ボディー

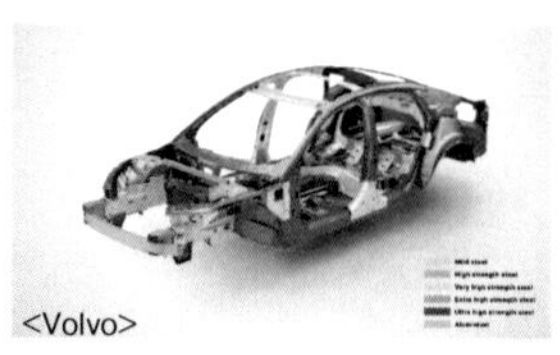
<Volvo>

衝突時の衝撃を吸収したり分散したりして被害軽減を図る。

■ドア

<Mercedes-Benz>

側面衝突に対して堅牢なつくりで室内空間を確保する。

■シートベルト

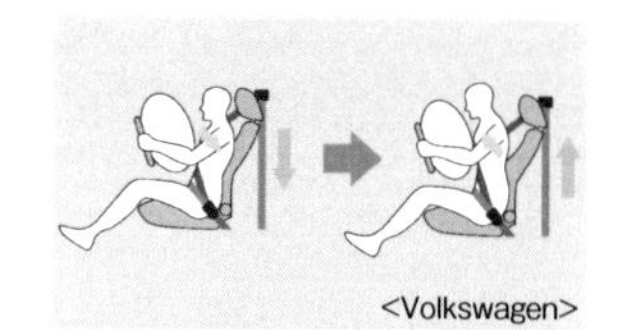
<Volkswagen>

衝突時の衝撃に備えて、乗員を固定するためにきめ細かい制御を行なう。

■ミラー

<TOYOTA>

各種センサーと連動し、車両の接近を警告するなど多機能化が進む。

■バンパー

<Volkswagen>

衝突時には車両への衝撃を吸収するとともに、歩行者の脚部への衝撃を緩和する。

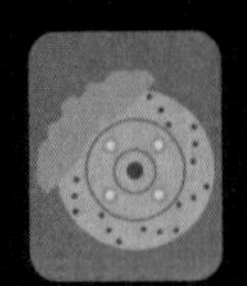

ABS（アンチロック・ブレーキ・システム）／TCS（トラクション・コントロール・システム）

- ABSはブレーキを細かく制御してタイヤがロックするのを防ぐ装置。
- TCSはエンジン制御とブレーキ制御を連携させて、自動車の挙動を安定させる装置。

●ブレーキの圧力を下げることでロックを防ぐ

タイヤは路面との**摩擦力**で車両を制動しています。摩擦力の限界を超えると、タイヤは回転しなくなります。この状態を**ロック**といいます。こうなると、ブレーキが効かないのはもちろん、ハンドルを切っても操舵できなくなります。

ABS（アンチロック・ブレーキ・システム）はロックが始まった瞬間にブレーキ圧を緩めてロックを解除し、グリップ力が回復したらまたブレーキ圧を高めるという操作を短時間で繰り返します。そうすることで、制動距離を縮めるとともに操舵を可能にし、危険をハンドルで回避できる状態にします。ABSはブレーキペダルの状態や各車輪の速度、エンジン回転数、スピードメーターから送られる車速、ステアリング切れ角などのデータを分析し、自動車が減速中で、かつ車輪の回転数の低下が著しいとき、車輪がロックする（路面を滑っている）と判断してブレーキの圧力を弱めます。

●TCSはエンジンとABSを協調制御

何らかの要因で自動車の挙動が不安定になったとき、それを回復させるのは**駆動力**と**制動力**のバランスです。**TCS（トラクション・コントロール・システム）**は、エンジンの出力制御とABSを利用した車輪速制御を統合して行ないます。TCSは雪道や濡れた路面での発進時に駆動輪が空転するのを防ぐ目的で開発されましたが、現在では走行中の車両の姿勢制御を行なうまでに進化。ABSに接続された車輪速センサーからの信号で車輪の空転を検知し、その情報をECUに送って駆動力を適切に制御します。同時にABSもブレーキ圧を制御して、目標の駆動力の配分バランスに近づけます。

CLOSE-UP

車輪のロック状態

ABSが車輪をロック状態と判断するのは、コンピューターが計算した車速に対して車輪の回転数が低過ぎるときです。つまり実際には車輪が回転していても、タイヤが路面を滑って制動力が失われているとき、ABSが作動して車輪の回転を正常な状態まで戻します。車輪の回転数が正常になると、ABSは作動を終えてブレーキ圧が戻ります。

ABSの働き

ABS非装着車（左）が滑りやすい路面を走行しているとき、前方に障害物を発見して急ブレーキをかけた場合、ブレーキがタイヤを止め、タイヤが滑ってそのまま進む。このときハンドルを切っても操舵できない。一方、ABS装着車（右）の場合はブレーキが効き、なおかつ障害物を回避するハンドル操作にも操舵が効くため、障害物を回避できる可能性が高くなる。

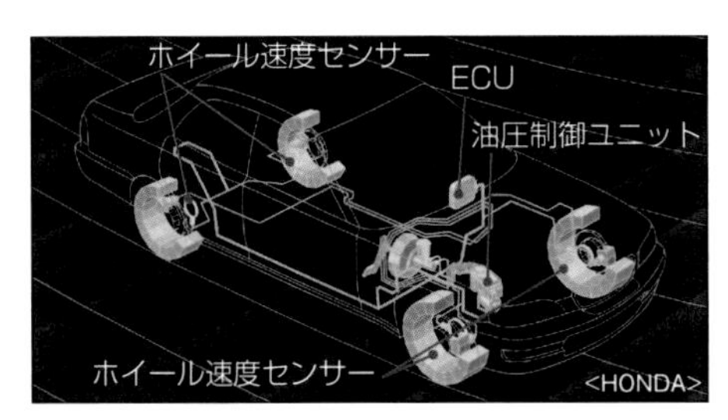

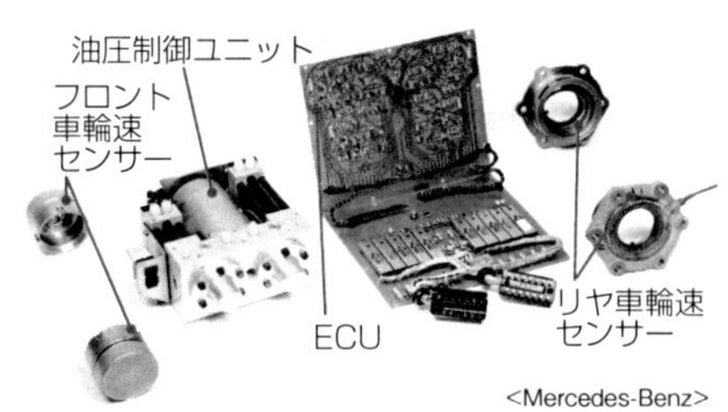

4輪の回転数をセンサーが検知し、車輪がロックすると制動力を解除。グリップが復活したと判断すれば再び制動力をかける、ということを断続的に素早く繰り返す。ABSが作動すると、ブレーキペダルにも細かい振動が伝わる。

TCSの働き

コーナーでのトラクション・コントロール

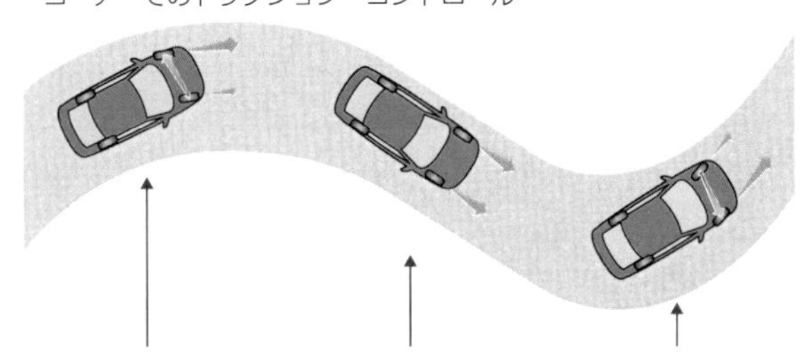

内側の車輪にブレーキをかけ、外側の車輪には逆に駆動力を分配することで思い通りのラインで走れるように補助する。

直線になると、両輪に通常の駆動力をかける。

コーナーから加速したとき、内側の車輪から外側の車輪に駆動力を分配することでアンダーステア（ハンドルを切っても相応に曲がらない現象）を少なくすることができる。

<Volvo>

滑りやすい路面で発進するときや急に加速する際、またカーブを曲がっているときなど、タイヤが空転して車両が不安定な挙動を示すことがある。このような空転を防ぐのがTCSという機能である。駆動輪の空転を検知すると、駆動輪にブレーキをかけたり、エンジン出力を抑えたりして接地力を回復する。

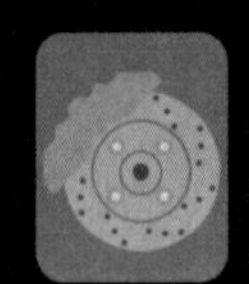

スタビリティー・コントロール・システム（横滑り防止装置）

●スタビリティー・コントロール・システムはエンジンの出力とブレーキ出力を統合して制御することで横滑りを防止する装置。
●とくにコーナリング時の安定した走行に効果を発揮する。

●ABSとTCSの組み合わせで制御

ABSと**TCS**を組み合わせて、さらに車両の安定性確保を進化させたのが**スタビリティー・コントロール・システム**（**横滑り防止装置**）です。

例えば少しスピードを出し過ぎてカーブに差しかかった場合、ハンドルを切っても前輪が滑っているため、なかなか曲がらなくなります。この現象を**アンダーステア**といいます。このようなときに横滑り防止装置が働くと、自動車をカーブの内側に向けるように内側の駆動輪にABSがブレーキをかけ、横滑りを防止します。なお、急激なハンドル操作で車体が必要以上に曲がり、スピンしそうになることを**オーバーステア**といいます。この状態になると、車体を外側に向けるように外側の駆動輪にブレーキをかけて方向を修正します。

●エンジンとATも統合制御

横滑り防止装置は、車体の横滑りの傾向を**角速度センサー**（**ヨーレート・センサー**）が検知すると、TCSがエンジンを制御して駆動輪への動力の伝わり方を調節し、同時にABSユニットが作動して車体の挙動を安定させるよう各車輪のブレーキ力を調節するしくみです。本来は個別に作動しているABSとTCSですが、それを統合制御しているのです。

また、制御する要素は、例えばAT車の**トランスミッション・コントロール・システム**とも協調するなど、複合的かつ統合的になっていて、横滑り防止装置自体も車両全体を統合制御するための要素の一部になっていることがあります。メーカーによって名称はさまざまなので、横滑り防止装置が装備されていることに気づかないこともあるかもしれません。

CLOSE-UP

横滑り防止装置の呼称

安全システムの中でもABSなどと違って、横滑り防止装置の呼称は各国、各メーカーによってさまざまで、統一されていません。ESC（Electronic Stability Control）という名称を普及させようという動きはありますが、トヨタがVSC(ビークル・スタビリティー・コントロール)、日産やスバルがVDC(ビークル・ダイナミクス・コントロール)、ホンダがVSA(ビークル・スタビリティー・アシスト)、マツダがDSC（ダイナミック・スタビリティー・コントロール）など、現在のところ名称はメーカーによってまちまちです。

横滑り防止装置の働き

■アンダーステア時

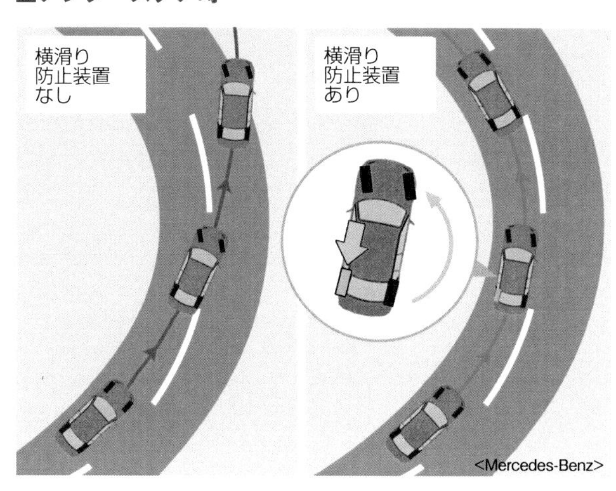

オーバースピードでカーブに進入すると、曲がり切れずに車両は車線の外側に膨らんでしまう（アンダーステア状態）。しかし、横滑り防止装置が装備されていると、まずTCSが駆動力を落とし車速を下げるとともに、ABSが働いて内側の駆動輪にブレーキがかかる。これにより車体を内側（カーブに沿った方向）に向ける力が発生するため、自動車は車線からの飛び出しを回避できる。加えて外側の駆動輪にトルクを分配したり、ステアリングの向きを制御する機能が加わるシステムもある。

■オーバーステア時

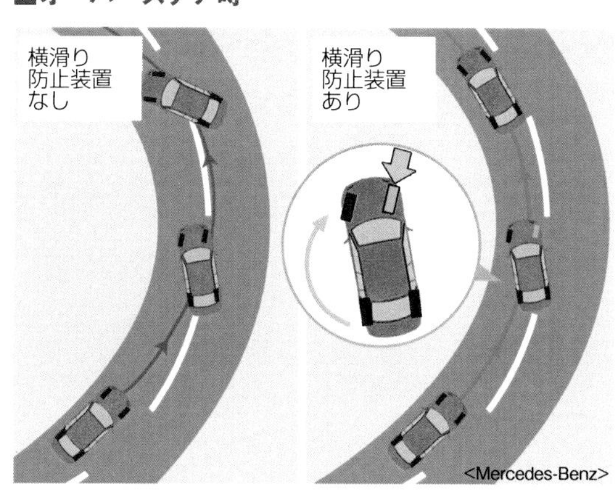

ハンドルを切り込み過ぎてカーブの内側に巻き込んだ場合（オーバーステア状態）、そのままだと車両の姿勢が乱れてスピンする危険もある。横滑り防止装置が作動すると、外側の駆動輪にブレーキがかかる。すると車体の向きを外側に向けようとする回転が発生する。巻き込む動きが緩和され、反対車線に飛び出したりスピンしたりするのを回避できる。加えて左右の駆動輪のトルク配分を制御したり、ステアリングの向きまで制御する場合もある。

■障害物を回避したいとき

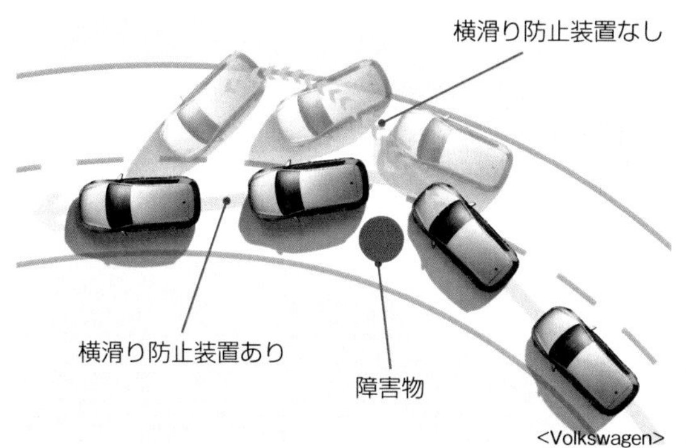

カーブで突然現れた障害物を避けるハンドル操作で、車体の横滑りを検知すると、横滑り防止装置がグリップ力を維持して車体がスピン（回転）しないようにブレーキと駆動力を制御する。

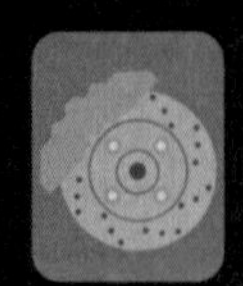

ブレーキアシスト／EBD／プリクラッシュブレーキ

●衝突の危険があるときにドライバーのブレーキの踏み込み量が足りないと判断した場合、ブレーキの油圧をアシストする。
●ブレーキ操作が遅れて衝突が避けられない場合、自動ブレーキが作動。

●前方の危険を検知する機能

危険回避の基本は、自動車を止める（減速する）ことです。それをサポートするためのシステムがあります。

その1つは前方に衝突の危険がないかどうかを監視する装置です。各メーカーによってさまざまですが、衝突の危険を感知するために、**赤外線**、**ミリ波レーダー**、**カメラ**などが使われていて、先行車両との距離、歩行者の有無、路上の物体や白線などを認識します。何かを感知すると、ディスプレーや音声などでドライバーに警告する装置もあります。ドライバーは、それを受けてブレーキを踏むことで危険を回避します。

●ペダルを踏む力をサポートする

ドライバーはブレーキを踏んだつもりでも実際には踏み込みが足りない場合があります。**ブレーキアシスト**は自動車がブレーキペダルの踏み込み速度や踏み込み量を検知し、踏み込みが不十分だと判断した場合に、それをアシストするしくみです。

このときに乗車人数や荷物の積載量に応じて前後左右輪への制動力を最適に配分する**EBD**（**電子制御制動力配分システム**）を備えた自動車もあります。例えば、1人乗車のときに比べて、定員乗車のときの制動力は、前輪への配分を大きくして荷重の増加に対応することで増します。また、コーナリング中であれば外側車輪への制動力配分を大きくします。

なお、自動車が、さらに障害物に接近しているにもかかわらず、ドライバーのブレーキ操作がないと**プリクラッシュブレーキ**と呼ばれる自動ブレーキが介入します。これは、車速や障害物までの距離など、さまざまな情報を基に衝突が避けられないと判断したときに自動的にブレーキを作動させます。

用語解説

赤外線レーザー

コストが安く、装置もコンパクトですが、感知できる距離が短く、低速域での作動しかカバーできません。また、気象条件が悪いとセンサー能力が低下します。

ミリ波レーダー

波長が1～10mmの電波を使用したセンサー。コストは高いが、遠くの物体まで感知できるので、時速100km以上の高速でも自動ブレーキのセンサーとして機能。ただし、人間の検知にやや弱いことが指摘されている。

カメラ

歩行者を識別して自動ブレーキを作動することができます。カメラを2台組み合わせたステレオカメラ方式だと前方の物体との距離も把握でき、高速での自動ブレーキのセンサーとして機能を発揮。ただし、逆光時や夜間のヘッドライト照射範囲外のセンサー機能が難点。

■前方監視装置

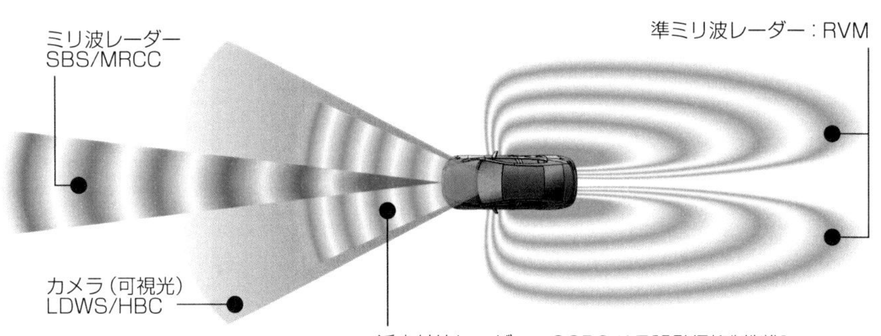

<MAZDA>

前方の監視装置は現在3種類があるが、それぞれの特性を生かして複数の手段を採用する車種もある。監視装置は前方だけでなく後方や側方のためにも採用されている。また、ブレーキだけでなくクルーズコントロール（P.202参照）などにも活用されている。

●カメラ

<SUBARU>

2台で対象物との距離や大きさを判別し、人間や自転車の認識もする。悪天候や遠距離への対応が不十分なのが弱点。

●ミリ波レーダー

<HONDA>

夜間も使用できて悪天候にも強い。さらに100mの遠距離も検知できるが、コストがかかること、人間の検知にやや弱いことが指摘されている。

●赤外線レーダー

<DAIHATSU>

夜間も使えるうえ比較的低コストだが、悪天候には弱く、感知できる距離が制限される。また人間の検知がしにくいと指摘されている。

■EBD（電子制御制動力配分システム）

<Volvo>

乗員数や積載物による重量の変化によって、各車輪への制動力を配分する。前後だけでなく、カーブを曲がっているときなどの各車輪への荷重を計算するものもある。

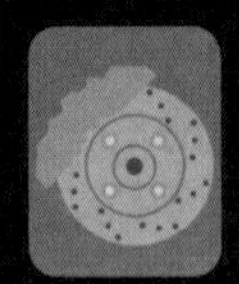

クルーズコントロール／衝突予測警報

●高速道路などの走行時にドライバーの負担を軽減し、快適さと安全性を両立させたアシスト装置。
●定速、減速、加速の制御や、衝突予測警報を行なうシステムもある。

●車間距離を保ちながら先行車に追従

アクセルから足を離しても設定した速度を維持して走り続けてくれる**クルーズコントロール**は、高速道路などを長時間走る際のドライバーの負担を減らしてくれます。しかし、道路が混雑していると一定の速度で走れず、前を走る遅い自動車に近づくたびに減速したりなどの速度調整をしなければなりません。そのデメリットを解消してくれるのが、追随機能付きのクルーズコントロールです。このシステムはレーダーやカメラなどを使用した**前方監視装置**を活用することで可能になりました。

追随式クルーズコントロールも、ドライバーが設定した速度を維持して走行をしますが、前方に自車より遅い車両が現れると前方監視装置により**車間距離**を検知し、設定車速内で先行車の車速に合わせて**減速制御**、一定の車間距離を保ちながら追従走行をします。その後、先行車が車線変更などをしていなくなると、元の設定速度まで**加速制御**して定速走行に戻ります。

●先行車の停止や発進に対応するタイプも

加速や減速制御だけでなく、先行車が速度を下げて停止すると自車も自動的に停止し、アクセル操作などで再発進後に再び先行車に追従するタイプもあります。さらに、ゴーストップを繰り返す渋滞時に対応するため、一定の条件下で先行車の発進に合わせて自動的に発進する機能を持っているものもあります。

なお、前方監視装置は一般に直前を走る車両だけを捕捉しますが、先行車のさらにもう1台前の自動車の動きまでも**ミリ波レーダー**でモニターし、その車両との車間距離や相対速度から危険と判断した場合は追突の可能性をドライバーに警告する**前方衝突予測警報システム**を搭載した車両もあります。

豆知識

停止制御と発進制御

クルーズコントロールでも、ある速度域までの減速には対応するが停止するにはドライバーがブレーキ操作をすることが必要なタイプと、先行車が停止すると自車の停止制御までする全車速追従機能付きタイプがあります。渋滞時のドライバーの負担を減らしたりミスを防いだりするため、先行車が発進すると自車も自動的に発進・追従する機能を持ったものもあります。

制御の洗練度

追随式クルーズコントロールは自動的に減速や加速を行ないますが、加減速の度合いがドライバーの予想より急激に行なわれたり緩慢過ぎたりすると、違和感を覚えたり不都合が生じたりします。そのためスムーズで的確な制御が求められます。制御技術の洗練度がメーカーの技術の見せ所であり、その進化が自動運転の完成へとつながっていきます。

先行車を感知してスムーズかつ安全に走る技術

■全車速追随機能付きクルーズコントロールの作動

①定速走行制御

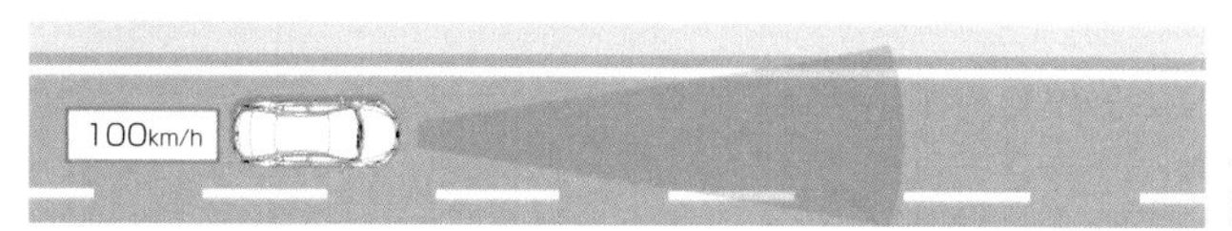

クルーズコントロールで希望の車速を設定して定速走行。

②減速／追従制御

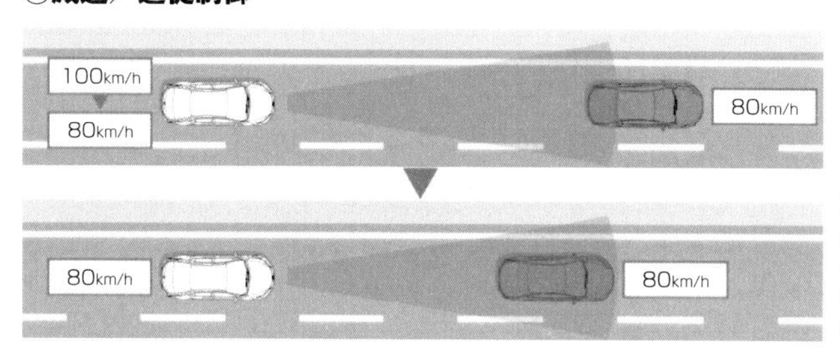

定速走行中に走行速度の遅い先行車との距離が縮まると、センサーが感知して減速。先行車と同じ速度に調整し、一定の車間距離を保って追従走行。

③加速制御

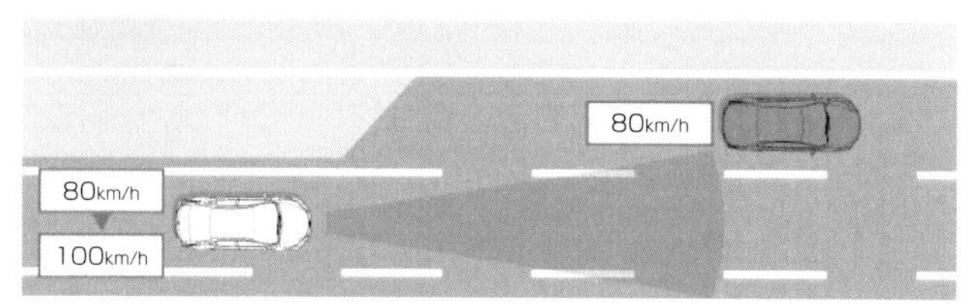

先行車が車線変更などでいなくなるとセンサーが感知し、自動的に元の設定速度まで加速した、定速走行に戻る。

④停止保持制御

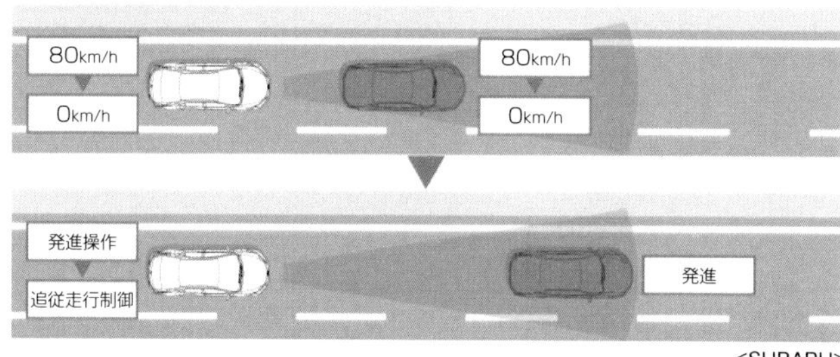

先行車が減速・停止すると、衝突しないように自車も減速・停止。その後、先行車が発進後、アクセルを踏むと再び追従走行を開始。先行車が停止後、一定時間内に発進すると自車も自動的に発進する機能を持つ車両もある。

<SUBARU>

■前方衝突予測警報システム

<NISSAN>

目の前を先行する自動車だけでなく、さらに先を行く車両の動向（自車との距離や速度の差）を監視する。衝突の恐れがあると判断した場合はブレーキをかけるように表示と音で警告を発する。同時にシートベルトを巻き上げて万一に備える。

キャビン

- 前後方向の衝突には頑丈なキャビンと、それ以外のつぶれやすいエリアで衝撃を吸収して乗員の安全を確保。
- 側面衝突や横転からは丈夫なピラーやドアが乗員を守る。

●キャビンとクラッシュエリア

キャビンは人が乗車する区画、**クラッシュエリア**は衝突時に変形することで衝撃を吸収する区画のことです。

キャビンは乗車スペースですから、前後はもちろん側面からの衝撃に対しても生存空間を確保するという重要な役割が求められます。したがって、とても頑丈につくられており、各社とも持てる技術を惜しみなく注ぎ込んでいます。

一方、クラッシュエリアはボディーのフロントとリヤそれぞれに設けられていて、部材がつぶれたり、折れ曲がったりすることで衝撃を吸収し、キャビンに直接のダメージが及ばない構造になっています。車種によっては、より壊れやすくするためアルミでつくられている場合もあります。

●衝突エネルギーを分散する

フロントからの衝撃は、正面の**クロスメンバー**で受け止めて左右の**フロントサイドメンバー**に分散した後、さらに**フロア**、**サイドシル**、**Aピラー（フロントピラー）**などに分散して吸収します。後方からの衝撃は、ラゲッジルームの底面と**リヤサイドメンバー**、**Cピラー（リヤピラー）**、サイドシルで分散して吸収。側面からの衝撃は、サイドシルや、Aピラー、**Bピラー（センターピラー）**、Cピラー、A·Bの前後ピラーの付け根から側方に伸びる**パネル**、クロスメンバー、またドアでも衝撃を受け止めます。ボディーの前後にあるバンパーはもちろん、外板の前後フェンダーやルーフも衝撃吸収に一役買っています。

後部のクラッシュエリアはラゲッジルームの底部と一体になっている場合がほとんどです。後方からの衝撃を左右のサイドレールに分散し、自らも変形することでキャビンを守ります。

用語解説

サイドシル

左右のドアの下にある、ボディーの剛性を確保する閉断面の構造体。断面積を増やせば剛性が高まるが、サイドシルの高さも増すのが難点。

サイドメンバー

ボディーの両サイドにある構造体。フロント側はフロントサイドメンバー、リヤ側はリヤサイドメンバーと呼ばれています。

クロスメンバー

フロア下を左右につなぐ骨組みで、ボディーの剛性を保ちます。

豆知識

JNCAP

JNCAP(Japan New Car Assessment Program)は、日本で評価された自動車の安全情報で国土交通省と独立行政法人自動車事故対策機構が公表しています。実車衝突実験による安全性評価のほか、予防安全性能についても車種別に評価し、公表しています。

衝撃からキャビンを守るボディー設計

■前面からの衝撃

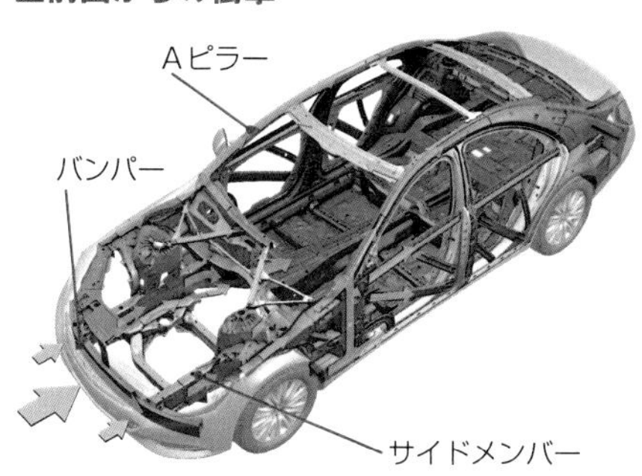

前面からの衝撃はバンパーで受け止めた後、エンジンルーム下の構造体であるサイドメンバーを経てAピラー（フロントウインドー両脇の柱）からルーフなどに分散されてキャビンへの衝撃を弱める。なお、衝突の衝撃でエンジンなどがキャビン内に入り込まないような設計も施されている。

■側面からの衝撃

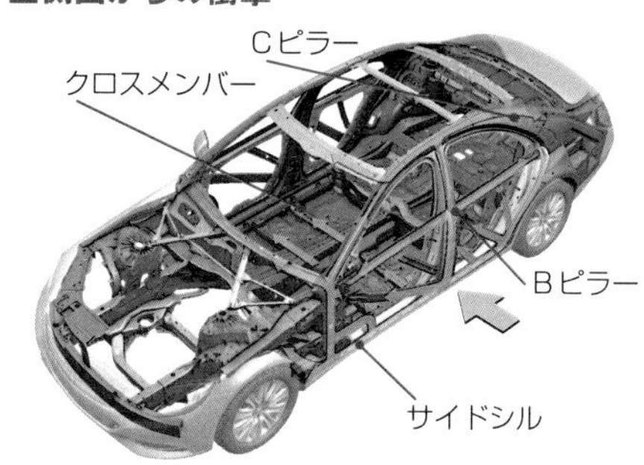

2側面からの衝撃はドアからAピラーやその下部、Bピラー（前後ドア間の柱）、Cピラー（リヤウインドー両脇の柱）を経てルーフ方面に。またサイドシルやクロスメンバー方面に分散・吸収される。ドアの中にも側面衝撃時にドアの形状を保ちキャビンを守る補強材が入っている。

JNCAP（日本自動車アセスメント）の衝突試験

●フルラップ前面衝突

<Mercedes-Benz>

55km/hでコンクリート製バリアに正面衝突させ、運転席と助手席に乗せたダミーの各部の変形を基に保護性能を5段階で評価する。

●オフセット前面衝突

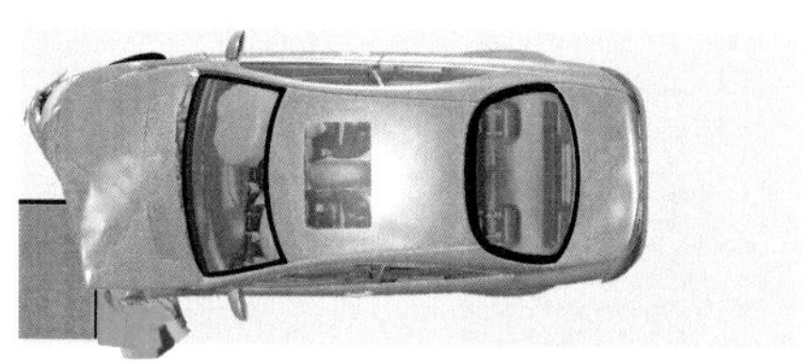
<Mercedes-Benz>

車両をずらして前面の運転席側40%を64km/hでアルミハニカムに衝突させ、運転席と後部座席に乗せたダミーの受けた衝撃や室内の変形を基に5段階で評価する。

●側面衝突試験

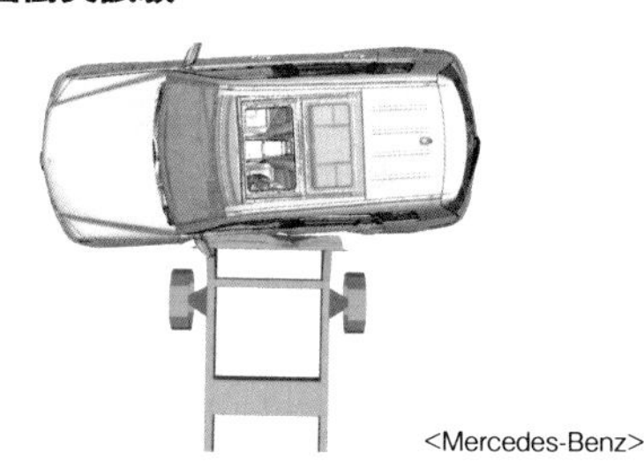
<Mercedes-Benz>

運転席側に質量950kgの台車を55km/hで衝突させ、運転席のダミーの各部に受けた衝撃を基に5段階で評価する。サイドカーテンエアバッグの装備車については展開状況や展開範囲について評価する。

●後面衝突頸部保護性能試験

<Mercedes-Benz>

後面衝突された際に発生する衝撃を運転席または助手席用シートに与え、ダミーの頸部が受ける衝撃を基に頸部の保護性能を4段階で評価する。衝撃は停車中のクルマに同じ自動車が約32km/hで衝突したときを再現している。

エンジンフード

POINT
- エンジンフードには騒音を抑え、空力特性を向上させる役目もある。
- 万一、前方の障害物や歩行者と衝突した際には傷害を緩和するための工夫が施されている。

●騒音を抑えるエンジンフード

エンジンフードは、エンジンルームの上部を覆う板状の部品です。**ボンネット**と呼ばれることもあります。**フロントエンジン車**の場合、多くが**ヒンジ**（ドアを開閉するちょうつがい）はフロントガラス側に設けられていて、前方から開きます。軽量化を図るために、アルミニウムでつくられた車種もあります。

エンジンフードはエンジンの騒音を抑えるとともに、車体上面の空気の流れを整える重要な役割も持っています。車体上面の空気の流れは自動車の走行安定性や燃費に大きく影響するため、各メーカーが**フロントグリル**からエンジンフードを経て**ルーフ**から**トランクリッド**（または**リヤゲート**）に至る空気の流れをスムーズにするため、さまざまな工夫を行なっています。

万一の衝突時には、裏側の骨組みの工夫によって折れ曲がるようにして衝撃を吸収して、つぶれるようになっています。

●歩行者を守るアクティブエンジンフード

近年は、万一歩行者と衝突してしまった場合、歩行者への傷害を軽減するためにエンジンフードを持ち上げる装置を備える自動車もあります。

これは、エンジンフードの後方（フロントガラス側）を持ち上げ、エンジンとの間に空間をつくることで歩行者の上半身（とくに頭部）への傷害を軽減することを目的にしています。これを**アクティブエンジンフード**といいます。ほかにも**ポップアップフード**などさまざまな呼び名があります。そのしくみは、フロントバンパー周りに衝突を感知するセンサーがあり、衝突の状況をコンピューターが分析・判断して、必要な場合は**アクチュエーター**を機能させることで作動します。

豆知識

エンジンフードの開き方

かつては、走行中にエンジンフードのロックが外れてしまっても開きにくくするために、フロントグリル側にヒンジを持つものもありました。しかし近年は技術の進歩によってロックが外れる心配がなくなったことや、整備性を良くするために、多くの場合がフロントガラス側に取り付けられています。

用語解説

トランクリッド

自動車の後方にあるトランクルームのふた（リッド）。

リヤゲート

自動車の車両後方に設置される開閉部のこと。ミニバンやハッチバック、ステーションワゴンなどに設置される。

乗員と歩行者を守るエンジンフード

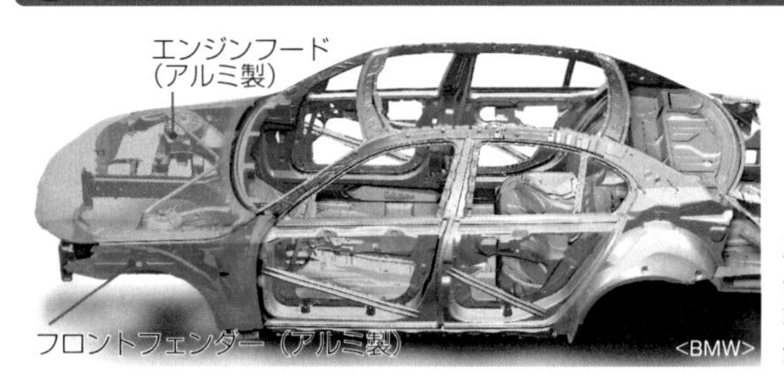

<BMW>

エンジンフード（ボンネット）は、基本的にボディー剛性に関与する割合が少ないので、軽量なアルミ材を使用して車体の重量を軽減する例も多い。

<BMW>

エンジンフード自体は衝突時にキャビンに食い込まないよう“くの字”に折れ曲がる工夫がされている。

■アクティブエンジンフード

<Volkswagen>

●**アクチュエーターのしくみ**

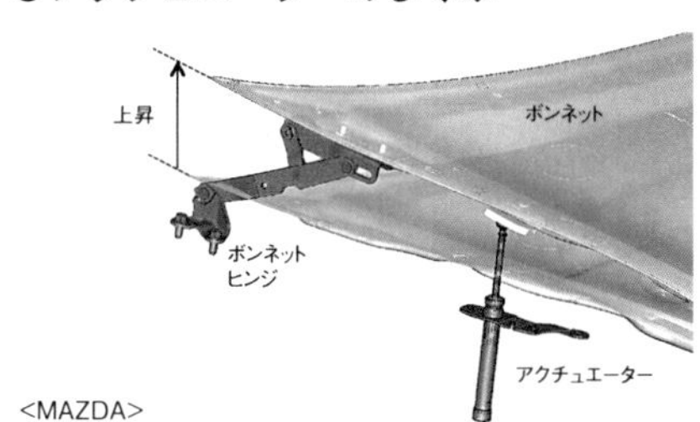

<MAZDA>

バンパー周りで衝撃を検知するとECUが判断してアクチュエーターによってエンジンフードを浮かせる。

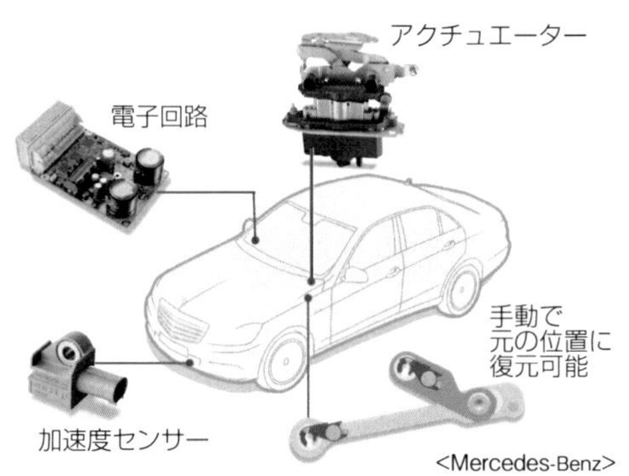

<Mercedes-Benz>

衝突の瞬間にエンジンフード後方を持ち上げ、フード下の空間を広げて歩行者頭部への傷害を軽減するシステム。エンジンフードの下、エンジンとの間の空間が十分に確保できない自動車の場合に装備される。バンパーに内蔵されたセンサーが歩行者との衝突を検知すると、コントロールユニットが必要性を判断し、必要な場合はアクチュエーターを作動させる。

SRSエアバッグ

POINT
- 前方、側方、後方からの衝撃に対応し、頭部、胸部、脚部を保護。
- 前方からの衝突検知からエアバッグが展開するまでの時間は約0.03秒。
- 多くの国で運転席と助手席はエアバッグの装備が義務づけられている。

●あくまでシートベルトの補助装置

SRSエアバッグは、自動車が衝突した際に瞬間的に**エアバッグ**（**空気袋**）を膨らませて乗員の被害を軽減します。SRS（Supplemental Restraint System）とは乗員保護補助装置の意味で、あくまで補助装置なので、**シートベルト**（P.210参照）を着用していないと効果を発揮しません。エアバッグだけでは乗員の体重を受け止めることができないのです。エアバッグには前方からの衝突に対応する運転席、助手席のほか、膝を守るもの、側面衝突に対応して頭部や肩、腰を守るもの、そして後面衝突に対してリヤウインドーと後席の間で頭部を守るものがあります。

●瞬時に大量のガスをつくるインフレーター

自動車が衝突すると、前方に設置されたセンサーが衝突を検知し、**ECU**に信号を送ります。ECUは、その信号を基にエアバッグを作動させる必要があると判断した場合は、**インフレーター**（ガスを発生する装置）に指示。すると**イグナイター**または**イニシエーター**と呼ばれる点火装置が、インフレーターの中に少量詰め込まれている火薬に点火。瞬時に燃焼（爆発）して発生したガスで、エアバッグが膨らみます。この動作は「**展開**」と呼ばれます。衝突から展開に至る時間は、わずか0.03秒といわれています。

使用されている火薬は人体に無害なものですが、発生したガスや火薬の燃えかすが目に入ったり、吸い込んだりした場合は目や喉に刺激を感じることもあります。

現在では運転席と助手席のエアバッグは多くの国で法律により装備が義務づけられています。

豆知識

日本初のエアバッグ搭載車

日本で初めてSRSエアバッグを搭載したのは、1987年に発売されたホンダレジェンドです。基礎研究から16年の歳月をかけたといわれています。その後、急速に採用が広がりました。

エアバッグの種類と働き

■エアバッグシステム

<Volkswagen>

①運転席エアバッグ
②助手席エアバッグ
各方向からの衝突を衝撃センサーが検知すると信号がコントロールユニットに送られる。そこでエアバッグの展開が必要と判断されると、点火装置が作動してエアバッグが展開する。運転席エアバッグはステアリングのセンターカバーを弾き飛ばして開く。助手席はインストルメントパネル上部のカバーが開き、すき間から展開する。

③サイドカーテンエアバッグ
④サイドエアバッグ
側面衝突に対応するもので、サイドカーテンエアバッグはサイドウインドーの上部とピラー部に、サイドエアバッグは多くはシートに装備される。

⑤ニーエアバッグ
ダッシュボード下部に装備され、前方からの衝突で乗員が押し出されるのを防ぎ、とくに膝に対する傷害を軽減する。

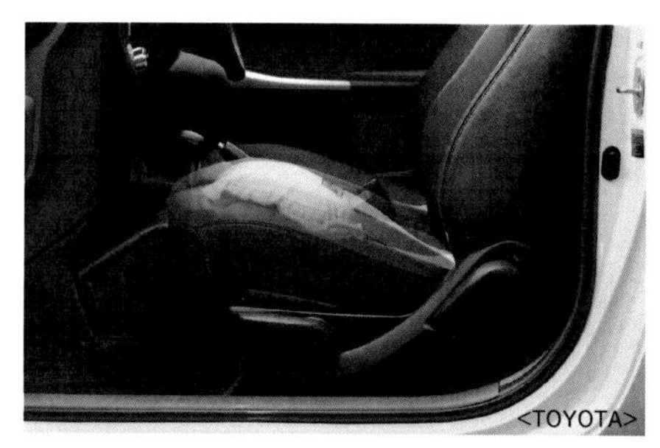
<TOYOTA>

シートクッションエアバッグ

シートの座面内部に装備されるもので、ニーエアバッグと同様、前方への移動やフロアへの潜り込みを防ぐ。

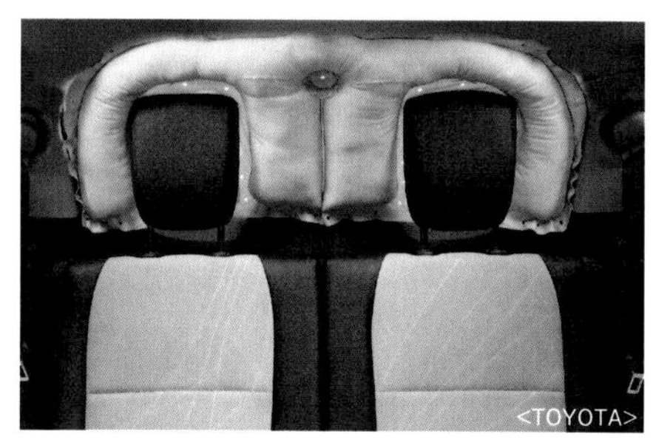
<TOYOTA>

後席用エアバッグ

SRSリヤウインドーカーテンシールドエアバッグ。図の車両は後席の後ろがすぐにリヤウインドーになっているため、後方からの衝突による衝撃から後席乗員の頭部を守るために後席後方の天井からエアバッグが展開する。

<Volvo>

歩行者エアバッグ

乗員だけでなく、歩行者を守るためのエアバッグもある。これは前項のアクティブエンジンフードの考え方の延長線上にあるもので、衝突した歩行者の頭部がフロントガラス下部にぶつかることを防ぐ目的がある。

シートベルト

POINT
- ●シートベルトは走行中に乗員の体を支え、衝突時に体を固定する。
- ●現在では後席を含め、シートベルトの装着が義務化されている。
- ●さまざまな機能が付いたシートベルトが開発・採用されている。

●乗員の命綱ともいえる重要な装備

衝突時などに乗員が車外に投げ出されて死亡するという事故が後を絶ちません。このような事態を招かないために、乗員をシートに拘束する装備が**シートベルト**です。

今でこそ乗用車のシートベルトを着用することは常識となっていますが、1960年代以前は、ベルト自体がほとんど装備されていませんでした。1968年にアメリカでシートベルトの自動車への装備が法律で義務づけられた後、急速に普及していきました。しかし、装着は義務づけられなかったため、シートベルトの拘束感を嫌って、装着しないドライバーがほとんどでした。日本では1985年から、高速道路および自動車専用道路で前席の装着が義務化され、1986年から一般道でも義務化されました。2007年には後席でも義務化されています。

●シートベルトの進化

装備が義務化されたばかりのころは、単に巻き取り機能があるだけのシンプルなものでした。しかし、現在ではさまざまな機能が付いています。

ELR(Emergency Locking Retractor＝エマージェンシー・ロッキング・リトラクター)は、ベルトが引き出される速度が基準を超えると自動的にロックされ、万一の事故に備えます。またELRの進化形として、普段の着用時の拘束感を和らげる**テンションレデューサー**、前方の衝突を検知すると瞬間的にベルトを巻き取って強く拘束する**プリテンショナー**、そしてベルトに過大な力がかかったときには逆に少しずつ緩めて胸部の負担を緩和する**ロードリミッター**、といった機能が組み込まれるようになりました。

豆知識

ベルトの固定

かつては腰を左右2カ所で固定する2点式が主流でしたが、現在は肩から腰への固定も加わった3点式が一般的です。モータースポーツで使用するものには、4点式や6点式のものもあります。

危険を知らせるベルト

ミリ波レーダーによる前方監視装置との連携で、自動車が先行車に急激に接近すると、ベルトを2、3回引き込んで危険を知らせる機能が付いた車種もあります。

シートベルトの強度

シートベルトで2トン以上の荷重を支えることができるといわれています。単純計算すれば小型乗用車も持ち上げられるほどの強さということになります。

シートベルトの構造と種類

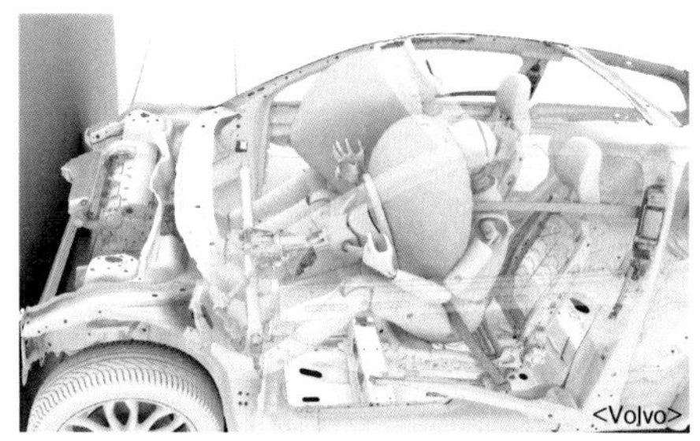

シートベルトは引っ張り強度に優れたポリエステル製。前席の場合、シートベルトはセンターピラーの内部に設置されたリトラクター（巻き取り装置）によってテンションがかけられている。衝突時などはリトラクターが瞬時にシートベルトをロックして乗員をホールドする。右図はダミー人形を使用した衝突実験の様子。シートベルトとともにエアバッグが乗員を守る。

命を守るシートベルトのテンション機構

■プリテンショナー／ロードリミッター

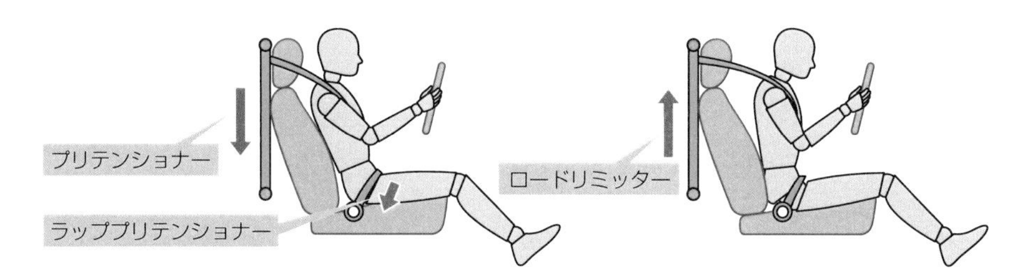

プリテンショナーは衝突に備え、その直前にシートベルトのテンションを高めて胸と腰の移動量を抑える。ロードリミッターは衝突時に瞬間的にシートベルトを緩めて、シートベルトによって胸にかかる衝撃を緩和する。

■機械式プリテンショナー

大腿部を押さえる機械式プリテンショナーシートベルト。構造がシンプルでコストが低く抑えられる。

■後席シートベルト

後席シートベルトも着用が義務づけられている。後席に備えられた3点式シートベルト。

■チャイルドシート

現在の新車にはチャイルドシートを簡単に固定できるISO FIXアンカーが標準装備されている。

バンパー

POINT

- 本来は衝撃を吸収する装置で、現在は多面的な機能を備えている。
- フロントは、万一歩行者をはねてしまった場合でも歩行者のダメージを軽減する構造となっている。

●自動車のデザインを決める大きな要素

バンパーは、本来、ぶつかったときの衝撃を緩和するとともに、ボディーを保護するための装置で、車体前後に設置されています。現在では、とくに自動車のフロント周りがバンパーや**ラジエーターグリル**などと一体的にデザインされ、なおかつ空気の流れを考慮した形状になっています。そのため、バンパーの形が自動車のデザインを決める大きな要素となっており、**エアロバンパー**と呼ばれるものもあります。

●乗員だけでなく歩行者も守る構造

以前は鉄板をプレスし、スプリングを介してフレームに取り付けた、衝撃を和らげるためという、いわば本来の機能だけを持った装置でした。しかし、近年ではすべての乗用車でバンパーが樹脂部品となり、以前と比べると、とても「壊れやすくて柔らかい」構造になっています。また、フロントバンパーの内側には多くの場合、発泡スチロール製の緩衝材が配置されています。これらは、万一歩行者をはねてしまった場合、歩行者の脚部へのダメージを最小限に抑えるためです。

もう１つの特徴は、バンパー全体が斜め下方向に外れやすい構造になっていることです。これも歩行者保護の観点からですが、こうした壊れやすい構造にすることで、バンパーをクラッシュエリアとして使い、乗員を守るようにも工夫されています。バンパーで受けた衝撃は、車体の左右の構造材がつぶれることで吸収し、同時に各部に分散して吸収します。

最近では、前後方向を監視する**ミリ波レーダー**や**赤外線**などの各種センサーがバンパーの裏側に設置されることも多くなりました。

CLOSE-UP

５マイルバンパー

1974年にアメリカで施行された規制に適合するバンパーのことです。時速５マイル（およそ時速8km/h）の衝撃でボディーに大きなダメージを与えず（実際には細かく規定されています）、バンパーも復元する能力を備えていることが条件になっています。このため、当時は日本車だけでなく、欧州からアメリカに輸出されるモデルも専用のバンパーを装着しました。当時の自動車のバンパーは、取って付けたようなデザインになっていますが、その後、アメリカに輸出をする自動車はその要件を折り込んだデザインになっていきました。

交通事故の被害を最小限にくい止める工夫

■エネルギーアブソーバー

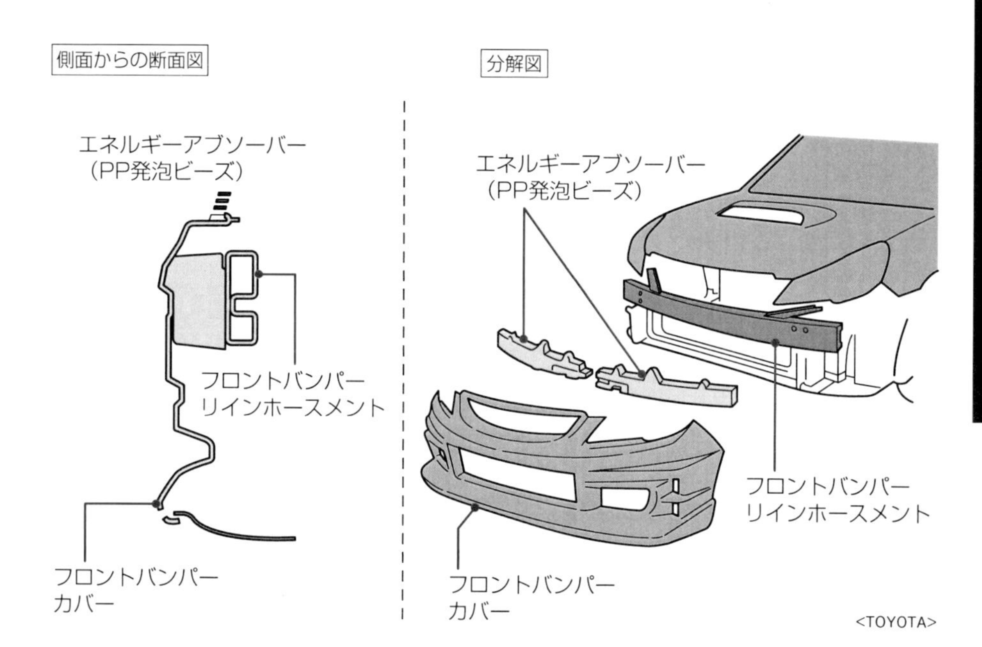

フロントバンパー内に、エネルギーアブソーバー（PP発泡ビーズ）を設置。これによって、衝突時に歩行者が受ける衝撃を吸収緩和する。とくに歩行者の脚部を守り、損傷を可能な限り軽減するための工夫といえる。

■アクティブエンジンフード

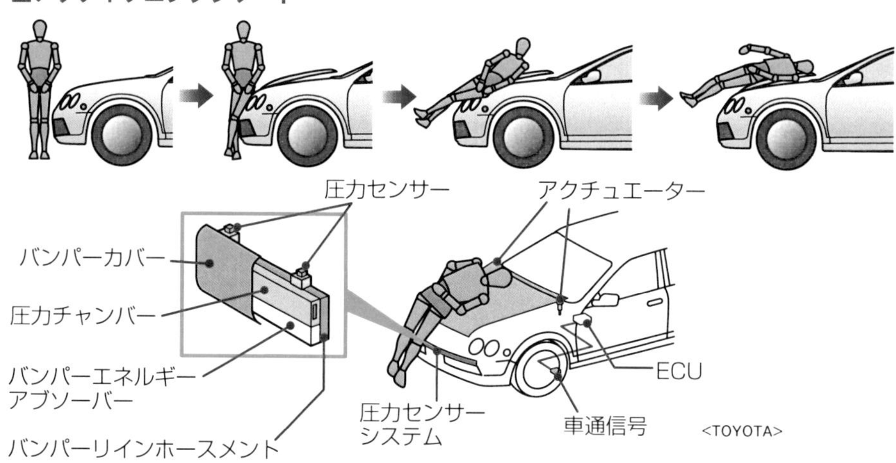

走行中に歩行者と接触したとき、エンジンフード後方が持ち上がることで、衝撃を緩和する。フロントバンパーに内蔵した圧力チャンバーと圧力センサーが感知し、フード後方左右に取り付けられたアクチュエーターがフード後方を持ち上げる。

ウインドーガラス

●防風、防塵、防音以外にもさまざまな機能を持つ。
●ガラスの特性を生かしてフロントウインドーには合わせガラス、サイドウインドーとリヤウインドーには主に強化ガラスが使われている。

●強化ガラスはサイドとリヤウインドー

フロントガラスは、飛来物（虫やホコリ、前車が跳ね上げた小石など）が車内に飛び込んでこないように取り付けられます。また、**遮音**などにも貢献しています。

以前は、フロントウインドーに安全ガラスと呼ばれる**強化ガラス**が使われていました。強化ガラスは衝撃に強いうえ、粉砕されると細かい粒状になるため、大ケガを負わずに済みます。弱点は、衝撃を受けたときに細かくヒビが入るため、全面が白くなって視界がさえぎられることです。このため、部分的に強化処理をした部分強化ガラスというタイプもあります。現在では、この強化ガラスは**サイドウインドー**または**リヤウインドー**に採用されています。

●フロントウインドーには合わせガラスを採用

合わせガラスは、2枚のガラスの間に強固な樹脂製のフィルム（中間膜）を挟み込んで圧着したものです。中間膜の性質から紫外線の影響で変色を起こしにくいため、透視性が高いとされます。また、割れたときにも大きくヒビが入るだけで視界を失いにくくなっています。しかも強化ガラスよりも割れやすいため、万一の事故で乗員がガラス面にぶつかることがあっても、衝撃を緩和し吸収します。

現在は、自動車のフロントウインドーには合わせガラスの採用が義務づけられていますが、リヤウインドーやサイドウインドーに採用されることもあります。

かつて、開閉式のウインドー以外の部分では、ガラスはゴム製のモールと呼ばれる部品でボディーに固定されていましたが、現在はほとんどの車種で接着剤が使われています。

豆知識

ガラスのヒビ割れ

自動車のフロントウインドーは、走行中、常に飛び石の危険にさらされています。小石などが飛び跳ねてぶつかったときは、ほとんどの場合、音で気がつきますが、ぶつかった箇所には一見キズがないように見えることがあります。しかし、じつは小さなキズがついていることがあり、風圧や振動、気温の変化などにさらされて徐々にダメージが大きくなると、キズがヒビ割れとなり、ヒビ割れの長さが拡大していくことがあります。

ウインドーガラス

■合わせガラス

●構造断面

<AGC ASAHI GLASS>

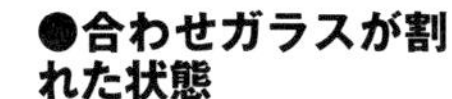
●合わせガラスが割れた状態

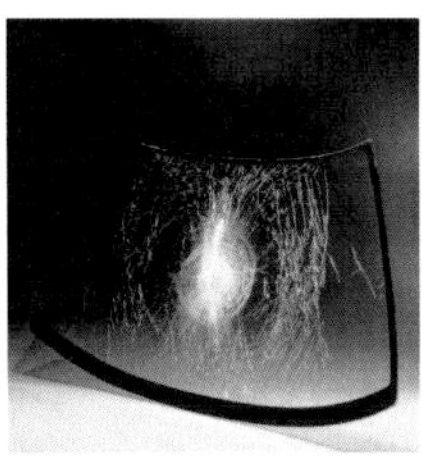

住居用の防犯ガラスと同じ構造。2枚のガラスに挟まれたプラスチックフィルムにより、ガラスのヒビが伸長するのを抑え、ガラスが飛散するのを防ぐ。衝撃を緩和して吸収する特性もある。

■強化ガラス

●強化ガラスが割れた状態

●普通のガラスが割れた状態

700℃くらいまで加熱し、急激に空気で冷やすと強化ガラスになる。同じ厚さの普通のガラスより3～5倍の強さがある。破片は左の写真のように粒状になる。温度の急激な変化にも強い性質を持っている。

■UV（紫外線）カット／IR（赤外線）カット

<HONDA>

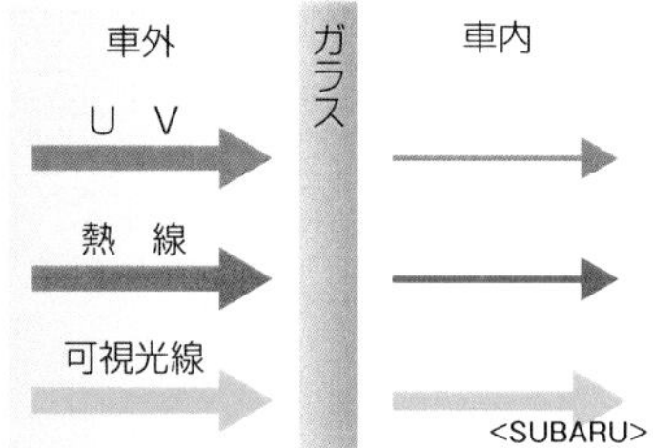

<SUBARU>

紫外線や赤外線をカットする自動車用ガラスの採用も進んでいる。合わせガラスの中間層に特殊な素材を入れるなどの製法で、日焼けの元になる紫外線や、冷房効果を妨げる赤外線が室内へ侵入するのを防ぐ。

■電熱線内蔵／アンテナプリント

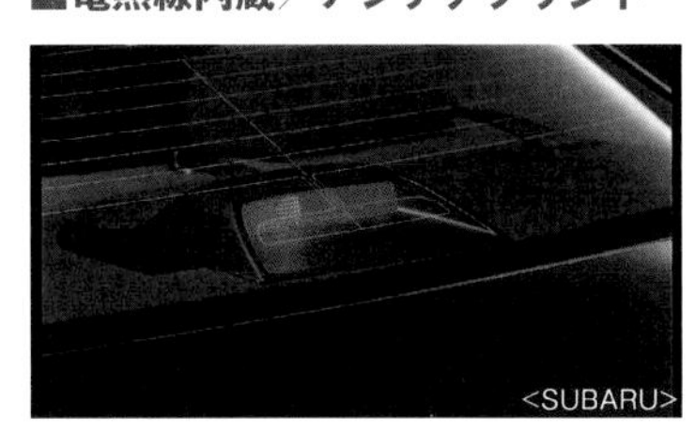
<SUBARU>

<SUBARU>

左はガラスの車内側に生じた曇り（細かい水滴）を取る電熱線入りリヤガラス。右はラジオなどの電波受信用アンテナをプリントしたガラス。

■デアイサー

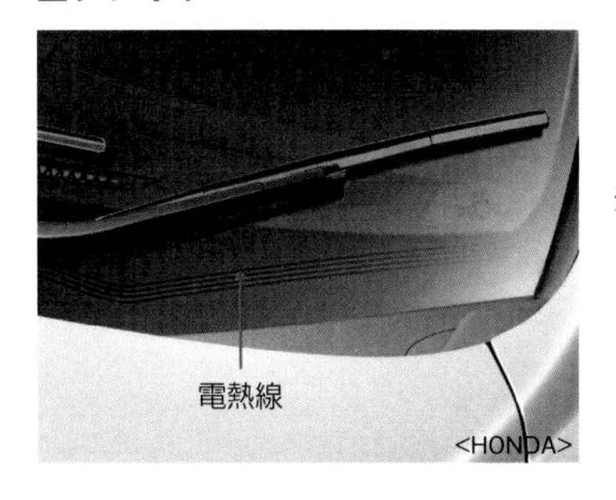

<HONDA>

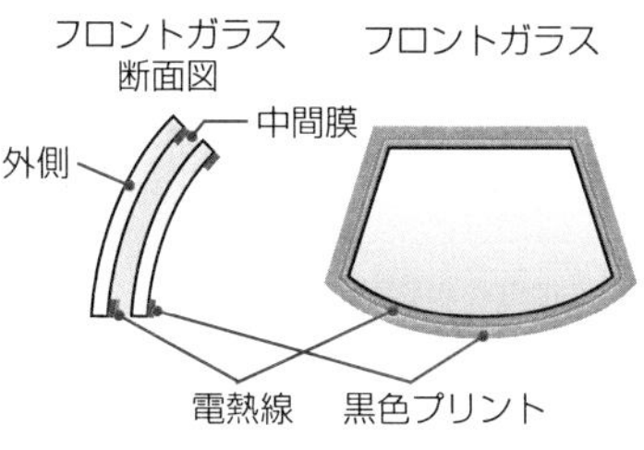

寒冷地仕様の車両ではデアイサーという装置を追加装備している車両もある。フロントのワイパーが接する部分に電熱線をプリントし、ワイパーが凍りついたら電熱線に通電して氷を溶かす。

うまく使い分けたい
フットブレーキとエンジンブレーキ

現在では日本でもオートマチックトランスミッション（AT）が主流となりました。しかし、かつてはマニュアルトランスミッション（MT）を操るのが普通でした。ヨーロッパでは現在でもMTが主流の国が多く、老若男女を問わず器用にシフトレバーを操る姿が見られます。

MTの楽しさは、シフトレバーを縦横に操りながら自動車を思いのままに走らせ、操縦感覚をダイレクトに味わえることにあります。例えばタイトコーナーに進入する際に、右足のつま先でブレーキを踏みつつ左足でクラッチを切り、右足のかかとでアクセルを踏み、エンジン回転数を上げてシフトダウンします。これは、シフトダウンをしてクラッチをつないだときに、選んだ低いギヤのシフトにエンジンの回転数を合わせて、スムーズに連結するためです。そうして、フットブレーキとエンジンブレーキを効かせてスムーズに減速します。このヒール＆トーと呼ばれるテクニックを使えば、コーナーの立ち上がりに向けて素早い加速態勢を整えておくことができます。なぜなら、スムーズに急激な減速ができるからです。このような操作はMTならではの醍醐味といえるでしょう。

ATの普及によってこのような操作は必要なくなりました。車種によっては、ATでもシフトレバーを低いギヤにチェンジすると、自動車の方でスムーズにヒール＆トーのようにうまく回転を合わせてシフトダウンしてくれるものもあります。

また、急な長い下り坂が続くような場面では、フットブレーキを多用するとフェード現象などが発生してブレーキの効きが悪くなり危険です。MTはもちろん、ATでも低いギヤで固定するモードや文字通りのブレーキモードを選び、エンジンブレーキ効果を得て走るべきです。また、大型バスや大型トラックなどは車両の質量が大きく慣性力や慣性モーメントが大きいため、これをコントロールするにはフットブレーキはもちろん、エンジンブレーキの操作が重要となります。

第6章

電装関係

現代の自動車はエレクトロニクス抜きには成り立たないほど、多様な装備や制御機能が電装品で支えられています。より安全で、より快適な乗り物として発展するために必要な、電装について解説しましょう。

電装品デバイスによる安全&快適性の追求

- 自動車の進化とともに電装品の重要性が増している。
- 情報ディスプレーのデジタル化によりインターフェース機能が向上。
- 高機能エアコンや電子キーなどの導入により快適性もアップ。

●車両のコンディションを伝える

自動車の心臓部は走行をつかさどるエンジンやサスペンションなどの**メカニカルユニット**ですが、いまや自動車はそれらの部分の制御に電装品デバイスが必要不可欠なものとなっています。それと同時に、自動車の発展に伴い、安全な走行や乗員の快適性向上について電装品が担う役割は広がり、重要性はますます高まっています。

自動車の電装品として最も重要なデバイス(装置)の1つが車両の状態を伝える**速度計**や**回転計**、**水温計**などのメーター類、そして**排気温度**、**充電機能**などの警告灯です。これらからの情報はトラブルを未然に防ぎ、安全に自動車を運転するための重要なインターフェースとして、その機能やデザインは時代とともに改良が加えられ進歩してきました。

●時代とともに進化を続ける電装品

夜間走行時の視界を確保するための電装品として、灯火類の装備が義務づけられています。メインとなる**ヘッドランプ**は技術革新とともに新しいテクノロジーが導入され、より明るく、省電力で、小型・軽量なものに進化してきました(P.230参照)。

また、快適な空間を確保するために自動車用の**カーエアコン**が誕生しました(P.226参照)。エアコンのコンプレッサーの駆動にはエンジンの動力を利用していますが、エアコンの制御自体にはたくさんの電気デバイスが用いられています。電気自動車や一部のハイブリッド車ではコンプレッサーも電動モーターです。そのほか、**パワーウインドー**(P.224参照)や**電子キー**(P.228参照)などの電装品も広く普及してきていますが、これらもドライバーや乗員の快適性に貢献しています。

豆知識

カーヒーター

かつてカーエアコンは高価であり、エンジンにも負担がかかるということで、大型の高級車以外で採用する例はあまりありませんでした。一般的な自動車の空調装備といえばカーヒーターのみで、高温になったエンジンの冷却水を利用し、室内の空気を暖めていました。また、空冷エンジン車の場合は冷却水がないため、エキゾーストマニホールド付近の熱で外気を暖め、室内に引き込んで利用していました。

カークーラー

カーエアコンが一般的になる前、オプションで後から付けるカークーラーが普及した時期がありました。カークーラーが空気を冷やすしくみはエアコンと同じ。ただし、カーエアコンと異なり、ヒーター部とは別構造だったため、カーエアコンのような細かな温度・湿度管理は不可能でした。

進化を続けるインターフェースデザインとデバイス技術

■インストルメントパネル

<Audi>

ドライバーと自動車の情報インターフェース（P.220参照）。

■スピードメーター

〈NISSAN〉

車速をアナログまたはデジタルで表示。

■電動アジャスト式シート

〈MAZDA〉

セッティングの容易な電動アジャスト式シート（P.222参照）。

■パワーウインドー

〈SUBARU〉

窓の開閉の電動化と安全性。

■ ヘッドランプ

〈TOYOTA〉

省エネ&高輝度ランプの登場。

■電子キー（スマートエントリー）

〈SUBARU〉

キー操作なしでドアの施錠・解錠が可能に。

■エアコンディショナー

〈BMW〉

車内の気温&湿度をコントロール。

■灯火類

〈TOYOTA〉

法令で取り付け義務のあるランプ。

■電子防犯装置

〈HONDA〉

イモビライザー機能を持つ電子キー。

インストルメントパネル

●計器類を取り付けるメータークラスター部、助手席側のグローブボックス部、中央のセンタークラスター部に分かれている。
●デザインや材質、表面加工によって質感や見栄えが左右される。

●３つの構成要素に分かれるインパネ

インストルメントパネル（略称・**インパネ**）は、ドライバーと自動車のインターフェースとなる部分であり、機能とデザインの両面で、きわめて重要なパーツといえます。

インパネは運転席の前にあって計器類を取り付ける**メータークラスター部**、助手席側エリアの**グローブボックス部**、運転席と助手席の中央で**カーナビゲーションシステム**やエアコンのコントローラーなどを設置する**センタークラスター部**の３つから構成されています。

最近はセンタークラスター部に**液晶ディスプレー**を設置し、カーナビや空調のほか、自動車の各種情報を視覚的に分かりやすく表示するしくみを搭載する自動車も多くなっています。

また、一部の車種ではスピードメーターなどが運転席と助手席の間に配置されている**センターメーター方式**と呼ばれるスタイルを採用しているものもあります。

●室内の質感に大きくかかわる材質と加工

インパネの構造体は合成樹脂で成形されますが、デザインとともにその材質や表面加工の違いによって、インテリアの質感や見栄えは大きく左右されます。高級車ではインパネの材質に感触に優れたソフトなウレタン素材を採用したり、革のしわ模様のようなシボと呼ばれる加工を施したりしています。また、インパネの一部に木目調（または本物の木製）のパネルを使用して、高級感を演出している車両もあります。

なお、一部のハイグレードな車両では、インパネの表皮に高級な本革を使用し、一台一台ハンドメードで革を縫い合わせてインパネを仕上げているケースもあります。

CLOSE-UP

HUD

Head Up Display（ヘッド・アップ・ディスプレー）の略。メータークラスターの上方（運転席のフロントガラス側）に走行速度などの情報を投射するシステム。ドライバーは前方の視界から少し視線を移動させるだけで情報を読み取ることができるので、安全性が高いといわれています。

用語解説

センターメーター方式

通常はドライバーの正面（ハンドルの向こう側）に配置されるメーター類をインパネのセンター上部にレイアウトした方式。通常の位置よりもインパネのセンターにある方が視線の移動が少ないなどの理由で見やすいといわれています。メーカー側にとっては、右ハンドル車と左ハンドル車でインパネをつくり分けなくてはいけない部分が減るのでコストの点では有利になります。

ドライバーに必要な情報を的確に提供

■インストルメントパネルは機能とデザインの要

〈NISSAN〉

インストルメントパネルは車両の情報をドライバーに伝える機能に加え、インテリアの印象を大きく左右する重要な要素を持つ。

■メータークラスター部

〈SUBARU〉

ドライバー正面のメータークラスター部には速度やエンジンの状況を伝える計器、各種警告灯が配置される。燃費や航続距離などの情報表示も一般的になっている。

■センタークラスター部

〈TOYOTA〉

センタークラスター部はカーナビ設置を前提にデザインされる例が多い。空調やオーディオなどのコントローラーもこの中央部にレイアウトされる。

■センターメーター方式

〈TOYOTA〉

速度計などの計器類をインパネのセンター上部にレイアウトしたセンターメーター方式。この位置に計器類がある方が、運転中にドライバーの視線が前方から計器に移るとき、視線の移動や、焦点距離の変化が少ないのでドライバーへの負担が少ないといわれる。

乗車装置／電動シートの基本構造

POINT
- 安全な運転操作が可能で、体に負担をかけない乗車ポジションに調整。
- 一人ひとりのドライバーの体格に合わせてシート各部を調整する電動アジャスト式シート。

●ドライバーのベストポジションをサポート

体格には個人差がありますが、どんな体格のドライバーでも自動車を安全に操作することができ、疲労も少ない**ドライビングポジション**に導くため、シートにはいろいろな調節機能が設けられています。

余裕を持ってペダルが踏めるようにするための**シート前後スライド調整**、座高に合わせて前方視界を確保できるようにシート座面の高さを変える**ハイト調整**、背もたれの角度を調整する**リクライニング**。さらにハイグレード車やスポーツ車になると、腰椎部分の張りを調整する**ランバーサポート**、座面の長さや背もたれの角度を変更できる機能、**ヘッドレスト**の高さ、**サイドサポート**の張り出しの調整など、シートの**アジャスト機構**は何パターンにも及びます。

●電動アジャスト式とメモリー機能

シートの各種アジャストは一般的にはドライバーや乗員が手動で行ないますが、その操作を手軽に行なえるように、高級車などではシートに取り付けた複数のモーターによって調整できる**電動アジャスト式**を採用しています。電動アジャスト式による調整は、シート側面またはドア部に設けられたスイッチによって行ないます。

電動アジャスト式シートでは、自分のセットしたシート位置を記憶させておくことのできるメモリー機能が付いているモデルもあります。メモリー機能があれば、ほかのドライバーがシート調整した後に運転する場合も、ワンタッチで元の自分の好みの位置データを呼び出して、シートをセッティングできるので、いちいちすべての調整をやり直す手間が省けます。

用語解説

ランバーサポート

着座した際に腰の位置をサポートし、正しい姿勢を保つことでドライバーの腰への負担や疲労を抑える役目をします。シートバックの下部、ドライバーの腰椎に当たる部分の張りを手動または電気モーターで調節します。

豆知識

シート調整のメモリー機能

シート調整のメモリー機能は通常２～３名分の情報が記憶できるようになっています。さらにシート部分だけでなく、ドアミラーやステアリング、シートベルトのピラー側の位置などもメモリーできるようになっている自動車もあります。

適正なポジションを簡単にセッティング

■フロントシートの電動調整

〈HONDA〉

高級車ではフロントシートのスライドやリクライニング、ランバーサポートなどの各部の調整を電気モーターによって操作できるようになっている車両が多い。

■ランバーサポート

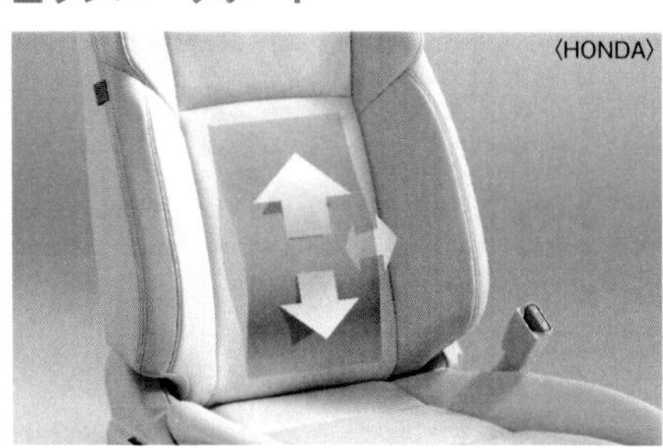
〈HONDA〉

腰椎に当たる部分の背もたれの張り出しを調整し、乗車姿勢を適正化して疲労を軽減する。張り出す部分の高さと張り出す量を調整できる。

■シート調整スイッチ

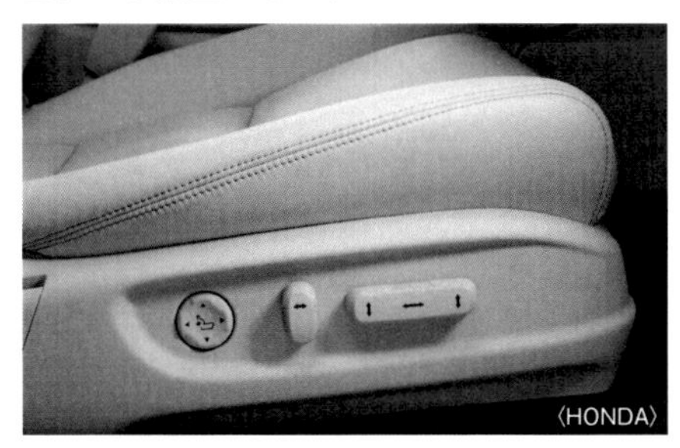
〈HONDA〉

電動アジャスターの調整スイッチがシートクッション部の脇に設置されている例。左側にある円形スイッチはランバーサポート調整用。

■メモリー機能

〈Mercedes-Benz〉

スイッチがドアに設けられている例（写真は左ハンドル仕様）。視覚的に分かりやすいように調整用スイッチがシートの形をしている。その左側には設定した位置を記憶するメモリースイッチがある。

■パワーシートの内部構造

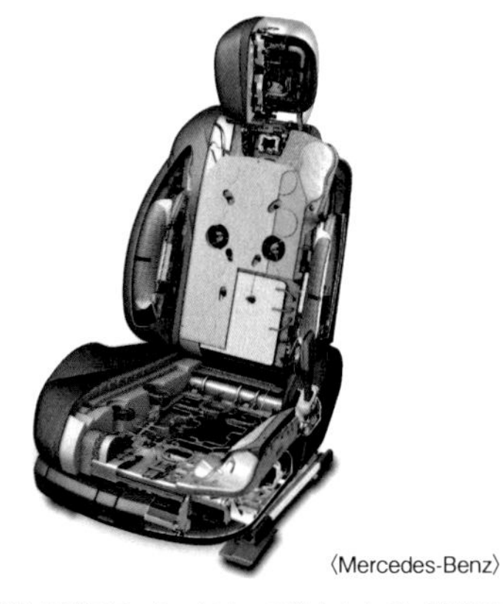
〈Mercedes-Benz〉

各部の調整は電気モーターによって行なわれる。高級車では調整のほかにシート内部にファンを設置したベンチレーション機構やシートヒーターも装備されていることもある。

■スポーツ車用バケットシート

〈SUBARU〉

コーナリング時など強い横G（ハンドルを切った際外側に発生する慣性力）がかかっても体をしっかりホールドするように、サイドが張り出した形状のバケットシート。スポーツ車に採用。

パワーウインドー

POINT
- ●ドアガラスをモーターによって開閉するシステム。
- ●最近では一部の廉価車を除き、ほとんどの車両に標準装備されている。
- ●誤操作による挟み込み事故を防ぐ安全装置も開発されている。

●構造はワイヤー式とアーム式の2つ

ドアのウインドー（ドアガラス）は、ドアの内部にある**ウインドーレギュレーター**によって開閉（上下動）されます。以前はこのウインドーレギュレーターをドアの車内側に設置された**レギュレーターハンドル**を回して乗員が手動で動かしていましたが、最近は利便性を高めるため、**モーター**によって作動するパワーウインドーが広く普及しました。パワーウインドーのしくみそのものは、基本的に人間の手でレギュレーターハンドルを回す動作をモーターに置き換えただけです。

パワーウインドーの構造は、ドア内部に設けたモーターでワイヤーを巻き上げ**ガイドレール**に沿ってドアガラスを上下動させるワイヤー式と、ドアガラスと連結した金属製のアームをモーターで駆動するアーム式がありますが、ドア内部のスペースの問題もあり、ワイヤー式が主流になっています。

●挟み込み防止装置付きパワーウインドー

パワーウインドーは開閉ボタンを操作するだけでウインドーが上下します。より便利にするため、ボタンを操作し続けなくても、一度指を触れるだけで全開、全閉する**ワンタッチボタン**がほとんどのパワーウインドー装着車に装備されています。

パワーウインドーは便利な半面、扱い方によっては事故の原因にもなります。とくにワンタッチボタンの誤操作でガラスに指や首を挟む事故が発生しています。そのような事故を防ぐために、安全装置が広く装備されるようになってきました。この装置はガラスが閉まる際に抵抗を感じると、何かを挟み込んでいると判断し、事故を回避するためにウインドーを自動的に下げるように制御します。

豆知識

挟まれ事故

挟み込み防止装置が付いていない場合、または付いていても状況によっては、挟み込みの事故が発生する可能性があります。パワーウインドーに挟まれる事故は子供が半数以上というデータがあります。運転席から後ろのドアのパワーウインドーを閉めたときに後席にいた幼児が指を挟まれてしまうなど、大人の不注意によるものも多いようです。開閉の際は注意を怠らないようにしましょう。

パワーウインドーの種類と作動

■ワイヤー式ウインドーレギュレーター

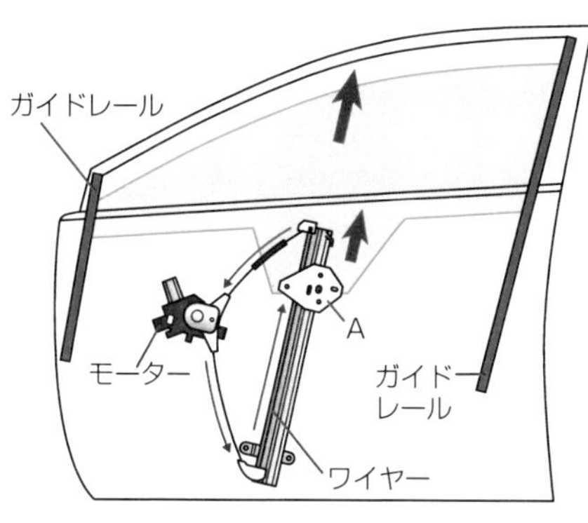

ガラスを支える部分（図のA）がワイヤーと連結されており、ワイヤーを電気モーターが引っ張ることでウインドーガラスがガイドレールに沿って上下動する。ガラスを支持する部分が左右2カ所にありガラスの支持剛性を高めたタイプもある。

■アーム式ウインドーレギュレーター

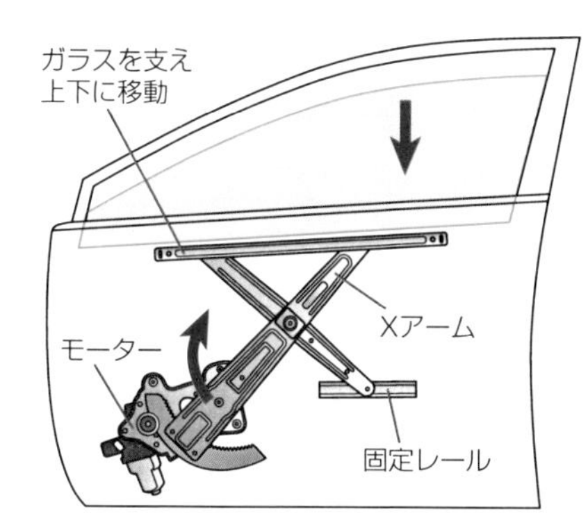

鋼板のパーツを組み合わせたアームをモーターで動かしてウインドーの開閉を行なう。図のようなXアームタイプを使用してパンタグラフのような動きでガラスを上下させるタイプのほかに、面積の小さなウインドーに適したシングルアームタイプもある。

■パワーウインドーの安全装置

パワーウインドーには、操作中に誤って指や手が挟まれないように、ウインドーガラスの上昇中に異物を感知すると、上昇をストップした後、下降させる安全装置が組み込まれているものが多い。

■パワーウインドースイッチ

パワーウインドーの操作スイッチはドアのアームレスト付近、またはセンターコンソール部に設けられている。運転席のスイッチには運転席以外でのパワーウインドーのスイッチ操作をロックするボタンを装備している。

エアコンディショナー

- 自動車用エアコンにはクーラー部とヒーター部がある。
- 車内の空気を冷やすクーラーユニットは家庭用エアコンと同じしくみ。
- ヒーターユニットの熱源にはエンジン用冷却水の熱を利用している。

●ヒーター部はエンジンの排熱を利用

自動車に搭載される**エアコンディショナー**（**エアコン**）は、**クーリングユニット**と**ヒーターユニット**に分けられます。外気または室内の空気をクーリングユニットに取り込んで温度を下げ、その冷風をヒーターユニットで暖めて室内に供給するしくみです。この冷風をどの程度暖めるのかを加減することによって、室内に供給する空気の温度を調整しています。

オートエアコンと呼ばれる機種では、最初に室内温度を設定しておけば、例えば途中で日差しが強くなっても、冷風と温風の混合具合や風量を自動的に調整して設定温度を保ちます。

また、ヒーターユニットはエンジンで温められた冷却水をユニット内に引き込み、**ヒーターコア**と呼ばれる**熱交換器**（ラジエーターのような形状）によって空気を暖めています。

●コンプレッサーの動力はエンジンから

クーリングユニットが空気の温度を下げるしくみは、家庭用のエアコンと同じです。まず、冷媒ガスをエンジンの力で駆動される**コンプレッサー**で圧縮します。次に高温・高圧となった冷媒ガスを**コンデンサー**と呼ばれる熱交換器で温度を下げて、液化します。

液化した冷媒は車内のクーリングユニットにある**エバポレーター**（**減圧機**）に送られ、その中で急激に減圧されます。減圧された冷媒は、一気に気化して周囲の熱を奪います（**気化熱**）。この効果でエバポレーターの温度は下がりますが、そのときエバポレーターの周りの空気が冷やされ、それがエアコンの冷風として使用されます。気化した冷媒はパイプを通って再びコンプレッサーに戻されます。

豆知識

電動エアコン

エアコンのコンプレッサーはエンジンの力を直接使って駆動されます。しかし、プリウスのようなハイブリッド車などではエンジンを停止している時間が長いことや省燃費のためにコンプレッサーを電気モーターで駆動しています。エンジンを持たない電気自動車ももちろんコンプレッサーの動力は電動モーターです。

CLOSE-UP

PTCヒーター

自動車のヒーターはエンジンの冷却水を利用しているため、寒い冬にはなかなか思うように暖かい空気がつくれません。そのため寒冷地向けの車種では、PTCヒーター（セラミックヒーター）などの電熱器が組み込まれたものもあります。

室内の温度と湿度をコントロール

■エアコンディショナーのしくみ

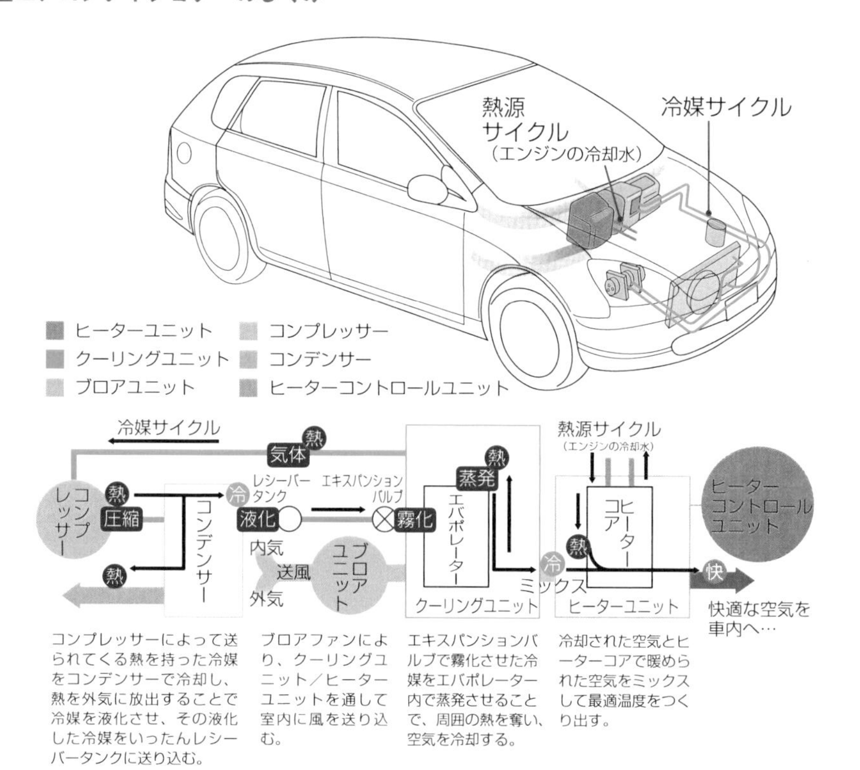

自動車のエアコンは空気の温度を下げるクーラーとエンジン冷却水を利用したヒーターを組み合わせて空調を行なっている。クーラー用のコンプレッサーはエンジンを動力源にしているが、ハイブリッド車などでは家庭用と同じように電気でコンプレッサーを駆動するタイプも多い。エアコンユニット内では外気、または内気をクーラーユニットで冷却した後、ヒーターユニットで設定した温度まで調整して室内にある吹き出し口に送る。

■エアコン調整スイッチ

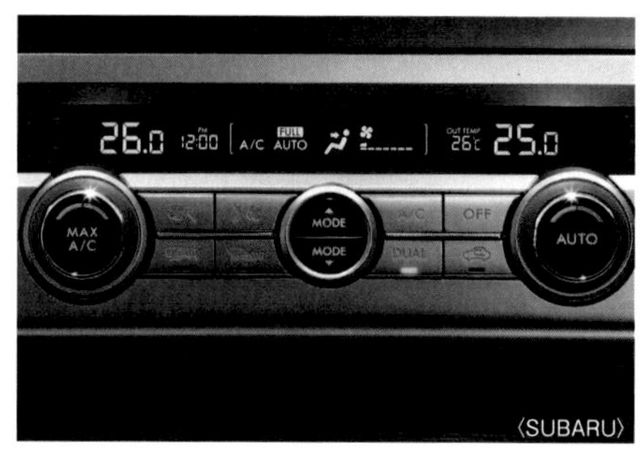

〈SUBARU〉

オートエアコンは温度をセットするだけで室内温度を一定に保つ。ハイグレードな車両では写真のように左右の席で別々に温度設定できるタイプが一般的。

■後席専用の空調システム

〈BMW〉

高級車では後部座席専用のエアコン吹き出し口や温度調整機能を設けている例もある。また、暖房時に使用する吹き出し口が前席シート下にあり、後席の足下を暖める。

電子キー／スマートエントリー

POINT
- キーに付属したボタンの操作でドアロックと解除を行なえる方式と、キーを身につけているだけでロックと解除が行なえる方式がある。
- 高級車を中心に利便性の高いスマートエントリーが主流になりつつある。

●防犯性能を飛躍的に向上させた電子キー

利便性の向上のため、最近はドアの鍵穴にキーを差し込まなくてもドアの施錠と解錠ができる**キーレスエントリー**と呼ばれる**電子キー**が広く普及してきました。

電子キーは、キー側に取り付けられたボタンを押すことで、ある特定の電波が発信され、その電波を車両側が受信し、間違いなくその車両のキーからの電波だと確認したうえで、ドアを施錠（または解錠）するしくみになっています。車両ごとにキーのカギ山が違うように、電子キーが発する電波も車両ごとに異なった設定が施され、ある車両の電子キーでほかの車両のドアロックが反応することがないようになっています。

なお、キーレスエントリーを操作したときに、その作動をドライバーが外側から目視で確認できるように、ほとんどの車両でウインカーが点滅する設定になっています。

●進化したスマートエントリー

キーレスエントリーの電子キーをさらに進化させたのが**スマートエントリー**です。この方式では、キーを取り出してボタン操作をする必要がありません。電子キーを身につけているだけで、ドアの施錠と解錠が可能となるため、利便性はより向上します。

スマートエントリーではドアの施錠と解錠について、ドアハンドルに取り付けられた小さなボタンを押す方式やドアハンドルに触れることで作動する方式などがあります。

また、最も先進的なタイプとしては電子キーを身につけてドライバーが車から離れると自動でドアロックが作動、逆に車に近づくと自動でロックが解除されるという方式もあります。

CLOSE-UP

名称の違い

スマートエントリーという機能は同じでも、自動車メーカーによって名称が異なります。スマートエントリーという名称が一般的によく使われますが、インテリジェントキーシステム、アドバンストキーシステム、キーレスゴー、コンフォートアクセスなど、メーカーによってさまざまです。

愛車を見つける

広い駐車場に車を止めたときなど、後でなかなか自分の自動車を見つけられないときもあります。そんなときにキーレスエントリーの電子キーだと、ロック解除のボタンを押すとウインカーが作動するので自分の車を探しやすいという恩恵もあります。

電子制御システムを導入した先進的キーシステム

■スマートエントリーシステム

スマートキーと呼ばれる電子キーを持っていれば、キー自体を操作しなくても、自動車とキーが認証し合うため、ドアハンドルの操作と同時にドアロックが解除される。なお、専用の電子キーではなくスマートフォンに電子キーの機能を持たせるアプリの開発も進んでいる。

■電子キー

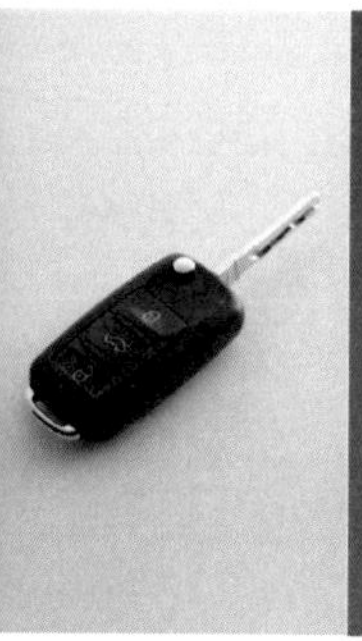

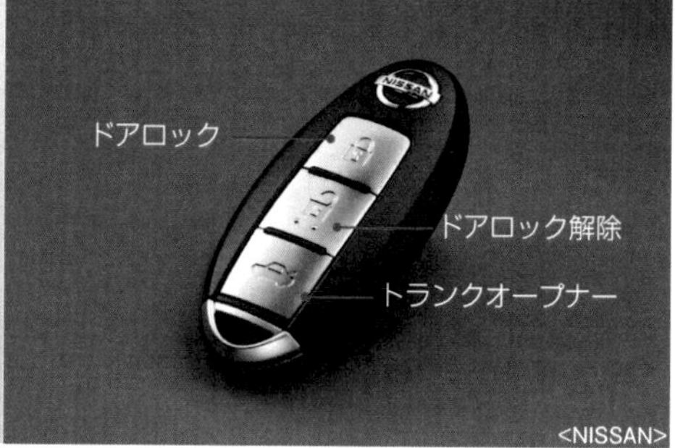

スマートエントリー用の電子キーは、従来のキーのように鍵穴で操作することなく、ドライバーが身につけているだけでドアロックの解除や施錠ができる（電子キー本体にはドアロック用のリモコンボタンも装備）。スマートエントリー仕様であれば、エンジンのスタートや停止も運転席のボタン操作で可能（方式の異なる車両もある）。電子キーのスイッチでリヤゲートやスライドドアが開く機能を持つものもある。さらに、一定の条件下で電子キーを持ってスライドドアの前に立つとドアが開いたり、足をトランクの下で動かすことでリヤゲートを開けられたりする機能を持ったタイプもあり、両手がふさがっているときなどに便利。

ヘッドランプの種類

POINT
- ●放電発光を利用したディスチャージランプは明るさが特徴。
- ●最も普及している自動車用ランプはコストの安いハロゲンランプ。
- ●省エネと革新的配光技術の開発で今後の普及が期待されるLEDランプ。

●昼間色に近く明るいディスチャージランプ

ディスチャージランプは、**HIDランプ**や**キセノンランプ**と呼ばれることもありますが、最近では高性能ランプとしての採用例が増えてきました。このランプには一般的なランプのように電球内部に**フィラメント**（光を放出する細い金属線）はありません。ランプ内部には電極が設けられており、点灯時にはその電極間に高電圧をかけて放電状態にします。ランプ内には**キセノンガス**、**ヨウ化金属**などが封入されており、放電によって電極から飛び出した電子がランプ内の成分の分子と衝突することで発光します。

非常に明るいうえに発光色が昼間色に近く、消費電力も少ないというメリットがあります。ただし、高電圧を発生させるための付属装置が必要でコストが高くなります。また、点灯してから安定した光を得られるまで若干の時間を必要とします。

●長寿命で消費電力が少ないLEDヘッドランプ

自動車用ヘッドランプとして広く普及している**ハロゲンランプ**は、電球内部に**タングステン**という元素のフィラメントがあり、それに電流を通すことで発熱、発光します。光源の色はやや黄味を帯びています。基本原理は白熱電球と同じですが、電球内に**ハロゲンガス**を封入し、**ハロゲンサイクル**を利用して電球の黒ずみを防ぎ、同時にフィラメントの寿命を延ばしています。また、今後の採用拡大が期待されているのが**LEDヘッドランプ**です。電気を流すと発光する半導体を利用するこのLEDランプは、消費電力が少なく、寿命が非常に長いのが特徴です。複数のランプを組み合わせると細かい配光パターンが実現可能なので、自動車用ヘッドランプとしては理想的です。

豆知識

プロジェクターランプ

一般のヘッドランプは半球状の反射鏡で光を集めて前方を照らしています。それに対してプロジェクターランプは、反射鏡に加えて凸レンズを組み合わせることで光を拡散させずに前方を照らします。ヘッドランプの直径を小さくできるというメリットがあります。ただし配光パターンの関係で、ヘッドランプよりフォグランプなどに多く採用されています。

バイキセノンランプ

キセノンランプは構造上、本来の明るさを発揮するまでに若干時間がかかるため、点灯、消灯を繰り返すハイビームには不向きでした。そこで、ランプ内に遮へい板を設け、それを動かすことで1つのランプでロービームのほかハイビームも照射できるバイキセノンランプが開発されました。

ヘッドランプの種類

■ディスチャージ（キセノン）ヘッドランプ

ディスチャージ（キセノン）ランプは省電力で非常に明るいという特性を持つ。構造上ハイビームには不向きだったが、可動式の遮へい板を持つバイキセノンランプの登場で、1つのランプでハイビーム点灯も可能になった。

■バイキセノン＋LEDヘッドランプ

ヘッドランプはバイキセノン、ターンシグナルランプとポジショニングランプはLEDという組み合わせの例。右の例は導光リングと呼ばれるループにLEDを組み合わせて点灯時に丸型ライトを強調する工夫もされている。

■LEDヘッドランプ

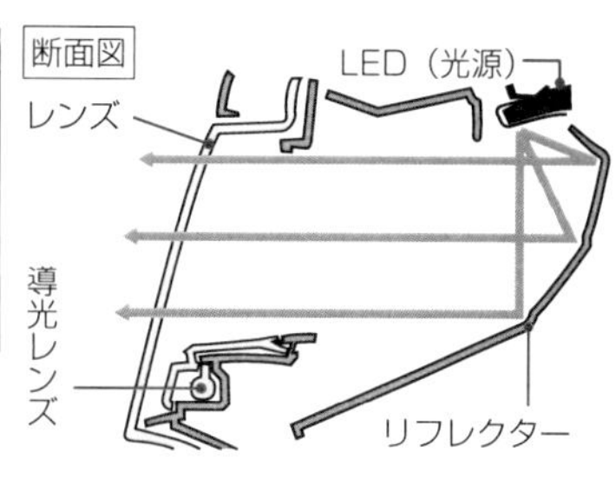

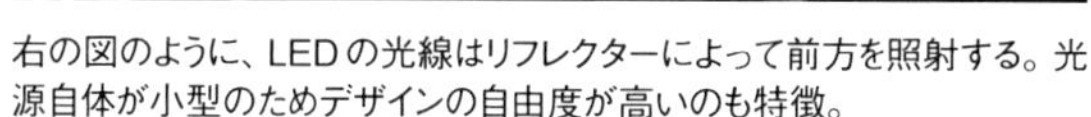
右の図のように、LEDの光線はリフレクターによって前方を照射する。光源自体が小型のためデザインの自由度が高いのも特徴。

■ハロゲンヘッドランプ

いまやオーソドックスなタイプとなったハロゲンヘッドランプ。タングステンのフィラメントで発熱、発光する。

column

横滑り防止装置や自動ブレーキの重要性

近年に発生しているバスの事故は、ブレーキ操作の遅れや誤りによってスピード超過や車両の横滑り、横転、追突につながったものです。これらはVSC（P.198参照）やABS（P.196参照）、自動ブレーキシステム（P.200参照）が働くことで回避できたかもしれない事故なのです。

日本国内を走るバスと乗用車を比べると、バスの安全装置の装備は大きく遅れています。近年は多くの乗用車に採用されている横滑り防止装置を備えたバスは、あまり走っていません。また、乗用車では普及が進んでいる自動ブレーキシステムも、バスではなかなか進んでいません。

なぜ普及が進まないのかというと、バスの耐用年数が乗用車に比べて長く、安全装置を備えた新型車への入れ替えに時間がかかるからです。事故を未然に防ぐためには、せめてVSCなどの横滑り防止装置のバスへの装着を後付けでもいいので推進すべきではないでしょうか。

一方で、いまではほとんどのバスにも装備されているABSは、安全性の向上に寄与しています。ABSはブレーキの効きを向上させ、前後方向の滑りを防止することが注目されますが、実はブレーキによる車輪のロックを防ぐことで、コーナリング中のタイヤに作用するコーナリングフォースを旋回ブレーキ中でも低下させずに、コーナリングを維持できる点が大きなメリットです。旋回中のブレーキ操作やハンドル操作において、車の旋回特性の変化が少ないほど操縦安定性は良いからです。

そのような特性を持つABSですが、安全性を高めるブレーキシステムとしては不十分なところがあります。なぜなら、ドライバーのブレーキ操作そのものが遅れてしまうことがあるからです。それを防ぐためには自動ブレーキシステムが有効ですが、高速走行時にはブレーキ操作だけでは事故を避け切れない走行シチュエーションもあるため、今後はハンドル操作も加えた制御装置の開発が必要になってくるでしょう。

索引

ア行

カ行

サ行

タ行

ナ行

ハ行

あとがき

自動車が与えてくれる醍醐味は、何といっても思いのままに操作する運転の楽しさでしょう。ハンドルを操作したときのステアリングフィールは、車ごとに大きく異なるし、ドライバーの好みもさまざまです。スポーツ走行を好むドライバー、疲労が少ないゆったりとした走行を好むドライバー……。多種多様なユーザーの嗜好に合わせて、幾多の種類の自動車がつくられ、それに従って自動車のしくみそのものも高度化しています。つまり自動車は、多くの技術や工夫によって、私たちの生活を楽しいものにしてくれているのです。

本書では、自動車のしくみについて、最新の写真や図版を使いながら、系統立てて分かりやすく解説しています。1項目が見開き2ページで完結する構成も、本書をより分かりやすいものにしてくれています。このようにして全体を改めて見てみると、基本の自動車のしくみを基に、今日の高い技術が結集していることが、よく分かります。

ぜひ、本書の内容を頭に置いて自動車に接してみてください。自動車への愛着・好奇心はより高まり、運転が楽しくなるのではないかと思います。

本書を座右の書として活用していただき、楽しいカーライフを過ごしていただけると幸いです。

工学院大学名誉教授
野崎 博路

●参考文献

『ダイナミック図解 自動車のしくみパーフェクト事典』(古川修 監修、ナツメ社)
『最新オールカラー クルマのメカニズム』(青山元男 著、ナツメ社)
『史上最強カラー図解 プロが教える自動車のメカニズム』(古川修 監修、ナツメ社)
『自動車のサスペンション』(カヤバ工業株式会社 編、山海堂)
『自動車のサスペンションー構造・理論・評価』(KYB株式会社 編、グランプリ出版)

●画像協力/資料提供

トヨタ自動車株式会社/本田技研工業株式会社/株式会社SUBARU/マツダ株式会社/三菱自動車工業株式会社/スズキ株式会社/三菱ふそうトラック・バス株式会社/いすゞ自動車株式会社/Daimler/BMW株式会社/アウディジャパン株式会社/ポルシェジャパン株式会社/フォード・ジャパン・リミテッド/ボルボ・カー・ジャパン株式会社/Tesla Motors/Western Star Trucks/株式会社ブリヂストン/住友ゴム工業株式会社/東洋ゴム工業株式会社/横浜ゴム株式会社/曙ブレーキ工業株式会社/旭硝子株式会社/ゼット・エフ・ジャパン株式会社/ボッシュ株式会社/株式会社ROKI/株式会社デンソー/日本特殊陶業株式会社/矢崎総業株式会社/古河電池株式会社/富士通テン株式会社/三菱電機株式会社/株式会社城南製作所/BBSジャパン株式会社/豊田合成株式会社/住友電装株式会社/BOSCH日本法人/メルセデスベンツ・ジャパン(順不同)

【監修】
野崎 博路

1955年宮城県塩釜市生まれ。芝浦工業大学大学院工学研究科機械工学専攻修士課程修了。博士(工学)。1980年より日産自動車株式会社車両研究所などにおいて操縦安定性の研究に従事。2001年に近畿大学理工学部機械工学科に着任。2008年より工学院大学工学部機械システム工学科で、自動車工学系科目を指導する(教授)。専門は自動車工学、自動車運動制御。ドライビングシミュレーターを用いた操縦安定性の研究、自動車の限界コーナリングと制御の研究などを行なっている。2011年に自動車技術会フェローの称号を授与される。2016年11月より日本自動車殿堂の副会長。2022年4月より、工学院大学名誉教授。著書に『基礎自動車工学』、『サスチューニングの理論と実際』、『自動車の限界コーナリングと制御』(すべて東京電機大学出版局)、『徹底カラー図解 新世代の自動車のしくみ』(マイナビ出版)などがある。

編集協力　有限会社ヴュー企画(佐藤友美)
協力　清水裕二／古川浩幸
カバーデザイン　土井敦史(HIRO ISLAND)
本文デザイン・DTP　吉澤泰治
イラスト　中村 滋

徹底カラー図解 新版 自動車のしくみ

2020年12月15日　初版第1刷発行
2024年 8 月20日　初版第4刷発行

監修者　野崎博路
発行者　滝口直樹
発行所　株式会社マイナビ出版
〒101-0003
東京都千代田区一ツ橋2-6-3 一ツ橋ビル2F
電話　0480-38-6872(注文専用ダイヤル)
03-3556-2731(販売部)
03-3556-2738(編集部)
URL　https://book.mynavi.jp
印刷・製本　シナノ印刷株式会社
※定価はカバーに表示してあります。
※落丁本、乱丁本についてのお問い合わせは、TEL0480-38-6872(注文専用ダイヤル)か、
電子メール sas@mynavi.jp までお願いいたします。
※本書について質問等がございましたら、往復はがきまたは返信切手、返信用封筒を同封のうえ、
㈱マイナビ出版編集第2部までお送りください。
お電話でのご質問は受け付けておりません。

ISBN978-4-8399-7512-8